电工上岗培训读本

维修电工

WEIXIU DIANGONG

邱勇进　主编

姚　彬　陈莲莲　副主编

化学工业出版社

·北京·

图书在版编目（CIP）数据

维修电工/邱勇进主编. —北京：化学工业出版社，
2016.7（2023.8 重印）
电工上岗培训读本
ISBN 978-7-122-27146-4

Ⅰ.①维… Ⅱ.①邱… Ⅲ.①电工-维修 Ⅳ.①TM07

中国版本图书馆 CIP 数据核字（2016）第 114973 号

责任编辑：高墨荣　　　　　　　　　　　　文字编辑：孙凤英
责任校对：王素芹　　　　　　　　　　　　装帧设计：刘丽华

出版发行：化学工业出版社（北京市东城区青年湖南街 13 号　邮政编码 100011）
印　　装：北京盛通数码印刷有限公司
787mm×1092mm　1/16　印张 15¾　字数 377 千字　2023 年 8 月北京第 1 版第 16 次印刷

购书咨询：010-64518888　　售后服务：010-64518899
网　　址：http://www.cip.com.cn
凡购买本书，如有缺损质量问题，本社销售中心负责调换。

定　　价：48.00 元

编写人员名单

邱勇进　　高华宪　　邱淑芹　　李淳惠　　刘佳花　　邱美娜　　姚　彬

陈莲莲　　孔　杰　　邱伟杰　　韩文翀　　郝　明　　宋兆霞　　于　贝

冷泰启　　孙晓峰　　高宿兰　　侯丽萍　　丁佃栋　　王根生　　刘　丛

前言

随着电气化程度的日益提高，各行各业从事电气工作的人员也在迅速增加。做一名合格的电工，学到一技之长，是许多电工人员的迫切愿望。

为了帮助广大从事电气工作的技术人员掌握更多电气方面的知识与技能，我们组织编写了"电工上岗培训读本"系列，包括《电工基础》、《电工技能》、《电工识图》、《电工线路安装与调试》、《电子元器件及实用电路》、《维修电工》共6种。本系列试图从读者的兴趣和认知规律出发，一步一步地、手把手地引领初学者学习电工职业所必须掌握的基础知识和基本技能，学会操作使用基本的电工工具、仪表和设备。本系列编写时力图体现以下特点：

（1）在内容编排上，立足于初学者的实际需要，旨在帮助读者快速提高职业技能，结合职业技能鉴定和职业院校双证书的需求，精简整合理论课程，注重实训教学，强化上岗前培训。

（2）内容统筹规划，合理安排知识点、技能点，避免重复。突出基础知识与基本操作技能，强调实用性，注重实践，轻松直观入门。力求使读者阅读后，能很快应用到实际工作当中，从而达到花最少的时间，学最实用的技术的目的。

（3）突出职业技能培训特色，注重内容的实用性，强调动手实践能力的培养。让读者在掌握电工技能的同时，在技能训练过程中加深对专业知识、技能的理解和应用，培养读者的综合职业能力。

（4）突出了实用性和可操作性，编写中突出了工艺要领与操作技能，注意新技术、新知识、新工艺和新标准的传授。并配有知识拓展训练，具有很强的实用性和针对性，加深了对知识的学习和巩固。

本书为《维修电工》分册。全书共9章，本书内容新颖、丰富，技术更加实用，内容包括电工安全常识、电工基本操作、常用电工仪表的使用、低压配线与照明电路、变压器的使用与维修、电动机的使用与维修、低压电器的识别与选用、电动机基本控制线路的安装与调试、机床电气控制线路的分析与检修。本书内容联系实际，讲解了维修电工应知应会的基础知识、基本操作技能，以及常用电器的维护技巧，通过技能训练让读者在实践中培养操作技能。

本书由邱勇进任主编，姚彬、陈莲莲任副主编。参加本书编写的还有：王根生、宋兆霞、邱伟杰、于贝、刘丛、郝明。编者对关心本书出版、热心提出建议和提供资料的单位和个人在此一并表示衷心的感谢。

本书适合于维修电工初学者及其他电工从业人员阅读，也可作为大中专、高职院校及各种短期培训班，以及农民工、再就业工程培训的教材或教学参考书。

由于水平有限，书中难免会有不妥之处，欢迎广大读者批评指正。

编 者

→ >>> **目 录**

第9章　机床电气控制线路的分析与检修　177

第1章

电工安全常识

1.1 触电的安全防护

在日常生活和工业生产中，人们接触电气设备及用电器具的机会越来越多。为了防止触电事故的发生，维修电工应具备安全用电常识，严格遵守各种安全操作规程，针对任何电气设备和线路都必须采取适当的保护措施。

1.1.1 人体触电及其影响因素

（1）电击和电伤

电流对人体的伤害是多方面的，但根据人体触电的严重程度，大致可以分为电击和电伤两类。所谓电击，是指电流通过人体内部器官，使其受到伤害。当电流作用于人体中枢神经时，心脏和呼吸器官的正常功能将受到破坏，血液循环减弱，人体发生抽搐、痉挛、失去知觉甚至假死，若救护不及时，则会造成死亡。

电伤是指电流的热效应、化学效应和机械效应对人体外部器官造成的局部伤害，包括电弧引起的灼伤，电流长时间作用于人体，由其化学效应及机械效应在接触电流的皮肤表面形成肿块、电烙印及在电弧的高温作用下熔化的金属渗入人皮肤表层，造成皮肤金属化等。电伤是人体触电事故中危害较轻的一种。

（2）电流对人体的伤害

电流对人体的伤害程度与电流的强弱、流经的路径、电流的频率、触电的持续时间、触电者健康状况及人体的电阻等因素有关，如表 1-1 所示。

表 1-1 电流对人体的伤害

项　　目	成年男性	成年女性
感知电流	1.1mA	0.7mA
摆脱电流	9～16mA	6～10mA
致命电流	直流 30～300mA、交流 30mA 左右	直流 30～200mA、交流小于 30mA
危及生命的触电持续时间	1s	0.7s
电流流经路径	流经人体胸腔，则心脏机能紊乱，流经中枢神经，则神经中枢严重失调而造成死亡	
触电者健康状况	女性比男性对电流的敏感性高，承受能力为男性的 2/3；小孩比成年人受电击的伤害程度严重；过度疲劳、心情差的人比有思想准备的人受伤害程度高；病人受害程度比健康人严重	
电流频率	25～300Hz 间的电流对人体伤害最严重，低于或高于该频率的电流对人体伤害显著减轻	
人体电阻	皮肤在干燥、洁净、无破损的情况下电阻可达数十千欧，潮湿破损的皮肤可降至 1kΩ 以下	

1.1.2　人体触电的方式

人体触及带电体引起触电分为四种不同情况：单相触电、两相触电、跨步电压触电和接触电压触电。

（1）单相触电

单相触电是指人体站在地面或其他接地体上，人体的某一部位触及电气装置的任一相所引起的触电，这时电流就通过人体流入大地而造成单相触电事故，如图1-1所示。

图1-1　接地系统中的单相触电

（2）两相触电

两相触电是指人体同时触及两相电源或两相带电体，电流由一相经人体流入另一相，这时加在人体上的最大电压为线电压，其危险性最大。两相触电如图1-2所示。

（3）跨步电压触电

跨步电压触电是指对于外壳接地的电气设备，当绝缘损坏而使外壳带电，或导线断落发生单相接地故障时，电流由设备外壳经接地线、接地体（或由断落导线经接地点）流入大地，向四周扩散。如果此时人站立在设备附近地面上，两脚之间也会承受一定的电压，称为跨步电压。跨步电压的大小与接地电流、土壤电阻率、设备接地电阻及人体位置有关。当接地电流较大时，跨步电压会超过允许值，发生人身触电事故。特别是在发生高压接地故障或雷击时，会产生很高的跨步电压，如图1-3所示。跨步电压触电也是危险性较大的一种触电方式。

图1-2　两相触电

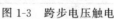

图1-3　跨步电压触电

注意：发生跨步电压触电时，应单腿或并步蹦着离开高压线触地点，千万注意不可跌倒。

（4）接触电压触电

接触电压触电是指运行中的电气设备由于绝缘损坏或其他原因造成漏电，当人触及漏电设备时，电流通过人体和大地形成回路，造成触电事故，这称为接触电压触电。

除上述触电方式外，高压电场、电磁感应电压、高频电磁场、静电、雷电等对人体也有伤害，并可能造成触电危险。

1.1.3 发生触电事故的原因

触电的场合不同，引起触电的原因也不一样，常见触电原因有以下几种情况。

(1) 线路架设不合格

室内外线路对地距离、导线之间的距离小于容许值；通信设备的天线、广播线或通信线与电力线距离过近或同杆架设时，若发生断线或碰线，电力线电压就会传到这些设备上而引起触电；电气工作台布线不合理，使绝缘线被磨坏或被烙铁烫坏而引起触电；有的地区采用一线一地制的违章线路架设等易引起触电。

(2) 用电设备不合格

用电设备的绝缘损坏造成漏电，而外壳无保护接地线或保护接地线接触不良而引起触电；开关和插座的外壳破损或导线绝缘老化，失去保护作用，一旦触及就会引起触电；线路或用电器具接线错误，致使外壳带电而引起触电等。

(3) 电工操作不合要求

电工操作时，带电操作、冒险修理或盲目修理，且未采取切实的安全措施，均会引起触电；使用不合格的安全工具进行操作，如使用绝缘层损坏的工具，用竹竿代替高压绝缘棒，用普通胶鞋代替绝缘靴等，均会引起触电；停电检修线路时，闸刀开关上未挂警告牌，其他人员误合开关而造成触电；室内使用破旧、绝缘损坏的导线或敷设不合格时，容易造成触电或短路引起火灾等。

(4) 用电不规范

在室内违规乱拉电线，乱接用电器具，使用中不慎而造成触电；未切断电源就去移动灯具或电器，若电器漏电就会造成触电；更换熔丝时，随意加大规格或用铜丝代替熔丝，使之失去保险作用就容易造成触电或引起火灾；用湿布擦拭或用水冲刷电线和电器，引起绝缘性能降低而造成触电等。

1.1.4 防止触电的保护措施

防止触电的安全技术措施分为直接接触防护和间接接触防护。直接接触的防护措施有绝缘、屏护、间距、安全用电、电气联锁、漏电保护等。间接接触的防护措施有自动切断电源、过电流保护、接零保护、漏电保护、故障电压保护、接地保护、绝缘监视、加强绝缘、电气隔离、等电位连接、不导电环境等。

(1) 保护接地

保护接地是指将正常情况下不带电的电气设备的金属外壳或构架与大地作良好连接，如图 1-4 所示。

保护接地适用于各种不接地电网，其所构成的系统称为 IT 系统（I 表示配电网不接地，T 表示电气设备金属外壳接地）。

当人体触及漏电的电气设备的外壳时，因金属外壳已与大地作良好的连接，其接地电阻较之人体电阻小很多（在低压系统中，当电源容量小于 $100kV \cdot A$ 时，接地电阻不应超过 10Ω；当电源容量大于 $100kV \cdot A$ 时，接地电阻不应超过 4Ω），则漏电电流几乎全部流经接地线，从而保证了人身安全。

在接地系统中，采用保护接地是不能起到防护作用的，必须采用保护接零，此时所构成的系统称为 TN 系统（T 表示电网中性点直接接地，N 表示电气设备的金属外壳接零线）。

（2）保护接零

保护接零是指将正常情况下不带电的电气设备的金属外壳或构架与零线作良好连接，如图1-5所示。

当一相电源触及设备的外壳时，便引起该相短路，极大的短路电流使得系统中的保护装置动作（如熔断器熔断、空气开关跳闸等），从而切断电源，防止触电事故的发生。

图1-6所示为三脚插头和三孔插座的接线方法，图1-7所示为单相电气设备保护接零的正确接法，图1-8所示为保护接零的错误接法。

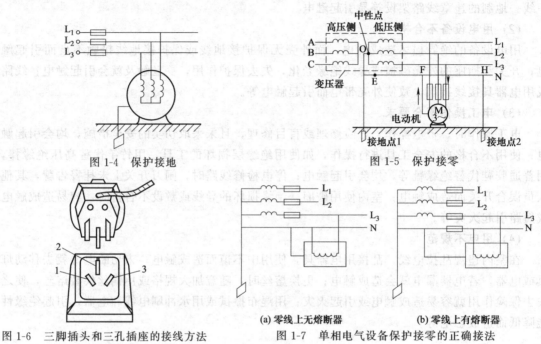

图1-4　保护接地　　　　　　　　　　图1-5　保护接零

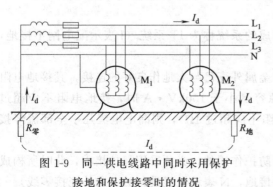

图1-6　三脚插头和三孔插座的接线方法
1—零线；2—保护零线或地线；3—火线

(a) 零线上无熔断器　　　(b) 零线上有熔断器

图1-7　单相电气设备保护接零的正确接法

图1-8　单相电气设备保护接零的错误接法

图1-9　同一供电线路中同时采用保护
接地和保护接零时的情况

注意：在同一供电线路中，不允许一部分设备采用保护接地而另一部分设备采用保护接零。在图1-9所示系统中，当接地设备一相碰触外壳而其保护装置又没有动作时，零线电位将升高到$U_相/2$，从而使得与零线相连的所有电气设备的金属外壳都带上危险的电压。

（3）使用漏电保护器

漏电保护器是一种防止漏电的保护装置，

已广泛地应用于低压配电系统中。当电气设备（或线路）发生漏电或接地故障时，保护装置能在人尚未触及之前就将电源切断；当人体触及带电体时，能在极短（0.1s）的时间内切断电源，从而减轻电流对人体的伤害程度。

漏电保护器有电压型和电流型两大类，其中电流型应用最为广泛。图 1-10（a）所示为漏电保护器的外形，图 1-10（b）所示为漏电保护器的原理图。

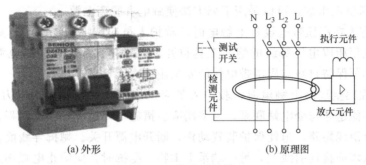

(a) 外形　　　　　　　　　　(b) 原理图

图 1-10　漏电保护器

正常情况下，互感器铁芯中合成磁场为零，说明无漏电现象，执行机构不动作；当发生漏电现象时，合成磁场不为零并产生感应电压，感应电压经放大后驱动执行元件并使其快速动作，从而切断电源，确保安全。

安装漏电保护器时，工作零线必须接漏电保护器，而保护零线或保护地线不得接漏电保护器。

1.2　触电事故的断电及急救操作

人触电以后，不能自行摆脱电源。触电急救最关键的因素是根据患者的现象首先能判断出发生了触电事故，然后按照适当的方法进行及时抢救。施救时应先断开电源开关、拔掉电源插头或熔断器，千万不要用手直接去拉触电者，防止造成群伤触电事故。

（1）使触电者脱离电源

① 对于低压触电事故，可采用下列方法使触电者脱离电源，如图 1-11 所示。

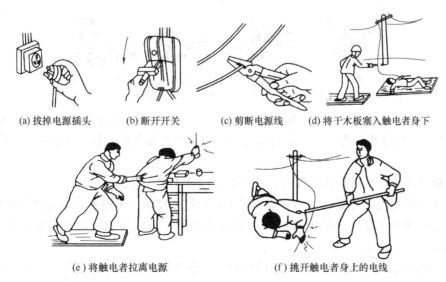

(a) 拔掉电源插头　　(b) 断开开关　　(c) 剪断电源线　　(d) 将干木板塞入触电者身下

(e) 将触电者拉离电源　　　　　　(f) 挑开触电者身上的电线

图 1-11　使触电者脱离电源的方法

a. 立即拔掉电源插头或断开触电地点附近开关。

b. 电源开关远离触电地点，可用有绝缘柄的电工钳或干燥木柄的斧头分相切断电线（不可同时剪两根线，以免造成短路）；或将干木板等绝缘物塞入触电者身下，以隔断电流。

c. 电线搭落在触电者身上或被压在身下时，可用干燥的衣服、手套、绳索、木板、木棒等绝缘物作为工具，拉开触电者或挑开电线，使触电者脱离电源。

② 对于高压触电事故，可以采用下列方法使触电者脱离电源。

a. 当发现有人在高压带电设备上触电时，救护人员应戴上绝缘手套，穿上绝缘靴，拉开电源开关，或用相应电压等级的绝缘工具拉开高压跌落保险，以切断电源。在操作过程中，救护人员必须保持自身与周围带电体的安全距离。

b. 当有人在架空线路上触电时，救护人员应尽快用电话通知当地电力部门迅速停电，以利抢救。若不能迅速与变电站联系，可采用应急措施，即抛掷足够截面积、适当长度的金属软导线，使电源线短路，迫使保护装置动作，断开电源开关。抛掷导线前，应先将导线一端牢牢固定在铁塔或接地引线上，另一端系上重物。抛掷时，应防止电弧伤人或断线危及他人安全。抛掷点应距离触电现场尽可能远一点。

c. 若触电者触及落在地面的高压导线，当尚未确认断落导线无电时，在未采取安全措施前，救护人员不得接近断线点 8～10m 的范围内，以防跨步电压伤人。此时，救护人必须戴好绝缘手套，穿好绝缘靴后，用与触电电压相符的绝缘杆挑开电线。

③ 脱离电源后的注意事项。

a. 救护人员不可以直接用手或其他金属及潮湿的物件作为救护工具，必须采用适当的绝缘工具且单手操作，以防止自身触电。

b. 防止触电者脱离电源后可能造成的摔伤。

c. 如果触电事故发生在夜间，应当迅速解决临时照明问题，以利于抢救，并避免扩大事故。

(2) 现场急救

① 人工呼吸法　当触电者出现有心跳但无呼吸的现象时，应采取人工呼吸的方法进行施救，其中口对口人工呼吸法较为常见，实施步骤如图 1-12 所示。

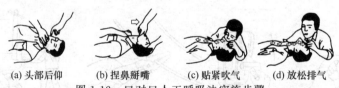

(a) 头部后仰　　(b) 捏鼻掰嘴　　(c) 贴紧吹气　　(d) 放松排气

图 1-12　口对口人工呼吸法实施步骤

口对口人工呼吸法的要诀是：病人仰卧平地上，鼻孔朝天颈后仰；首先清理口鼻腔，然后松扣解衣裳；捏鼻吹气要适量，排气应让口鼻畅；吹二秒来停三秒，五秒一次最恰当。

注意：

a. 当触电者牙关紧闭无法张嘴时，可改为口对鼻人工呼吸法。

b. 对儿童采用人工呼吸法，不必捏紧鼻子，吹气速度也应平稳些，以免肺泡破裂。

② 胸外心脏挤压法　当触电者有呼吸但无心跳时，应采用胸外心脏挤压法进行救护，实施步骤如图 1-13 所示。

胸外心脏挤压法的要诀是：病人仰卧硬地上，松开领扣解衣裳；当胸放掌不鲁莽，中指应该对凹膛；掌根用力向下按，压下一寸至寸半；压力轻重要适当，过分用力会压伤。

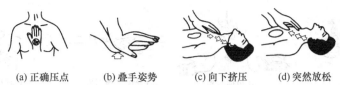

(a) 正确压点   (b) 叠手姿势   (c) 向下挤压   (d) 突然放松

图 1-13 胸外心脏挤压法

触电者呼吸和心跳都停止时，可交替使用或同时使用"口对口人工呼吸法"和"胸外心脏挤压法"，如图 1-14 所示。可单人操作，也可双人操作。双人救护时，每 5s 吹气 1 次，每秒钟挤压 1 次，两人同时进行操作。单人救护时，可先吹气 2～3 次，再挤压 10～15 次，交替进行。

(a) 口对口人工呼吸法   (b) 胸外心脏挤压法   (c) 呼吸法和挤压法同时救护

图 1-14 触电急救

在对触电者进行施救的过程中，要做到"迅速、就地、准确、坚持"，即使在送往医院的途中也不可中断救护，更不可盲目给假死者注射强心针。

1.3 电工安全操作规程的认识

1.3.1 电气火灾的应急处理

(1) 引起电气火灾的主要原因

① 电路短路　发生短路时，线路中的电流增加为正常时的几倍甚至几十倍，而产生的热量又和电流的平方成正比，使得温度急剧上升，大大超过导线的允许范围。如温度达到自燃物的自燃点或可燃物的燃点时，即会引起燃烧，发生火灾，如图 1-15 (a) 所示。

容易发生短路的情况有：电气设备的绝缘老化变质、机械损伤，在高温、潮湿或腐蚀的作用下使绝缘层破损；因雷击等过电压的作用，使绝缘击穿；安装和检修工作中，由于接线和操作的错误导致短路等。

② 负荷过载　电气设备过载，使导线中的电流超过导线允许通过的最大电流，而保护装置又不能发挥作用，引起导线过热，烧坏绝缘层，即会引起火灾，如图 1-15 (b) 所示。

过载原因有：设计选用的线路或设备不合理，以致在额定负载下出现导线过热；使用不合理，如超载运行，连续使用时间过长，造成过热；设备故障运行，如三相电动机断相运行、三相变压器不对称运行，均可造成过载。

③ 接触不良　导线连接处接触不良，电流通过接触点时打火，引起火灾，如图 1-15 (c) 所示。

接触不良的原因有：接头连接不牢、焊接不良或接头处混有杂物，都会增加接触电阻而导致接头打火；可拆卸的接头连接不紧密或由于振动而松动，也会增加接触电阻而导致接头

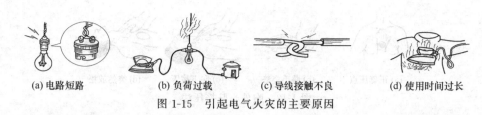

(a) 电路短路　　　(b) 负荷过载　　　(c) 导线接触不良　　　(d) 使用时间过长

图 1-15　引起电气火灾的主要原因

打火；开关、接触器等活动触点，在没有足够的压力或接触面粗糙不平时，都会导致打火；对于铜铝接头，由于铜和铝性质不同，接头处易受电解作用腐蚀，从而导致打火。

④ 使用时间过长　长时间使用发热电器，用后忘关电源，引燃周围物品而造成火灾，如图 1-15 (d) 所示。

(2) 电气火灾的预防措施

① 选择合适的导线和电器。当电气设备增多、电功率过大时，及时更换原有电路中不符合要求的导线及有关设备。

② 选择合适的保护装置。合适的保护装置能预防线路发生过载或用电设备发生过热等情况。

③ 选择绝缘性能好的导线。对于热能电器，应选用石棉织物护套线绝缘。

④ 避免接头打火和短路。电路中的连接处应牢固，接触良好，防止短路。

(3) 电气消防知识

在发生电气火警时，应采取以下措施：

① 发现电子装置、电气设备、电线电缆等冒烟起火时，应尽快切断电源。

② 使用沙土或专用灭火器进行灭火。

③ 灭火时应避免身体或灭火工具触及导线或电气设备。

④ 若不能及时灭火，应立即拨打 119 报警。

1.3.2　电工安全操作规程

为了保证人身和设备安全，国家按照安全技术要求颁发了一系列的规定和规程。这些规定和规程主要包括电气装置安装规程、电气装置检修规程和安全操作规程等，统称为安全技术规程。由于各种规程内容较多，有的专业性较强，下面只摘要介绍其主要内容。

① 工作前必须检查工具、测量仪表和防护用具是否完好。

② 任何电气设备未经检测证明确实没有带电时，一律视为带电，不准用手触摸。

③ 必须在设备停止运转后，切断电源、取下熔断器，挂出"禁止合闸，有人工作"的警示牌，并在验明设备不带电后，方可进行设备的搬移、拆卸和检查修理。

④ 工作临时中断后或每班开始工作前，都必须重新检测设备的电源是否确实断开，只有验明确实未带电后，方可继续工作。

⑤ 在总配电盘及母线上进行工作时，在验明无电后，应挂上临时接地线。拆装接地线都必须由值班电工进行。

⑥ 由专门检修人员修理电气设备时，值班电工必须进行登记，完工后要求做好交代，共同检查后，方可送电。

⑦ 每次维修结束时，必须清点所带的工具、零配件，以防遗留在设备内部而造成事故。

⑧ 禁止带负载操作动力配电箱中的刀开关。

⑨ 在低压配电设备上带电进行操作时，必须经过领导批准，并有专人监护。操作时，必须站在绝缘物上进行，头戴安全帽，身穿长袖衣服，手戴绝缘手套，使用绝缘工具。邻相带电部分和接地金属部分用绝缘板隔开后方可操作，严禁使用有裸露金属部分的器具进行操作。

⑩ 熔断器的容量要与电气设备、线路的容量相适应。

⑪ 带电装卸熔断器时，必须站在绝缘垫上，戴防护眼镜、绝缘手套，然后方可操作，必要时还要使用绝缘夹钳。

⑫ 拆除电气线路或设备后，对可能继续供电的裸露线头必须用绝缘胶布包扎好。

⑬ 电气设备的外壳必须可靠接地，接地线要符合国家标准。

⑭ 对临时安装的电气设备，必须将金属外壳接地，严禁将电动工具的外壳接地线和工作零线拧在一起接入插座。必须使用两线接地的三孔插座，或者将外壳单独接在接地保护干线上，以防止接触不良而引起外壳带电，用橡胶软电缆线给移动设备供电时，专供保护接零的芯线中不允许有工作电流通过。

⑮ 安装白炽灯的灯头开关时，开关务必控制相线，灯头（座）的螺纹端必须接在工作零线上。

⑯ 使用梯子时，梯子与地面间的夹角为60°左右为宜，在水泥地面使用梯子时，要有防滑措施。使用人字梯时拉绳必须牢固，使用没有搭钩的梯子时，在工作中要有人扶稳。

⑰ 动力配电盘、配电箱（柜）、开关及变压器等各电气设备附近，不准堆放各种易燃、易爆、潮湿或其他影响操作的物品。

⑱ 电气设备发生火灾时，要立即设法切断电源，并使用二氧化碳灭火器灭火，严禁使用泡沫灭火器灭火。

⑲ 使用各类电动工具时，人要站在绝缘垫上，并戴绝缘手套操作。供电线路装漏电保护器或安全隔离变压器。

⑳ 使用喷灯时，油量不得超过容器容积的3/4，打气要适当，不得使用漏油或漏气的喷灯，不得在易燃易爆品附近点燃喷灯。

1.3.3 电工岗位责任制

岗位责任制是指规定各种工作岗位的职能及其责任，并予以严格执行的管理制度。它要求明确各种岗位的工作内容、数量和质量、应承担的责任等，以保证各项业务活动能有秩序地进行。电工岗位责任制在不同性质的单位内，侧重点会有所不同，大体包含以下内容：

① 对所辖范围的电路要了如指掌，一旦发生故障能及时排除。

② 工作时要注意安全，尽量断电作业。在检修大型设备时必须断电操作，并有专人协助。

③ 认真执行电气设备养护、维修分工责任制的规定，使分工范围内的电气线路、设备、设施始终处于良好养护状况，保证不带故障运行。

④ 对检查中发现的问题要及时解决，当天处理，并做好维修记录。

⑤ 负责提出电料备货计划，并抓好本单位安全用电和节约用电，严格遵守电工操作规程，禁止违章作业。

⑥ 负责所有电气设备的安全运行、保养维修、更换和安装等工作。

技能训练　　**触电急救操作**

一、训练器材与工具

电工常用工具、闸刀开关、铜线、应急灯、体操垫 1 张。

二、训练内容与步骤

(1) 切断电源及操作要点

① 模拟触电者站在凳子、桌子或梯子上，两手同时触及裸导线的两根火线或一地一火线，模拟触电的现场。

② 让同学们根据现场实际情况选择使触电者脱离电源的办法及应注意的问题。可以敷设专门的实训线路，两人一组，一人模拟触电者，一人根据安全操作技术，使其脱离电源获救。

(2) 触电急救措施

① 若触电者神志清醒，只是感觉心慌、四肢麻木、乏力，或虽一度昏迷，但未失去知觉，此时只需将触电者安放在通风处安静平躺休息，让其慢慢恢复正常即可。但在恢复过程中，要注意观察其呼吸和脉搏的变化，切不可让触电者站立或行走，以减轻心脏负担。

② 若触电者神志不清，首先应将其就地平躺，确保呼吸通畅，呼叫其名字并轻拍肩部，观察反应，以判定触电者是否丧失意识。但要注意，切勿用摇动其头部的办法呼叫。

③ 若触电者神志丧失，应及时采取看、听、试等方法来判断触电者的呼吸及心跳情况。看，即看胸腹有无起伏动作；听，即用耳朵贴近其口鼻处，听其有无呼气声；试，即用手指轻试一侧喉结旁凹陷处的颈动脉有无搏动，以判断心跳情况。

④ 若触电者已丧失意识，且呼吸停止，但心脏或脉搏仍在跳动，应采用口对口的人工呼吸法予以抢救。

⑤ 若触电者尚有呼吸，但心脏和脉动均已停止跳动，应采取胸外心脏挤压法抢救。

⑥ 若触电者呼吸和心跳均已停止，应视为假死，应立即采取心肺复苏法的 3 项基本措施（通畅气道、口对口人工呼吸、胸外心脏按压）就地进行抢救，以支持生命。

还应注意，在进行抢救的同时，应尽快通知医务人员赶至现场急救，同时做好送往医院的准备工作。

(3) 口对口（或鼻）人工呼吸法触电急救技术操作要点

① 使模拟复苏人仰卧，宽松衣服，颈部伸直，头部尽量后仰，然后撬开其口腔。

② 施救者位于触电者头部一侧，将其近头部的一只手捏住触电者的鼻子，并将这只手的外缘压住触电者额部，将颈上抬，使其头部自然后仰。

③ 施救者深呼吸以后，用嘴紧贴触电者的嘴（中间可用医用纱布隔开）吹气。

④ 吹气至触电者要换气时，应迅速离开触电者的嘴，同时放开捏紧的鼻子，让其自动向外呼气。

⑤ 按上述步骤反复进行，对触电者每分钟吹气 15 次左右。注意，训练时应规范操作，听从教师的现场指导，以防操作不当损坏模拟复苏人。

(4) 人工胸外心脏挤压法触电急救技术操作要点

急救者跪跨在触电者臀部位置，右手掌照图 1-13 (a) 所示位置放在触电者的胸上，左手掌压在右手掌上，向下挤压 3～4cm 后，突然放松。挤压和放松动作要有节奏，以每秒钟 1 次（儿童两秒钟 3 次）为宜，挤压用力要适当，用力过猛会造成触电者内伤，用力过小则无效，必须连续进行到触电者苏醒为止。

（5）对心跳与呼吸都停止的触电者的急救

同时采用"口对口人工呼吸法"和"胸外心脏挤压法"。如急救者只有一人，应先对触电者吹气 3~4 次，然后再挤压 7~8 次，如此交替重复进行至触电者苏醒为止。

如果是两人合作抢救，一人吹气，一人挤压，吹气时应保持触电者胸部放松，只可在换气时进行挤压。

（6）填实训报告

将触电事故各种断电措施的操作要领和适用场合填入表 1-2 中。

表 1-2　触电事故的断电操作实训报告

断电操作措施	操作要领	适用场合
拉掉闸刀开关		
割断电源线		
拉开触电者		
挑开电源线		
金属裸线短路		

知识拓展

一、填空题

1. 电流对人体的伤害称为_____。

2. 当发现有人因触电而昏倒时，应立即_____，并对其进行_____和_____法抢救。

3. 为了防止设备漏电而引发触电事故，经常将用电器金属外壳通过导体与地有效的连接称为_____。将用电器金属外壳通过导体与供电系统中性点相连称为_____。

4. 我国规定安全用电一般为_____V，在潮湿及罐塔设备容器内的安全电压为_____V。

5. 人体触电的方式可分为_____、_____、_____和_____。

6. 常见触电原因有_____、_____、和_____。

二、判断题

1. 电击触电对人体造成危险性最大。 　　　　　　　　　　　　　（　　）

2. 两相触电时，只要人体站在绝缘体上就不会有触电的危险。 　　（　　）

3. 可以用手拉导线拔出插头。 　　　　　　　　　　　　　　　　（　　）

4. 电气设备的金属外壳接地属于工作接地。 　　　　　　　　　　（　　）

5. 在非安全电压下作业时，应尽可能单手操作。 　　　　　　　　（　　）

6. 不能用泡沫灭火器进行电火灾的扑灭。 　　　　　　　　　　　（　　）

第2章

电工基本操作

2.1 常用电工工具的使用

常用电工工具是指专业电工都要使用到的常用工具，包括验电笔、螺丝刀（螺钉旋具）、钢丝钳、尖嘴钳、斜口钳、剥线钳、活络扳手、电烙铁、电工刀、冲击电钻等。常用的电工工具一般装在工具包或工具箱中，便于随身携带，如图2-1所示。

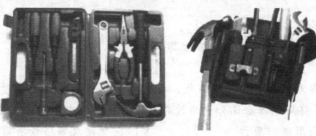

图 2-1　常用的电工工具

(1) 验电笔

1) 选用

验电笔也称测电笔，简称电笔，是一种用来检验导线、电器和电气设备的金属外壳是否带电的电工工具。验电笔具有体积小、重量轻、携带方便、使用方法简单等优点，是电工必备的工具之一。

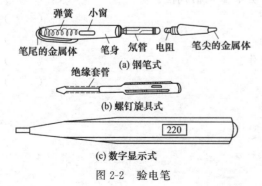

(a) 钢笔式

(b) 螺钉旋具式

220

(c) 数字显示式

图 2-2　验电笔

目前，常用的验电笔有钢笔式验电笔、螺钉旋具式验电笔和数字显示式验电笔，如图2-2所示。

2) 钢笔式和螺钉旋具式验电笔的使用方法

使用钢笔式和螺钉旋具式验电笔时，按图2-3所示的正确方法握好测电笔，以食指触及笔尾的金属体，笔尖触及被测物体，使氖管小窗背光朝向测试者。

如图2-4所示，使用验电笔测带电物体时，电流经带电体、电笔、人体到大地构成通电回路。只要带电体与大地之间的电位差超过60V，电笔中的氖管就发光，电压高发光强，电压低发光弱。

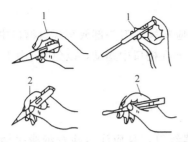

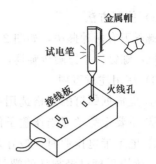

(a) 钢笔式握法　　(b) 螺钉旋具式握法

图 2-3　验电笔的使用方法

1—正确握法；2—错误握法

图 2-4　观察氖管的发光情况

3）数字显示式验电笔的使用方法

用数字显示式测电笔验电，其握笔方法与氖管指示式相同，手触直测钮，用笔头测带电体，有数字显示者为火线，反之为零线，如图 2-5 所示。带电体与大地间的电位差在 2～500V 之间，电笔都能显示出来。由此可见，使用数字式测电笔，除了能知道线路或电气设备是否带电以外，还能够知道带电体电压的具体数值。

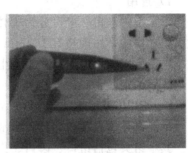

图 2-5　交流电测量

4）使用注意事项

① 使用验电笔以前应先检查测电笔内是否有安全电阻，然后检查测电笔是否损坏，有无受潮或有水现象。检查合格后方可使用。

② 一般用右手握住电笔，左手背在背后。

③ 人体的任何部位切勿触及与笔尖相连的金属部分。

④ 防止笔尖同时搭在两根电线上。

⑤ 验电前，先将电笔在确实有电处试测，只有氖管发光，才可使用。

⑥ 在明亮光线下不易看清氖管是否发光，应注意避光。

(2) 螺丝刀

1）选用

螺丝刀是一种紧固和拆卸螺钉的工具，习惯称为起子。按其头部形状不同，可分为一字形和十字形两种，如图 2-6 所示。

电工不可使用金属直通柄的螺丝刀，因此按握柄材料的不同，螺丝刀又分为塑料柄和木柄两类。市场上有一些螺丝刀为了使用方便，在其刀体顶端加有磁性。现在流行一种组合螺丝刀工具，如图 2-7 所示，可根据需要进行选用。

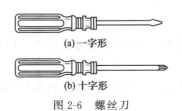

(a) 一字形

(b) 十字形

图 2-6　螺丝刀

图 2-7　组合螺丝刀工具

2）使用方法

螺丝刀有两种握法，如图 2-8 所示。使用螺丝刀时，应将螺丝刀头部放至螺钉槽口中，并用力推压螺钉，平稳旋转旋具，特别要注意用力均匀，不要在槽口中蹭动，以免磨毛槽口。

3）使用注意事项

① 应根据螺钉的规格选用不同规格的螺丝刀。

② 不要把螺丝刀当作錾子使用，以免损坏螺丝刀。

③ 电工带电作业时，最好是使用塑料柄或木柄的螺丝刀，且应注意检查绝缘手柄是否完好。绝缘手柄已经损坏的螺丝刀不能用于带电作业。

(3) 钢丝钳

1）选用

市场上钢丝钳一般可分为中档和高档两个档次，这两种档次的钢丝钳在价格上相差比较大。钢丝钳的常用规格有 160mm、180mm、200mm 和 250mm 四种。

电工所用的钢丝钳，在钳柄上应套有耐压为 500V 以上的绝缘管。电工严禁选用钳柄没有绝缘管的钢丝钳。

2）使用方法

钢丝钳是钳夹和剪切的常用钳类工具，其外形结构如图 2-9 所示。它由钳头和钳柄组成。其中钳头包括钳口、齿口、刀口、铡口四部分。钳柄上装有绝缘套。

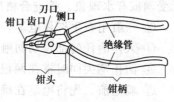

图 2-8　螺丝刀的两种握法　　　　　图 2-9　钢丝钳

操作时，刀口朝向自己面部，以便于控制钳切部位，用小指伸在两钳柄中间来抵住钳柄，张开钳头，这样分开钳柄灵活。

钢丝钳的使用方法如图 2-10 所示，用齿口旋动螺钉螺母，用刀口剪导线、起铁钉或剥导线绝缘层等，用铡口铡断较硬的金属材料。

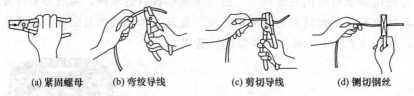

(a) 紧固螺母　　　(b) 弯绞导线　　　(c) 剪切导线　　　(d) 铡切钢丝

图 2-10　钢丝钳的使用方法

3）使用注意事项

① 使用前，必须检查其绝缘柄，确定绝缘状况良好，否则不得带电操作，以免发生触电事故。

② 用钢丝钳剪切带电导线时，必须单根进行，不得用刀口同时剪切相线和零线或者两根相线，以免造成短路事故。

③ 使用钢丝钳时要刀口朝向内侧，以便于控制剪切部位。

④ 不能用钳头代替锤子作为敲打工具，以免变形。

(4) 尖嘴钳

1) 选用

尖嘴钳不带刃口者只能进行夹捏工作，带刃口者能剪切细小部件，它是电工装配及修理操作常用工具之一。尖嘴钳由钳口、刀口和钳柄组成，如图 2-11 所示。

尖嘴钳按手柄分裸柄和绝缘柄两种，电工应用绝缘柄尖嘴钳，其耐压为 500V 以上。尖嘴钳的常用规格有 130mm、160mm、180mm 和 200mm 四种。

2) 使用方法

尖嘴钳的头部尖细，主要用来剪切线径较细的单股与多股线，以及给单股导线接头弯圈、剥塑料绝缘层等，例如在狭小的空间夹持较小的螺钉、垫圈、导线及将单股导线接头弯圈、剖削塑料电线绝缘层，也可用来带电操作低压电气设备。

尖嘴钳的握法有平握法和立握法，如图 2-12 所示。

图 2-11　尖嘴钳

(a) 平握法　　　(b) 立握法

图 2-12　尖嘴钳的握法

尖嘴钳使用灵活方便，适用于电气仪器仪表制作或维修操作，又可以作为家庭日常修理工具。其使用方法举例如图 2-13 所示。

(a) 制作接线鼻　　　(b) 辅助拆卸螺钉

图 2-13　尖嘴钳使用方法举例

3) 使用注意事项

① 为确保使用者的人身安全，严禁使用塑料套破损、开裂的尖嘴钳带电操作。

② 不允许用尖嘴钳装拆螺母、敲击它物。

③ 不宜在 80℃ 以上的环境中使用尖嘴钳，以防止塑料套柄熔化或老化。

④ 为防止尖嘴钳端头断裂，不宜用它夹持较硬、较粗的金属导线及其他硬物。

⑤ 尖嘴钳的头部是经过淬火处理的，不要在锡锅或高温的地方使用，以保持钳头部分的硬度。

图 2-14　斜口钳

(5) 斜口钳

1）选用

斜口钳主要用于剪切导线以及元器件多余的引线，还常用来代替一般剪刀剪切绝缘套管、尼龙扎线卡等，如图 2-14 所示。

斜口钳按手柄分铁柄、管柄和绝缘柄三种，电工应用绝缘柄断线钳，其耐压为 1000V 以上，斜口钳的常用规格有 130mm、160mm、180mm 和 200mm 四种。

2）使用方法

使用斜口钳时用右手操作。将钳口朝内侧，便于控制钳切部位，用小指伸在两钳柄中间来抵住钳柄，张开钳头，这样分开钳柄灵活。

斜口钳专用于剪断较粗的金属丝、线材及电线电缆等。

斜口钳的刀口可用来剖切软电线的橡皮层或塑料绝缘层。钳子的刀口也可用来剪切电线、铁丝。剪 8 号镀锌铁丝时，应用刀刃绕表面来回割几下，然后只需轻轻一扳，铁丝即断。铡口也可以用来切断电线、钢丝等较硬的金属线。

3）使用注意事项

① 斜口凹槽朝外，防止断线碰伤眼睛。

② 剪线时头应朝下，以免线头剪断时，伤及本身。

③ 不可以用来剪较粗或较硬的物体，以免伤及刀口。

④ 不可用于捶打物件。

(6) 剥线钳

1）选用

剥线钳是剥削小直径导线接头绝缘层的专用工具。剥线钳手柄是绝缘的，耐压为 500V，规格有 130mm、160mm、180mm 和 200mm 四种。剥线钳外形结构如图 2-15 所示。

2）使用方法

使用时，将要剥削的导线绝缘层长度用标尺定好，右手握住钳柄，用左手将导线放入相应的刀口槽中（比导线直径稍大，以免损伤导线），用右手将钳柄向内一握，导线的绝缘层即被割破拉开自动弹出，如图 2-16 所示。

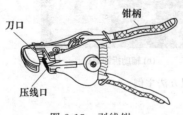

刀口
钳柄
压线口

图 2-15　剥线钳

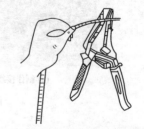

图 2-16　剥线钳的使用方法

3）使用注意事项

使用剥线钳时，选择的切口直径必须大于线芯直径，即电线必须放在大于其线芯直径的切口上切剥，否则会切伤芯线。

(7) 活络扳手

1）选用

电工常用的扳手有活络扳手、呆扳手和套筒扳手，这些都是用于紧固和拆卸螺母的工具。

电工最常用的是活络扳手，其结构如图 2-17 所示，它的扳口大小可以调节。

常用活络扳手的规格有 200mm、250mm、300mm 三种，使用时应根据螺母的大小来选配。

电工还经常用到呆扳手（亦叫开口扳手），它有单头和双头两种，其开口与螺钉头、螺母尺寸相适应，并根据标准尺寸做成一套，以便于根据需要选用，如图 2-18 所示。

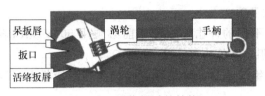

图 2-17 活络扳手的结构

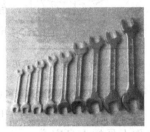

图 2-18 呆扳手

2）活络扳手的使用方法

① 使用时，右手握手柄。手越靠后，扳动起来越省力，如图 2-19 所示。

② 扳动小螺母时，因需要不断地转动蜗轮，调节扳口的大小，所以手要握在靠近呆扳唇处，并用大拇指调节蜗轮，以适应螺母的大小。

3）活络扳手使用注意事项

① 活络扳手的扳口夹持螺母时，呆扳唇在上，活扳唇在下。活扳手切不可反过来使用。

② 在扳动生锈的螺母时，可在螺母上滴几滴机油，这样就好拧动了。切不可采用钢管套在活络扳手的手柄上来增加扭力，因为这样极易损伤活络扳唇。

③ 不得把活络扳手当锤子用。

(8) 电工刀

1）选用

电工刀是剥削和切割电工材料的常用工具。电工刀在电气操作中主要用于剖削导线绝缘层、削制木棒、切割木台缺口等。其形状如图 2-20 所示。

2）使用方法

使用电工刀时，刀口应朝外部切削，切忌面向人体切削，如图 2-21 所示。剖削导线绝缘层时，应使刀面与导线成较小的锐角，以避免割伤线芯。电工刀刀柄无绝缘保护，不能接触或剖削带电导线及器件。新电工刀刀口较钝，应先开启刀口然后再使用。电工刀使用结束后应随即将刀身折进刀柄，注意避免伤手。

图 2-19 活络扳手的使用

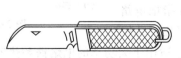

图 2-20 电工刀

图 2-21 电工刀的使用方法

(9) 冲击电钻

1）选用

冲击电钻常用于在配电板（盘）、建筑物或其他金属材料、非金属材料上钻孔，其外形与手电钻相似，如图2-22所示。钻上有锤、钻调节开关，可分别当普通电钻和电锤使用。

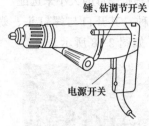

图2-22　冲击电钻

2）使用方法

把调节开关置于"钻"的位置，钻头只旋转而没有前后的冲击动作，可作为普通钻使用。若调到"锤"的位置，通电后钻头边旋转、边前后冲击，便于钻削混凝土或砖结构建筑物上的孔，如膨胀螺栓孔、穿墙孔等。

3）使用注意事项

① 长期搁置不用的冲击钻，使用前必须用500V兆欧表测定其对地绝缘电阻，其值应不小于0.5MΩ。

② 使用有金属外壳的手电钻时，必须戴绝缘手套、穿绝缘胶鞋或站在绝缘板上，以确保操作人员的人身安全。

③ 在钻孔时遇到坚硬物体不能加过大压力，以防钻头退火或手电钻因过载而损坏。

④ 在钻孔过程中应经常把钻头从钻孔中抽出，以便排除钻屑。

（10）电烙铁

1）选用

电烙铁是钎焊（也称锡焊）的热源，其规格有15W、25W、45W、75W、100W、300W等多种。功率在45W以上的电烙铁，通常用于强电元件的焊接，弱电元件的焊接一般使用功率在15W、25W等级的电烙铁。

电烙铁有外热式和内热式两种，如图2-23所示。内热式的发热元件在烙铁头的内部，其热效率较高；外热式电烙铁的发热元件在外层，烙铁头至于中央的孔中，其热效率较低。

电烙铁的功率应选用适当，功率过大不但浪费电能，而且会烧坏弱电元件；功率过小，则会因热量不够而影响焊接质量（出现虚焊、假焊）。

(a) 外热式　　　　　　　　　　(b) 内热式

图2-23　电烙铁

2）使用方法

手工焊接时，电烙铁要拿稳对准，可根据电烙铁的大小、形状和被焊件的要求等不同情况决定电烙铁的握法。电烙铁的握法通常有3种，如图2-24所示。

① 反握法　反握法是用五指把电烙铁柄握在手掌内。这种握法焊接时动作

(a) 反握法　　　　(b) 正握法　　　　(c) 握笔法

图2-24　电烙铁的握法

稳定，长时间操作不易疲劳。它适用于大功率的电烙铁和热容量大的被焊件。

② 正握法　正握法是用五指把电烙铁柄握在手掌外。它适用于中功率的电烙铁或烙铁头弯的电烙铁。

③ 握笔法　这种握法类似于写字时手拿笔一样，易于掌握，但长时间操作易疲劳，烙铁头会出现抖动现象，因此适用于小功率的电烙铁和热容量小的被焊件。

2.2 导线的电气连接

导线连接是维修电工必须掌握的一项重要的基本功,也是线路安装及维修过程中经常用到的操作技能。导线的连接方法很多,有绞接、焊接、压接、紧固螺钉压接等,各种连接方法适用于不同导线及不同的工作地点。导线的连接无论采用哪种方法,都不外乎四个步骤:剥离绝缘层、导线线芯连接、接头焊接或压接、恢复绝缘。

2.2.1 导线绝缘层的剖削

在导线连接前,必须把导线端部的绝缘层剥去,要求剖削后的芯线长度必须适合连接需要,不应过长或过短,且不应损伤芯线。

(1) 塑料硬线绝缘层的剖削

线芯截面积为 $4mm^2$ 以下的塑料硬线,一般用钢丝钳进行剖削,如图 2-25 所示。剖削方法是:用左手握住电线,根据线头所需长度用钢丝钳刀口切割绝缘层,但不可切入线芯。然后用右手握住钢丝钳头部用力向外勒出绝缘层。剥削出的芯线应保持完整无损,若损伤较大应重新剖削。

图 2-25　钢丝钳剖削导线绝缘层

图 2-26　剖削截面积大于 $4mm^2$ 的塑料导线

对于线芯截面积大于 $4mm^2$ 的塑料导线,可用电工刀来剖削绝缘层,如图 2-26 所示。剖削方法是:根据所需的长度用电工刀以倾斜 45°角切入塑料层;刀面与芯线保持 25°角左右,用力向线段推削,不可切入芯线,削去上面一层塑料绝缘层;将下面塑料绝缘层向后扳翻,最后用电工刀齐根切去。剖削过程如图 2-27 所示。

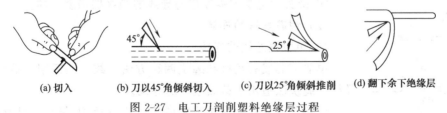

(a) 切入　　　(b) 刀以45°角倾斜切入　　　(c) 刀以25°角倾斜推削　　　(d) 翻下余下绝缘层

图 2-27　电工刀剖削塑料绝缘层过程

(2) 塑料软线绝缘层的剖削

塑料软线绝缘层只能用剥线钳或钢丝钳剖削,不可用电工刀剖削,用钢丝钳剖削绝缘层的方法如图 2-28 所示。剖削方法是:用左手捏住线头,按连接所需长度,用钳头刀口轻切绝缘层,轻切时不可用力过大,只要切破绝缘层即可,因软线每股芯线较细,极易被切断。迅速移动握位,从柄部移至头部,在移动过程中不可松动已切破绝缘层的钳头。同时,左手食指应绕上一圈导线,然后握拳捏导线,再两手反向同时用力,右手抽左手勒,即可把端部绝缘层剥离,剥离绝缘层时右手用力要大于左手。

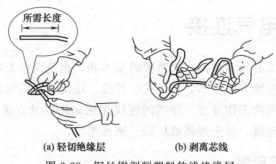

(a) 轻切绝缘层　　　　　(b) 剥离芯线

图 2-28　钢丝钳剖削塑料软线绝缘层

(3) 塑料护套线绝缘层的剖削

塑料护套线绝缘层必须用电工刀来剖削，如图 2-29 所示。剖削方法是：按所需长度用刀尖对准芯线缝隙划开护套层，向后扳翻护套层，用刀齐根切去。在距离护套层 5～10mm 处，用电工刀以倾斜 45°角切入绝缘层。

(a) 用刀尖在线芯缝隙处划开护套层　　　(b) 扳翻护套层并齐根切去　　　(c) 剖削好的护套线

图 2-29　塑料护套线绝缘层的剖削

2.2.2　导线的连接

(1) 导线连接的基本要求

① 接触紧密，接头电阻小，稳定性好。接头与同长度、同截面积导线的电阻比应不大于 1。

② 接头的机械强度应不小于导线机械强度的 80%。

③ 耐腐蚀。对于铝与铝连接，如采用熔焊法，应主要防止残余焊剂或熔渣的化学腐蚀；对于铝与铜连接，应主要防止电化学腐蚀。在接头前后，要采取措施，避免这类腐蚀的存在。

④ 接头的绝缘层强度应与导线的绝缘层强度一样。

(2) 铜芯导线的连接

1) 单股铜芯线的连接

单股铜芯线有绞接和缠绕两种方法。绞接法适用于截面较小的导线，缠绕法适用于截面较大的导线。

绞接法是先剥去线端绝缘层约芯线直径 40 倍长，勒直芯线后，再按以下步骤进行：

① 两根线头在离芯线根部的 1/3 处呈 "×" 状交叉，如图 2-30 (a) 所示。

② 把两线头如麻花状互相绞合 2～3 圈，如图 2-30 (b) 所示。

③ 把一根线头扳起与另一根处于下边的线头保持垂直，如图 2-30 (c) 所示。

④ 把扳起的线头按顺时针方向在另一根线头上紧缠 6～8 圈，

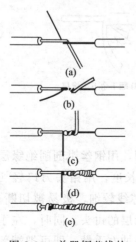

(a)

(b)

(c)

(d)

(e)

图 2-30　单股铜芯线的绞接法连接

圈间不应有缝隙，且应垂直排绕。缠毕切去芯线余端，并钳平切口，不准留有切口毛刺，如图 2-30（d）所示。

⑤一端头的加工方法，按上述步骤第③、④步操作。连接好的导线如图 2-30（e）所示。

缠绕法是将已去除绝缘层和氧化层的线头相对交叠，再用直径为 1.6mm 的裸铜线作缠绕线在其上进行缠绕，如图 2-31 所示。其中，直径在 5mm 及以下的的线头，缠绕长度为 6cm；直径大于 5mm 的，缠绕长度为 9cm。

2）单股铜芯线的 T 形连接

单股铜芯线 T 形连接时仍可用绞接法和缠绕法。绞接法是先将除去绝缘层和氧化层的支路芯线与干路芯线剖削处的芯线十字相交，注意在支路芯线根部留出 3～5mm 裸线，接着顺时针方向将支路芯线在干路芯线上紧密缠绕 6～8 圈，如图 2-32 所示，剪去多余线头，修整掉毛刺。

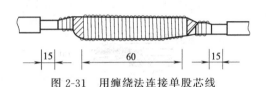

图 2-31　用缠绕法连接单股芯线

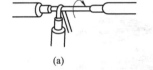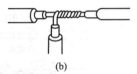

图 2-32　单股铜芯线的 T 形连接

3）单股铜芯线与多股铜芯线的分支连接

先按单股铜芯线直径约 20 倍的长度剥除多股线连接处的中间绝缘层，并按多股线的单股芯线直径的 100 倍左右剥去单股线的线端绝缘层，勒直芯线后，再按以下步骤进行：

①在离多股线的左端绝缘层切口 3～5mm 处的芯线上，用一字旋具把多股芯线分成较均匀的组（如 7 股线的芯线以 3 股、4 股分），如图 2-33（a）所示。

②把单股铜芯线插入多股铜芯线的两芯线中间，但单股铜芯线不可插到底，应使绝缘层切口离多股铜芯线 3mm 左右。同时，应尽可能使单股铜芯线向多股铜芯线的左端靠近，以达到距多股线绝缘层的切口不大于 5mm。按着用钢丝钳把多股线的插缝钳平、钳紧，如图 2-33（b）所示。

③把单股铜芯线按顺时针方向紧缠在多股铜芯线上，务必要使每圈直径垂直于多股铜芯线轴心，并应使各圈紧挨密排，绕足 10 圈，然后切断余端，钳平切口毛刺，如图 2-33（c）所示。

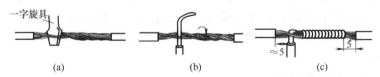

图 2-33　单股铜芯线与多股铜线芯线的分支连接

4）多股铜芯线的直接连接

多股铜芯线的直接连接按以下步骤进行（以 7 股铜芯线为例）：

①将剖去绝缘层的芯线头拉直，接着把芯线头全长的 1/3 根部进一步绞紧，然后把余下的 2/3 根部的芯线头，按图 2-34（a）所示方法，分散成伞骨状，并将每股芯线拉直。

②把两导线的伞骨状线头隔股对叉，然后捏平两端每股线，如图 2-34（b）、图 2-34（c）所示。

③ 先把一端的 7 股芯线按 2、2、3 股分成三组，接着把第一组股芯线扳起，垂直于芯线，如图 2-34（d）所示。然后按顺时针方向紧贴并缠绕两圈，再扳成与芯线平行的直角，如图 2-34（e）所示。

④ 按照与上一步骤相同的方法继续紧缠绕第二组和第三组芯线，但在后一组芯线扳起时，如图 2-34（f）、图 2-34（g）所示，第三组芯线应紧缠三圈，如图 2-34（h）所示。每组多余的芯线端应剪去，并钳平切口毛刺。导线的另一端连接方法相同。

5）多股铜芯线的分支连接

先将干线在连接处按支线的单股铜芯线直径约 60 倍长度剥去绝缘层。支线线头绝缘层的剥离长度约为干线单股铜芯线直径的 80 倍左右，再按以下步骤进行。

① 把支线线头离绝缘层切口根部约 1/10 的一段芯线进一步绞紧，并把余下的 9/10 芯线头松散，并逐根勒直后分成较均匀且排成并列的两组（如 7 股线按 3、4 分），如图 2-35（a）所示。

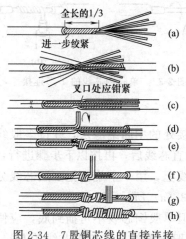

图 2-34 7 股铜芯线的直接连接

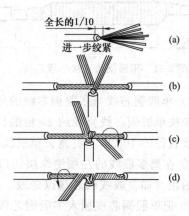

图 2-35 多股铜芯线的分支连接

② 在干线芯线中间略偏一端部位，用一字旋具插入芯线股间，分成较均匀的两组。接着把支路略多的一组芯线头插入干线芯线的缝隙中。同时移动位置，使干线芯线约 2/5 和 3/5 分留两端，即 2/5 一段供支线 3 股芯线缠绕，3/5 一段供 4 股芯线缠绕，如图 2-35（b）所示。

③ 先钳紧干线芯线插口处，接着把支线 3 股芯线在干线芯线上按顺时针方向垂直地紧紧排缠至三圈，剪去多余的线头，钳平端头，修去毛刺，如图 2-35（c）所示。

④ 按前一步方法缠绕另 4 股支线芯线头，但要缠足四圈，芯线端口也应不留毛刺，如图 2-35（d）所示。

(3) 导线与针孔接线柱的连接

1）线头与针孔接线柱的连接

端子板、某些熔断器、电工仪表等的接线部位多是利用针孔附有压接螺钉压住线头完成连接的。电路容量小，可用一个螺钉压接；若电路容量较大，或接头要求较高时，应该用两个螺钉压接。

① 单股芯线与接线柱连接时，最好按要求的长度将线头折成双股并排插入针孔，使压接螺钉顶紧双股芯线的中间。如果线头较粗，双股插不进针孔，也可直接用单股，但芯线在插入针孔前，应稍微朝着针孔上方弯曲，以防压紧螺钉稍松时线头脱出，如图 2-36 所示。

② 在针孔接线柱上连接多股芯线时，应该用钢丝钳将多股芯线进一步绞紧，以保证压紧螺钉顶压时不致松散。注意针孔和线头的大小应尽可能配合，如图 2-37 (a) 所示。如果针孔过大可选一根直径大小相宜的铝导线作绑扎线，在已绞紧的线头上紧密缠绕一层，使线头大小与针孔合适后再进行压接，如图 2-37 (b) 所示。如线头过大，插不进针孔时，可将线头散开，适量减去中间几股。通常 7 股可剪去 1～2 股，19 股可剪去 1～7 股，然后将线头绞紧，进行压接，如图 2-37 (c) 所示。

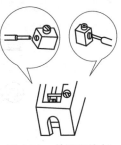

图 2-36 单股芯线与
针孔接线柱连接

(a) 针孔合适的连接　　(b) 针孔过大时线头的处理　　(c) 针孔过小时线头的处理

图 2-37 多股芯线与针孔接线柱连接

无论是单股还是多股芯线的线头，在插入针孔时，一是注意插到底；二是不得使绝缘层进入针孔，针孔外的裸线头的长度也不得超过 3mm。

2) 线头与平压式接线柱的连接

平压式接线柱是利用半圆头、圆柱头或六角头螺钉加垫圈将线头压紧，完成导线的连接的。对载流量小的单股芯线，先将线头弯成接线圈，再用螺钉压接。其操作步骤如下：

① 离绝缘层根部的 3mm 处向外侧折角，如图 2-38 (a) 所示。

② 以略大于螺钉直径的曲率弯曲圆弧，如图 2-38 (b) 所示。

③ 剪去芯线余端，如图 2-38 (c) 所示。

④ 修整圆圈，如图 2-38 (d) 所示。

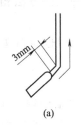   

(a)　　　　　(b)　　　　　(c)　　　　　(d)

图 2-38 单股芯线压接圈的弯法

对于横截面积不超过 10mm² 、股数为 7 股及以下的多股芯线，应按图 2-39 所示的步骤制作压接圈。对于载流量较大、横截面积超过 10mm² 、股数多于 7 股的导线端头，应安装接线耳。

软线线头的连接也可用平压式接线柱。其工艺要求与上述多股芯线的压接相同。

(4) 线头与瓦形接线柱的连接

瓦形接线柱的垫圈为瓦形，压接时为了使线头不致从瓦形接线柱内滑出，压接前应先将已去除氧化层和污物的线头弯曲成 U 形，再卡入瓦形接线柱压接，如图 2-40 (a) 所示。如果在接线柱上有两个线头连接，应将弯成 U 形的两个线头反方向重叠，再卡入接线柱瓦形垫圈下方压紧，如图 2-40 (b) 所示。

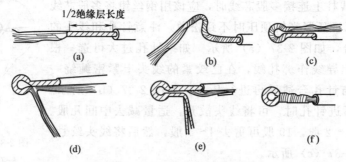

图 2-39　7 股芯线压接圈的弯法

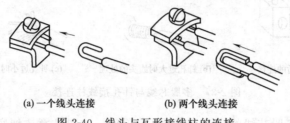

(a) 一个线头连接　　　　(b) 两个线头连接

图 2-40　线头与瓦形接线柱的连接

(5) 铝芯线的连接

铝芯线的连接有以下几种方法：

1) 小规格铝芯线的连接方法

① 截面积在 4mm² 以下的铝芯线，允许直接与接线柱连接，但连接前必须经过清除氧化铝薄膜的技术处理。方法是，在芯线端头上涂抹一层中性凡士林，然后用细钢丝刷或铜丝刷擦芯线表面，再用清洁的棉纱或破布抹去含有氧化铝膜屑的凡士林，但不要彻底擦干净表面上的所有凡士林。

② 各种形状接点的弯制和连接方法，均与小规格铜质导线的各种连接方法相同，均可参照应用。

③ 铝芯线质地很软，压紧螺钉虽能紧压住线头，使其不能松动，但也应避免一味拧紧螺钉而把铝芯线压扁或压断。

2) 铜芯线与铝芯线的连接

由于铜与铝在一起时，日久会产生电化学腐蚀，因此，对于较大负荷的铜芯线与铝芯线连接应采用铜铝过渡连接管。使用时，连接管的铜端插入铜导线，连接管的铝端插入铝导线，利用局部压接法压接。

2.2.3　导线的封端

安装好的配线最终要与电气设备相连，为了保证导线线头与电气设备接触良好并具有较强的机械性能，对于多股铝线和截面积大于 2.5mm² 的多股铜线，都必须在导线终端焊接或压接一个接线端子，再与设备相连。这种工艺过程叫做导线的封端。

(1) 铜导线的封端

铜导线的封端有以下两种方法：

① 锡焊法。锡焊前，先将导线表面和接线端子孔用砂布擦干净，涂上一层无酸焊锡膏，将线芯搪上一层锡，然后把接线端子放在喷灯火焰上加热，当接线端子烧热后，把焊锡熔化

在端子孔内，并将搪好锡的线芯慢慢插入，待焊锡完全渗透到线芯缝隙中后，即可停止加热。

② 压接法。将表面清洁且已加工好的线头直接插入内表面已清洁的接线端子线孔，用压接钳压接。

(2) 铝导线的封端

铝导线一般用压接法封端。压接前，剥掉导线端部的绝缘层，其长度为接线端子孔的深度加上 5mm，除掉导线表面和端子孔内壁的氧化膜，涂上中性凡士林，再将线芯插入接线端子内，用压接钳进行压接。当铝导线出线端与设备铜端子连接时，由于存在电化学腐蚀问题，因此应采用预制好的铜铝过渡接线端子，压接方法同前所述。

2.2.4　导线绝缘层的恢复

在线头连接完成后，导线连接前破坏的绝缘层必须恢复，且恢复后的绝缘强度一般不应低于剖削前的绝缘强度，这样才能保证用电安全。在低压电路中，常用的恢复材料有黄蜡布带、聚氯乙烯塑料带和黑胶布等多种。一般采用 20mm 的规格，其包缠方法如下。

① 包缠时，先将绝缘带从左侧的完好绝缘层上开始包缠，应包入绝缘层 $30 \sim 40$mm，包缠绝缘带时要用力拉紧，带与导线之间应保持约 $45°$ 倾斜，如图 2-41（a）所示。

② 进行每圈斜叠缠包，后一圈必须压叠住前一圈的 1/2 带宽，如图 2-41（b）所示。

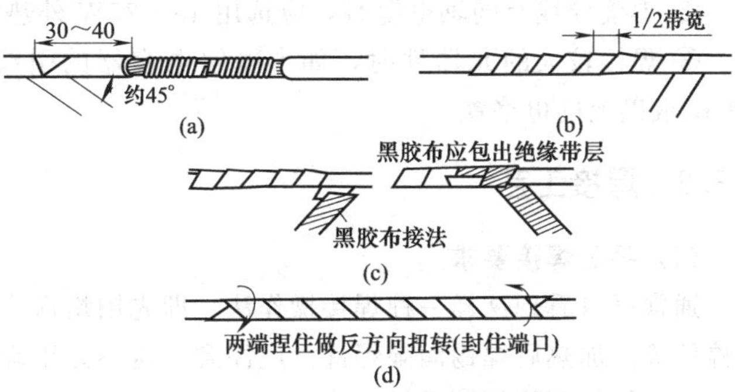

③ 包至另一端也必须包入与

图 2-41　对接接点绝缘层的恢复

始端同样长度的绝缘带，然后接上黑胶布，并应使黑胶布包出绝缘带层至少半根带宽，即必须使黑胶布完全包住绝缘带，如图 2-41（c）所示。

④ 黑胶布也必须进行 1/2 叠包，包到另一端也必须完全包住绝缘带，收尾后应用双手的拇指和食指紧捏黑胶布两端口，进行一正一反方向拧旋，利用黑胶布的黏性，将两端口充分密封起来，尽可能不让空气流通。这是一道关键的操作步骤，决定着加工质量的优劣，如图 2-41（d）所示。

在实际应用中，为了保证经恢复的导线绝缘层的绝缘性能达到或超过原有标准，一般均包两层绝缘带后再包一层黑胶布。

2.3　电烙铁焊接

2.3.1　焊接工具

1）电烙铁的种类

常用的电烙铁主要有以下几类：

① 外热式电烙铁　常用的外热式电烙铁有 25W、45W、75W 和 100W 几种规格。烙铁

的温度与烙铁头的体积、开关、长短等都有一定的关系。为适应不同焊接物体的要求，烙铁头的形状也有所不同。

② 内热式电烙铁　内热式电烙铁具有升温快、耗电省、体积小、热效率高的特点，应用非常普遍。

③ 吸锡电烙铁　吸锡电烙铁是将活塞式吸锡器与电烙铁融为一体的拆焊工具。它具有使用方便、灵活、适用范围宽等特点，但不足之处是每次只能对一个焊点进行拆焊。

④ 恒温电烙铁　在焊接集成电路、晶体管元器件时，常用到恒温电烙铁，因为半导体器件的焊接温度不能太高，焊接时间不能过长，否则会因过热而损坏元器件。焊接较大元件时，如控制变压器、扼流圈等，因焊点较大，可选用 60～100W 的电烙铁。在金属框架上焊接，选用 300W 的电烙铁较合适。

2）电烙铁的选用

选用电烙铁时，应考虑以下几个方面：

① 焊接集成电路、晶体管及其他受热易损元器件时，应选用 20W 内热式或 25W 外热式电烙铁。

② 焊接导线及同轴电缆时，应选用 45～75W 外热式电烙铁（或 50W 内热式电烙铁）。

③ 焊接较大的元器件时，如大电解电容器的引线脚、金属底盘接地焊片等，应选用 100W 或以上的电烙铁。

2.3.2 焊接工艺

(1) 手工焊接要求

通常可以看到这样一种焊接操作法，即先用烙铁头蘸上一些焊锡，然后将烙铁放到焊点上停留等待加热后焊锡润湿焊件。应注意，这不是正确的操作方法。虽然这样也可以将焊件焊起来，但却不能保证质量。

当把焊锡熔化到烙铁头上时，焊锡丝中的焊剂附在焊料表面，由于烙铁头温度一般都在 250～350℃，在电烙铁放到焊点上之前，松香焊剂不断挥发，而当电烙铁放到焊点上时，由于焊件温度低，加热还需一段时间，在此期间焊剂很可能挥发大半甚至完全挥发，因而在润湿过程中会由于缺少焊剂而润湿不良。

同时，由于焊料和焊件温度差得多，结合层不容易形成，很容易虚焊。而且由于焊剂的保护作用丧失后焊料容易氧化，焊接质量也得不到保证。

① 焊接点要保证良好的导电性能　虚焊是指焊料与被焊物表面没有形成合金结构，只是简单地依附在被焊金属的表面上，如图 2-42 所示。为使焊点具有良好的导电性能，必须防止虚焊。

虚焊用仪表测量很难发现，但却会使产品质量大打折扣，以致出现产品质量问题，因此在焊接时应杜绝产生虚焊。

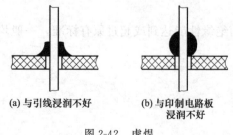

(a) 与引线浸润不好　　(b) 与印制电路板浸润不好

图 2-42　虚焊

② 焊接点要有足够的机械强度　焊点要有足够的机械强度，以保证被焊件在受到振动或冲击时不至于脱落、松动。为使焊点有足够的机械强度，一般可采用把被焊元器件的引线端子打弯后再焊接的方法。

为提高焊接强度，引线穿过焊盘后可进行相应的处理，一般采用 3 种方式，如图 2-43

所示。其中图 2-43 (a) 所示为直插式，这种处理方式的机械强度较小，但拆焊方便；图 2-43 (b) 所示为打弯处理方式，所弯角度为 45°左右，其焊点具有一定的机械强度；图 2-43 (c) 所示为完全打弯处理方式，所弯角度为 90°左右，这种形式的焊点具有很高的机械强度，但拆焊比较困难。

(a) 直插式　　　　　　(b) 弯成45°左右　　　　　　(c) 弯成90°左右

图 2-43　引线穿过焊盘后的处理方式

③ 焊点表面要光滑、清洁　为使焊点表面光滑、清洁、整齐，不但要有熟练的焊接技能，而且还要选择合适的焊料和焊剂。焊点不光洁表现为焊点出现粗糙、拉尖、棱角等现象。

④ 焊点不能出现搭接、短路现象　如果两个焊点很近，很容易造成搭接、短路的现象，因此在焊接和检查时，应特别注意这些地方。

(2) 手工焊接操作

对于一个初学者来说，一开始就掌握正确的手工焊接方法并养成良好的操作习惯是非常重要的。手工焊接的五步操作法如图 2-44 所示。

① 准备施焊　将焊接所需材料、工具准备好，如焊锡丝、松香焊剂、电烙铁及其支架等。焊前对烙铁头要进行检查，查看其是否能正常"吃锡"。如果吃锡不好，就要将其锉干净，再通电加热并用松香和焊锡将其镀锡，即预上锡，如图 2-44 (a) 所示。

② 加热焊件　加热焊件就是将预上锡的电烙铁放在被焊点上，如图 2-44 (b) 所示，使被焊件的温度上升。烙铁头放在焊点上时应注意，其位置应能同时加热被焊件与铜箔，并要尽可能加大与被焊件的接触面，以缩短加热时间，保护铜箔不被烫坏。

③ 熔化焊料　待被焊件加热到一定温度后，将焊锡丝放到被焊件和铜箔的交界面上（注意不要放到烙铁头上），使焊锡丝熔化并浸湿焊点，如图 2-44 (c) 所示。

④ 移开焊锡　当焊点上的焊锡已将焊点浸湿时，要及时撤离焊锡丝，以保证焊锡不至过多，焊点不出现堆锡现象，从而获得较好的焊点，如图 2-44 (d) 所示。

⑤ 移开电烙铁　移开焊锡后，待焊锡全部润湿焊点，并且松香焊剂还未完全挥发时，就要及时、迅速地移开电烙铁，电烙铁移开的方向以 45°角最为适宜。如果移开的时机、方向、速度掌握不好，则会影响焊点的质量和外观，如图 2-44 (e) 所示。

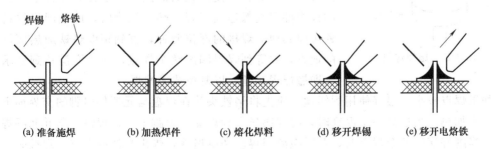

(a) 准备施焊　　(b) 加热焊件　　(c) 熔化焊料　　(d) 移开焊锡　　(e) 移开电烙铁

图 2-44　手工焊接的五步操作法

完成这五步后，焊料尚未完全凝固以前，不能移动被焊件之间的位置，因为焊料未凝固时，如果相对位置被改变，就会产生假焊现象。

上述过程对一般焊点而言，大约需要两三秒钟。对于热容量较小的焊点，例如印制电路板上的小焊盘，有时用三步法概括操作方法，即将上述步骤②、③合为一步，④、⑤合为一步。实际上细微区分还是五步，所以五步法具有普遍性，是掌握手工焊接的基本方法。

提示：各步骤之间停留的时间对保证焊接质量至关重要，只有通过实践才能逐步掌握。

(3) 焊接操作要领

1) 焊前准备

① 视被焊件的大小，准备好电烙铁、镊子、剪刀、斜口钳、尖嘴钳、焊剂等工具。

② 焊前要将元器件引线刮净，最好是先挂锡再焊。对被焊件表面的氧化物、锈斑、油污、灰尘、杂质等要清理干净。

2) 焊剂要适量

使用焊剂的量要根据被焊面积的大小和表面状态适量施用。用量过少会影响焊接质量，过多会造成焊后焊点周围出现残渣，使印制电路板的绝缘性能下降，同时还可能造成对元器件和印制电路板的腐蚀。合适的焊剂量标准是既能润湿被焊物的引线和焊盘，又不让焊剂流到引线插孔中和焊点的周围。

3) 焊接的温度和时间要掌握好

在焊接时，为使被焊件达到适当的温度，并使固体焊料迅速熔化润湿，就要有足够的热量和温度。如果温度过低，焊锡流动性差，很容易凝固，形成虚焊；如果温度过高，将使焊锡流淌，焊点不易存锡，焊剂分解速度加快，使金属表面加速氧化，并导致印制电路板上的焊盘脱落。

特别值得注意的是，当使用天然松香焊剂且锡焊温度过高时，很容易使锡焊的时间随被焊件的形状、大小不同而有所差别，但总的原则是看被焊件是否完全被焊料所润湿（焊料的扩散范围达到要求后）。通常情况下，烙铁头与焊点的接触时间以使焊点光亮、圆滑为宜。如果焊点不亮并形成粗糙面，说明温度不够，时间太短，此时需要提高焊接温度，只要将烙铁头继续放在焊点上多停留些时间即可。

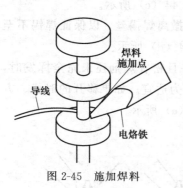

4) 焊料的施加方法

焊料的施加方法可根据焊点的大小及被焊件的多少而定，如图 2-45 所示。

当引线焊接于接线柱上时，首先将烙铁头放在接线端子和引线上，当被焊件经过加热达到一定温度时，先给烙铁头位置加少量焊料，使烙铁头的热量尽快传到焊件上，当所有的被焊件温度都达到了焊料熔化温度时，应立即将焊料从烙铁头向其他需焊接的部位延伸，直到距电烙铁加热部位最远的地方，并等到焊料润湿整个焊点，一旦润湿达到要求，要立即撤掉焊锡丝，以避免造成堆焊。

图 2-45　施加焊料（焊料施加点、导线、电烙铁）

如果焊点较小，最好使用焊锡丝，应先将烙铁头放在焊盘与元器件引脚的交界面上，同时对二者加热。当达到一定温度时，将焊锡丝点到焊盘与引脚上，使焊锡熔化并润湿焊盘与引脚。当刚好润湿整个焊点时，及时撤离焊锡丝和电烙铁，焊出光洁的焊点。焊接时应注意电烙铁的位置，如图 2-46 所示。

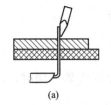 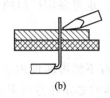 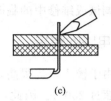

| (a) | (b) | (c) |

图 2-46　电烙铁在焊接时的位置

如果没有焊锡丝，且焊点较小，可用电烙铁头蘸适量焊料，再蘸松香后，直接放于焊点处，待焊点着锡并润湿后便可将电烙铁撤走。撤电烙铁时，要从下面向上提拉，以使焊点光亮、饱满。要注意把握时间，如时间稍长，焊剂就会分解，焊料就会被氧化，将使焊接质量下降。

如果电烙铁的温度较高，所蘸的焊剂很容易分解挥发，造成焊接焊点时焊剂不足。解决的办法是将印制电路板焊接面朝上放在桌面上，用镊子夹一小粒松香焊剂（一般芝麻粒大小即可）放到焊盘上，再用烙铁头蘸上焊料进行焊接，这样就比较容易焊出高质量的焊点。

5）焊接时被焊件要扶稳

在焊接过程中，特别是在焊锡凝固过程中不能晃动被焊元器件引线，否则将造成虚焊。

6）撤离电烙铁的方法

掌握好电烙铁的撤离方向，可带走多余的焊料，从而能控制焊点的形成。为此，合理地利用电烙铁的撤离方向，可以提高焊点的质量。

7）焊点的重焊

当焊点一次焊接不成功或上锡量不够时，要重新焊接。重新焊接时，必须等上次的焊锡一同熔化并熔为一体时，才能把电烙铁移开。

8）焊接后的处理

在焊接结束后，应将焊点周围的焊剂清洗干净，并检查电路有无漏焊、错焊、虚焊等现象。用镊子将每个元器件拉一拉，看有无松动现象。

2.3.3　导线焊接技术

导线与接线端子、导线与导线之间的焊接有三种基本形式：绕焊、钩焊和搭焊。

(1) 导线与接线端子的焊接

① 绕焊。把经过镀锡的导线端头在接线端子上缠一圈，用钳子拉紧缠牢后进行焊接，这种焊接可靠性最好。

② 钩焊。将导线端子弯成钩形，钩在接线端子上并用钳子夹紧后焊接，这种焊接操作简便，但强度低于绕焊。

③ 搭焊。把镀锡的导线端搭到接线端子上施焊。这种焊接最简便，但强度可靠性最差，仅用于临时连接等。

(2) 导线与导线的焊接

导线之间的焊接以绕焊为主，主要有以下几个步骤。

① 去掉一定长度的绝缘外层。

② 端头上锡，并套上合适的绝缘套管。

③ 绞合导线，施焊。

④ 趁热套上套管，冷却后套管固定在接头处。

此外，对调试或维修中的临时线，也可采用搭焊的办法。

2.3.4　集成电路的焊接

集成电路由于输入阻抗很高，稍有不慎可能使内部击穿而失效。同时，内部集成度高，焊接温度不能超过200℃。因此，焊接时必须注意以下事项。

① 集成电路引线一般是经镀金或镀银处理的，不需要用刀刮，只需用酒精擦洗或用橡皮擦干净即可。

② 如果引线有短路环，焊接前不要拿掉。

③ 最好用20W内热式电烙铁，并要有可靠接地措施，或者用余热进行焊接。

④ 焊接时间不宜过长，每个焊点的焊接时间在2s以内，连续焊接时间不超过10s。

⑤ 使用低熔点焊剂，一般不要超过150℃。

⑥ 工作台面上如果铺有橡皮、塑料等易于积累静电的材料，电路芯片及印制板不宜放在台面上。

⑦ 集成电路安全焊接顺序为：地端→输出端→电源端→输入端。

⑧ 引脚必须和电路板插孔一一对应，还要防止焊点之间的短路。焊接完毕，用棉纱蘸适量酒精擦净焊接处残留的焊剂。

技能训练1　电工工具的使用

一、训练器材与工具

验电笔、电工刀、钢丝钳、尖嘴钳、铜线。

二、训练内容与步骤

1. 低压验电笔的使用

学会用低压验电笔检测电源的通断和电源的特点。

(1) 检测项目

① 判断低压验电器是否完好（分别用验电笔和万用表判断）。

② 区别相线与零线。

③ 识别三相四线制电源两导线间是同相还是异相。

④ 区别直流电的正负极性。

(2) 测试情况记录表

见表2-1。

表2-1　测试情况记录表

序号	项目	内容
1	写出低压验电笔拆解后各部件的名称	
2	区别相线与零线的测试过程	
3	区别导线间是同相还是异相的测试过程	
4	区别直流电的正负极性	

2. 电工刀的使用

用电工刀削剥塑料硬导线（线芯大于$4mm^2$）绝缘层，如图2-47所示。

① 按所需线头长度用电工刀以45°左右倾斜切入塑料绝缘层，不可切入线芯，如图2-47（a）所示。

② 将电工刀与线芯保持 15°左右均匀用力向线端推削，切忌割伤线芯，如图 2-47（b）所示。

③ 削去一部分塑料层，如图 2-47（c）所示。

④ 把剩余部分塑料层翻下，如图 2-47（d）所示。

⑤ 用电工刀在下翻部分的根部切去塑料层，如图 2-47（e）所示。

⑥ 削去绝缘层，露出线芯的塑料绝缘，如图 2-47（f）所示。

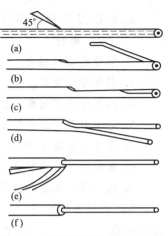

图 2-47 塑料硬导线绝缘层削剥

3. 钢丝钳的使用

按图 2-48 所示钢丝钳的握法，依次操作。

① 用钳口弯绞或钳夹导线线头，如图 2-48（a）所示。

② 用齿口紧固或起松螺母，如图 2-48（b）所示。

③ 用刀口剪切导线，如图 2-48（c）所示。

④ 用铡口铡切导线线芯、铁丝等金属，如图 2-48（d）所示。

⑤ 用刀口剖削软导线绝缘层，如图 2-48（e）所示。

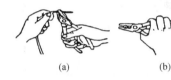

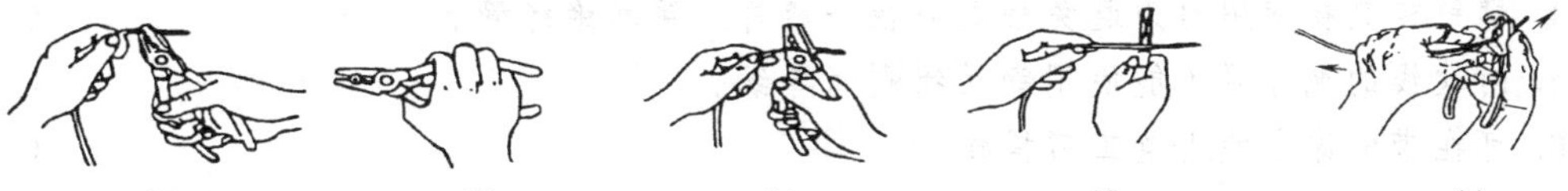

    （a）   （b）   （c）   （d）   （e）

图 2-48 钢丝钳的使用

技能训练2　导线绝缘层的剖削及连接

一、训练器材与工具

电工刀、钢丝钳、剥线钳、尖嘴钳、铜线。

二、训练内容与步骤

完成单股和多股铜芯导线的剖削，并进行一字形、T 字形、十字形等连接。

① 分别使用剥线钳、钢丝钳和电工刀剥离不同规格的导线的绝缘层，剥离导线绝缘层的操作步骤如下。

a. 用剥线钳分别剥离截面积为 $1.5mm^2$、$2.5mm^2$、$4.0mm^2$ 的塑料单股铜芯线。

b. 用钢丝钳分别剥离截面积为 $1.5mm^2$、$2.5mm^2$、$4.0mm^2$ 的塑料单股铜芯线。

c. 用电工刀剖削线芯截面积大于 $4mm^2$ 的塑料单股铜芯线和护套线。

② 导线直线连接　完成单股和 7 股铜芯线的一字形和十字形的连接。

③ 导线 T 形连接　完成单股和 7 股铜芯线的 T 字形和人字形的连接。

④ 导线与接线柱连接　完成导线与柱形端子、瓦形垫圈端子的连接。

⑤ 包缠绝缘布带　正反向各缠一层橡胶带或黄蜡布带，然后缠 2 层黑胶布带，要求不紧不松，厚度和原绝缘层一样。

一、填空题

1. 低压验电笔是检验＿＿＿＿＿＿和＿＿＿＿＿＿是否带电的安全用具。

2. 螺丝刀又称改锥或起子，是_____。适合电工使用的有_____和
_____两种。

3. 铜导线的封端有_____和_____两种方法。

4. 剥线钳是用来_____的专用工具。它的手柄带有绝缘套，耐压_____。

5. 元器件在印制板上的排列和安装方式有_____和_____两种。

6. 电工刀是电工在安装和维修工作中用来_____的专用工具。

7. 导线的连接方法很多，有_____、_____、_____等。

8. 常用的电烙铁有_____和_____。

9. 电工刀在使用时应将刀口朝_____剖削。

10. 单股芯线有_____和_____两种方法。_____法适用于截面较
小的导线，_____法适用于截面较大的导线。

二、判断题

1. 电工钳、电工刀、螺丝刀是常用电工基本工具。 （   ）

2. 活络扳手在使用时应注意不能当撬棒和手锤使用。 （   ）

3. 电工所用的带绝缘手柄的断线钳其耐压为 1000V。 （   ）

4. 螺钉旋具在使用时为避免触电应在金属杆上穿套绝缘管。 （   ）

5. 对软线的绝缘层不能使用钢丝钳剥离导线。 （   ）

6. 可在带电体上使用电工刀操作。 （   ）

7. 发现有人触电应立即将其拉开。 （   ）

8. 低压验电笔的电压测量范围是 220～380V。 （   ）

9. 用电工刀剖削导线绝缘层时，应让刀面与导线成 45°角。 （   ）

10. 钎焊弱电元件应使用 45W 及以下的电烙铁。 （   ）

常用电工仪表的使用

3.1 指针式万用表的使用

万用表是万用电表的简称,它是电子制作中一个必不可少的工具。万用表能测量电流、电压、电阻,有的还可以测量三极管的放大倍数、频率、电容值、逻辑电位、分贝值等。

3.1.1 MF-47 型万用表的结构

MF-47 型万用表的面板如图 3-1 所示。

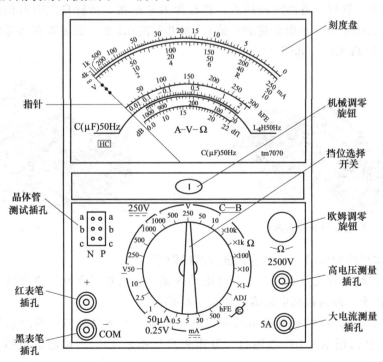

图 3-1　MF-47 型万用表

万用表由表头、测量电路及转换开关 3 个主要部分组成。

① 表头　万用表的表头实际上是一个灵敏电流表,测量电阻、电压和电流都经过电路

转换成驱动电流表的电流。万用表的主要性能指标基本上取决于表头的性能。表头的灵敏度是指表头指针满刻度偏转时流过表头的直流电流值，这个值越小，表头的灵敏度越高。测电压时的内阻越大，其性能就越好。

表头的表盘上印有多条刻度线，其中最上面那条是电阻刻度线，其右端为零，左端为∞，刻度值分布是不均匀的。符号"一"或"DC"表示直流，"～"或"AC"表示交流，"≃"表示交流和直流共用的刻度线。刻度线下的几行数字是与选择开关的不同挡位相对应的刻度值。

② 测量电路　测量电路是用来把各种被测量转换到适合表头测量的微小直流电流的电路，它由电阻、半导体元件及电池组成。它能将各种不同的被测量（如电流、电压、电阻等）、不同的量程，经过一系列的处理（如整流、分流、分压等）统一变成一定量限的微小直流电流送入表头进行测量。

③ 转换开关　转换开关的作用是用来选择各种不同的测量线路，以满足不同种类和不同量程的测量要求。

3.1.2　MF-47 型万用表的使用

（1）测量电阻

将万用表的红黑表笔分别接在电阻的两侧，根据万用表的电阻挡位和指针在欧姆刻度线上的指示数确定电阻值。

① 选择挡位　将万用表的功能旋钮调整至电阻挡，如图 3-2 所示。

② 欧姆调零　选好合适的欧姆挡后，将红黑表笔短接，指针自左向右偏转，这时表针应指向 0Ω（表盘的右侧，电阻刻度的 0 值），如果不在 0Ω 处，就需要调整零欧姆校正钮使万用表表针指向 0Ω 刻度，如图 3-3 所示。

图 3-2　调整万用表的功能旋钮

图 3-3　零欧姆校正

注意：每次更换量程前，必须重新进行欧姆调零。

③ 测量　将红黑表笔分别接在被测电阻的两端，表头指针在欧姆刻度线上的示数乘以该电阻挡位的倍率，即为被测电阻值，如图 3-4 所示。

被测电阻的值为表盘的指针指示数乘以欧姆挡位，被测电阻值＝刻度示值×倍率（单位：欧姆），这里选用 R×100 挡测量，万用表指针指示 13，则被测电阻值为 $13×100＝1300Ω＝1.3kΩ$。

（2）测量直流电压

① 选择挡位　将万用表的红黑表笔连接到万用表的表笔插孔中，并将功能旋钮调整至直流电压最高挡位，估算被测量电压大小选择量程，如图 3-5 所示。

图 3-4 检测电阻

图 3-5 调整万用表功能旋钮

② 选择量程 若不清楚电压大小，应先用最高电压挡测量，逐渐换用低电压挡。图 3-6 所示的电路中电源电压只有 9V，所以选用直流 10V 挡。

③ 测量 万用表应与被测电路并联。红表笔接开关 S_3 左端，黑表笔接电阻 R_2 左端，测量电阻 R_2 两端电压，如图 3-6 所示。

④ 读数 仔细观察表盘，直流电压挡刻度线是第二条刻度线，用 10V 挡时，可用刻度线下第三行数字直接读出被测电压值。注意读数时，视线应正对指针。根据示数大小及所选量程读出所测电压值大小。本次测量所选量程是 10V，示数是 6.8（用 0~10 标度尺），则该所测电压值是 $10/10 \times 6.8 = 6.8V$。

(3) 测量交流电压

① 选择挡位 将万用表的红黑表笔连接到万用表的表笔插孔中，将转换开关转到对应的交流电压最高挡位。

② 选择量程 若不清楚电压大小，应先用最高电压挡测量，在图 3-7 所示的电路中测量变压器输入市电电压，所以应选用 250V 挡。

③ 测量 万用表测电压时应使万用表与被测电路相并联，打开电源开关，然后将红、黑表笔放在变压器输入端 1、2 测试点，测量交流电压，如图 3-7 所示。

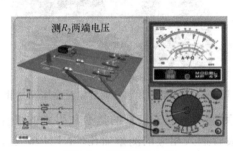

图 3-6 检测直流电压

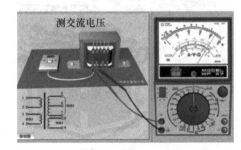

图 3-7 检测交流电压

④ 读数 仔细观察表盘，交流电压挡刻度线是第二条刻度线，用 250V 挡时，可用刻度线下第一行数字直接读出被测电压值。注意读数时，视线应正对指针。根据示数大小及所选量程读出所测电压值大小。本次测量所选量程是交流 250V，示数是 218（用 0~250 标度尺），则该所测电压值是 $250/250 \times 218 \approx 220V$。

(4) 测量直流电流

① 选择挡位 指针式万用表检测电流前，要将电流量程调整至最大挡位，即将红表笔连接到"5A"插孔，黑表笔连接负极性插孔，如图 3-8 所示。

② 选择量程 将功能调整开关调整至直流电流挡，若不清楚电流的大小，应先用最高电流挡（500mA 挡）测量，逐渐换用低电流挡，直至找到合适的电流挡，如图 3-9 所示。

图 3-8　连接万用表表笔

图 3-9　调整功能旋钮至电流挡

③ 测量　将万用表串联在待测电路中进行电流的检测，并且在检测直流电流时，要注意正负极性的连接。测量时，应断开被测支路，红表笔连接电路的正极端，黑表笔连接电路的负极端，如图 3-10 所示。

④ 读数　仔细观察表盘，直流电流挡刻度线是第二条刻度线，用 50mA 挡时，可用刻度线下第二行数字直接读出被测电流值。注意读数时，视线应正对指针。根据示数大小及所选量程读出所测电流值大小。本次测量所选量程是直流 50mA，示数是 10（用 0～50 标度尺），则该所测电压值是 $50/50 \times 10 = 10\text{mA}$。

(5) 检测晶体管

三极管有 NPN 型和 PNP 型两种类型，三极管的放大倍数可以用万用表进行检测。

① 选择挡位　将万用表的功能旋钮调整至 "hFE" 挡，如图 3-11 所示。然后调节欧姆校零旋钮，让表针指到标有 "hFE" 刻度线的最大刻度 "300" 处，实际上表针此时也指在欧姆刻度线 "0" 刻度处。

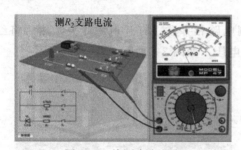

图 3-10　检测直流电流

图 3-11　调整万用表功能旋钮至晶体管测量挡

② 测量　根据三极管的类型和引脚的极性将检测三极管插入相应的测量插孔，NPN 型三极管插入标有 "N" 字样的插孔，PNP 型三极管插入标有 "P" 字样的插孔，如图 3-12 所示，即可检测出该晶体管的放大倍数为 30 倍左右。

3.1.3　MF-47 型万用表的维护

(1) 节能意识

万用表使用完之后要将转换开关拨到 OFF 挡位。

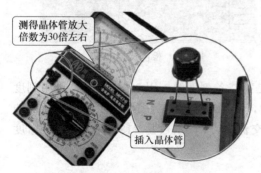

图 3-12　检测晶体管放大倍数

(2) 更换电池

更换电池如图 3-13 所示。顺着 OPEN 的箭头方向，打开万用表的电池盒，看到有两个电池，一个是圆形的 1.5V 的电池，一个是方形的 9V 的电池，如图 3-14 所示。

图 3-13　更换电池

图 3-14　万用表的电池

（3）更换熔丝

打开保险管盒，更换同一型号的熔丝即可，如图 3-15 所示。

3.1.4　万用表使用注意事项

① 在测量电阻时，人的两只手不要同时和测试棒一起搭在内阻的两端，以避免人体电阻的并入。

图 3-15　更换万用表的熔丝

② 若使用"×1"挡测量电阻，应尽量缩短万用电表使用时间，以减少万用电表内电池的电能消耗。

③ 测电阻时，每次换挡后都要调节零点，若不能调零，则必须更换新电池。切勿用力再旋"调零"旋钮，以免损坏。此外，不要双手同时接触两支表笔的金属部分，测量高阻值电阻时更要注意。

④ 在电路中测量某一电阻的阻值时，应切断电源，并将电阻的一端断开。更不能用万用电表测电源内阻。若电路中有电容，应先放电。也不能测额定电流很小的电阻（如灵敏电流计的内阻等）。

⑤ 测直流电流或直流电压时，红表笔应接入电路中高电位一端（或电流总是从红表笔流入电表）。

⑥ 测量电流时，万用电表必须与待测对象串联；测电压时，它必须与待测对象并联。

⑦ 测电流或电压时，手不要接触表笔金属部分，以免触电。

⑧ 绝对不允许用电流挡或欧姆挡去测量电压。

⑨ 试测时应用跃接法，即在表笔接触测试点的同时，注视指针偏转情况，并随时准备在出现意外（指针超过满刻度，指针反偏等）时，迅速将电笔脱离测试点。

⑩ 测量完毕，务必将"转换开关"拨离欧姆挡，应拨到空挡或最大交流电压挡，以免他人误用，造成仪表损坏，也可避免由于将量程拨至电阻挡，而把表笔碰在一起致使表内电池长时间放电。

3.2　数字式万用表的使用

（1）VC9805A 型万用表的结构

VC9805A 型数字式万用表的结构如图 3-16 所示。

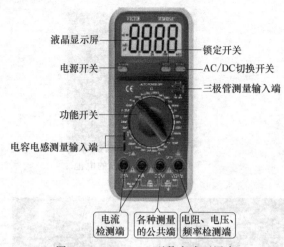

液晶显示屏
电源开关
功能开关
电容电感测量输入端

锁定开关
AC/DC切换开关
三极管测量输入端

电流检测端 | 各种测量的公共端 | 电阻、电压、频率检测端

图 3-16　VC9805A 型数字式万用表

数字式万用表面板主要由液晶显示屏、按键、挡位选择开关和各种插孔组成。

① 液晶显示屏　在测量时，数字式万用表依靠液晶显示屏（简称显示屏）显示数字来表明被测对象的量值大小。图中的液晶显示屏可以显示 4 位数字和一个小数点，选择不同挡位时，小数点的位置会改变。

② 按键　VC9805A 型数字式万用表面板上有三个按键，左边标"POWER"的为电源开关键，按下时内部电源启动，万用表可以开始测量；弹起时关闭电源，万用表无法进行测量。中间标"HOLD"的为锁定开关键，当显示屏显示的数字变化时，可以按下该键，显示的数字保持稳定不变。右边标"AC/DC"的为 AC/DC 切换开关键。

③ 挡位选择开关　在测量不同的量时，挡位选择开关要置于相应的挡位。挡位选择开关如图 3-17 所示，挡位有直流电压挡、交流电压挡、交流电流挡、直流电流挡、温度测量挡、容量测量挡、二极管测量挡和欧姆挡及三极管测量挡。

④ 插孔　面板上的插孔，如图 3-18 所示。标"VΩHz"的为红表笔插孔，在测电压、电阻和频率时，红表笔应插入该插孔；标"COM"的为黑表笔插孔；标"mA"的为小电流插孔，当测 0～200mA 电流时，红表笔应插入该插孔；标"20A"的为大电流插孔，当测 200mA～20A 电流时，红表笔应插入该插孔。

测量量程为 20MΩ 的欧姆挡

图 3-17　挡位选择开关

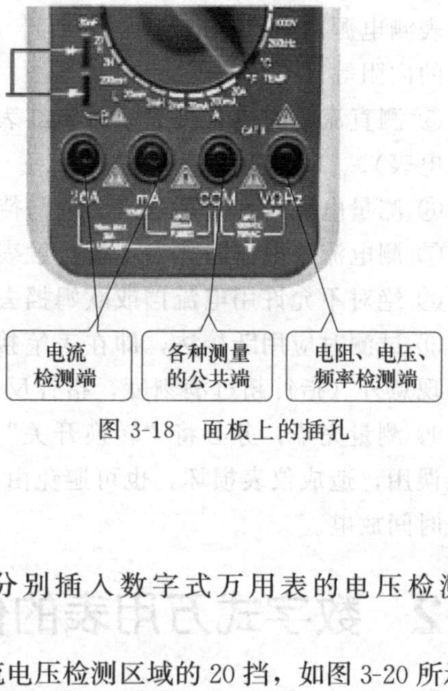

电流检测端 | 各种测量的公共端 | 电阻、电压、频率检测端

图 3-18　面板上的插孔

（2）VC9805A 型万用表的使用

1）测量电压

① 打开数字式万用表的开关后，将红黑表笔分别插入数字式万用表的电压检测端 VΩHz 插孔与公共端 COM 插孔，如图 3-19 所示。

② 旋转数字式万用表的功能旋钮，将其调整至直流电压检测区域的 20 挡，如图 3-20 所示。

③ 将数字式万用表的红表笔连接待测电路的正极，黑表笔连接待测电路的负极，如图 3-21 所示，即可检测出待测电路的电压值为 3V。

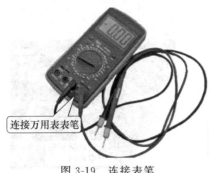

图 3-19　连接表笔

图 3-20　调整功能旋钮至电压挡

2）测量电流

① 打开数字式万用表的电源开关，如图 3-22 所示。

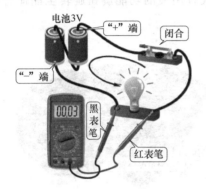

图 3-21　检测电压

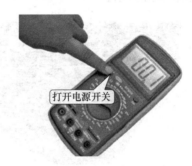

图 3-22　打开电源开关

② 将数字式万用表的红黑表笔，分别连接到数字式万用表的负极性表笔连接插孔和 "10AMAX" 表笔插孔，如图 3-23 所示，以防止电流过大无法检测数值。

③ 将数字式万用表功能旋钮调整至直流电流挡最大量程处，如图 3-24 所示。

图 3-23　连接表笔

图 3-24　调整数字式万用表量程

④ 将数字式万用表串联到待测电路中，红表笔连接待测电路的正极，黑表笔连接待测电路的负极，如图 3-25 所示，即可检测出待测电路的电流值为 0.15A。

3）测量电容器

① 打开数字式万用表的电源开关后，将数字式万用表的功能旋钮旋转至电容检测区域，如图 3-26 所示。

② 将待测电容器的两个引脚，插入数字式万用表的电容检测插孔，如图 3-27 所示，即

可检测出该电容器的容量值。

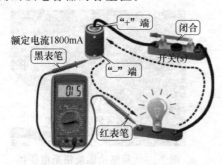

图 3-25　检测电流

图 3-26　调整电容检测挡

4）测量晶体管

① 将数字式万用表的电源开关打开，并将数字式万用表的功能旋钮旋转至晶体管检测挡，如图 3-28 所示。

图 3-27　检测电容器

图 3-28　功能旋钮旋转至晶体管检测挡

② 将已知的待测晶体管，根据晶体管检测插孔的标识插入晶体管检测插孔中，如图 3-29所示，即可检测出该晶体管的放大倍数。

5）测量电阻

① 将黑表笔插入 COM 插孔，红表笔插入 VΩHz 插孔。

② 将功能开关置于 Ω 量程，如果被测电阻大小未知，应选择最大量程，再逐步减小。

③ 将两表笔跨接在被测电阻两端，显示屏即显示被测电阻值，如图 3-30 所示。

图 3-29　检测晶体管

图 3-30　测量电阻

（3）万用表使用注意事项

① 在测量电阻时，应注意一定不要带电测量。

② 在刚开始测量时，数字万用表可能会出现跳数现象，应等到 LCD 液晶显示屏上所显示的数值稳定后再读数，这样才能确保读数的正确。

③ 注意数字万用表的极限参数。掌握出现过载显示、极限显示、低电压指示以及其他声光报警的特征。

④ 在更换电池或熔丝前，请将测试表笔从测试点移开，再关闭电源开关。

⑤ 严禁在测量的同时拨动量程开关，特别是在高电压、大电流的情况下。以防产生电弧将转换开关的触点烧毁。

⑥ 在测量高压时要注意安全，当被测电压超过几百伏时应选择单手操作测量，即先将黑表笔固定在被测电路的公共端，再用一只手持红表笔去接触测试点。

⑦ 在电池没有装好和电池后盖没安装时，不要进行测试操作。

⑧ 换功能和量程时，表笔应离开测试点。

3.3 钳形电流表的使用

电工常用的钳形电流表，简称钳形表，是一种用于测量正在运行的电气线路电流大小的仪表，可在不断电的情况下测量电流。

3.3.1 钳形电流表的组成与性能指标

(1) 钳形电流表的种类

钳形电流表根据其不同的结构形式可分为模拟式钳形电流表和数字式钳形电流表两种；而根据其功能不同可分为通用型钳形电流表和交直流两用型钳形电流表两种；但根据其测量的范围不同又分为高压钳形电流表和漏电电流钳形电流表两种。

常用模拟式钳形电流表和数字式钳形电流表的外形如图 3-31 所示。

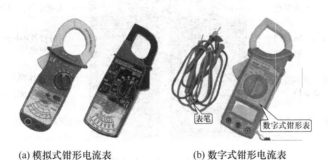

(a) 模拟式钳形电流表   (b) 数字式钳形电流表

图 3-31　钳形电流表的外形

(2) 钳形电流表的工作原理

握紧钳形电流表的把手时，铁芯张开，将通有被测电流的导线放入钳口中。松开把手后铁芯闭合，被测载流导线相当于电流互感器的一次绕组，绕在钳形电流表铁芯上的线圈相当于电流互感器的二次绕组。于是二次绕组便感应出电流，送入整流系电流表，使指针偏转，指示出被测电流值。钳形电流表的结构示意图如图 3-32 所示。

(3) 钳形电流表的按键功能

通用型钳形电流表的外形如图 3-33 所示。

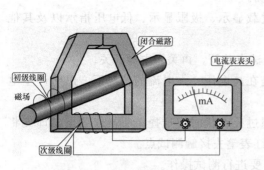

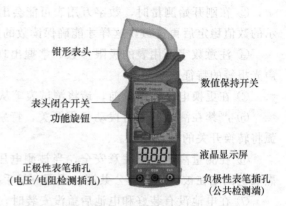

图 3-32　钳形电流表的结构示意图　　　　图 3-33　通用型钳形电流表的外形

① 钳形电流表表头　钳形电流表表头在其内部缠有线圈，通过缠绕的线圈组成一个闭合磁路，按下表头闭合开关可以看到钳形表头的连接处缠有线圈，如图 3-34 所示。

图 3-34　钳形电流表表头

② 数值保持开关　在测量数值时，对于一直闪烁变换的数值可以按下数值保持开关，通过查看数值的不同，判断所测量的电子设备是否正常。

③ 功能旋钮　钳形电流表的功能旋钮位于操作面板的主体位置，在其四周都有量程刻度盘，主要包括电流、电压、电阻等，如图 3-35 所示。功能旋钮四周的刻度盘以"OFF"为标志，分成相对应的测量范围。

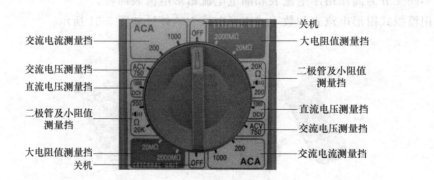

图 3-35　钳形电流表的功能面板

在对电子产品进行测量时，旋动中间的功能旋钮，使其指示到相应的挡位及量程刻度，即可进行相应的测量，同时会在液晶显示屏上显示出所测的数值。

④ 液晶显示屏　液晶显示屏主要用来显示当前的测量状态和测量数值，如图 3-36 所示。如果在测量时所选择的测量功能为交流电，根据所选择交流电流挡位的不同，液晶显示屏显示也不相同，如果选择"200"，挡位，在液晶屏的下部会显示有小数点及"200"，而若选择电压挡则会在显示屏的右方显示字符"V"，表示电压测量。

在进行检测时，若出现"－1"的显示，则表明所选择的量程不正确，需要重新调整钳形表的量程进行检测。

⑤ 表笔插孔 钳形表的操作面板下主要有 3 个插孔，用来与表笔进行连接使用。钳形表的每个表笔插孔都用文字或符号进行标识，如图 3-37 所示。其中，使用红色表示的为正极性表笔连接端，也标识为"VΩ"；使用黑色表示的为负极性表笔连接端，也标识为"COM"；绝缘测试附件接口端，则使用"EXT"标识。

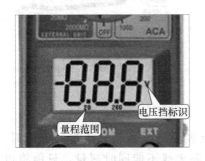

图 3-36 液晶显示屏

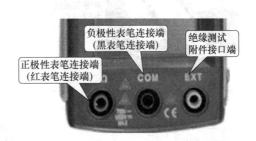

图 3-37 表笔插孔

3.3.2 钳形电流表的操作方法

在使用钳形电流表进行检测时，通过调整钳形电流表的功能旋钮调整钳形电流表的不同量程，进行电阻、电流、电压等的测量。

（1）测量电阻

① 测量电阻值前，将钳形电流表的表笔分别插入表笔插孔中，如图 3-38 所示，将红表笔插入正极性插孔，黑表笔插入负极性插孔。

② 将钳形电流表的量程调整至测量电阻挡，如图 3-39 所示。

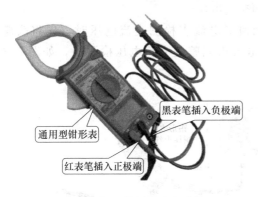

图 3-38 插入钳形电流表表笔

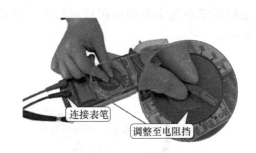

图 3-39 调整钳形电流表电阻量程

③ 将钳形电流表的红、黑表笔分别连接在电阻器的两端，如图 3-40 所示，此时即可检测该电阻器的电阻值。在读取电阻值时，根据液晶显示屏的显示数值读数，所测得的电阻值为 6.66kΩ。

（2）测量电流

用钳形电流表检测工作电流为 10A 的插座电流。

① 剥开外接插座的一段电源线，使其外露出内部的零线、火线和地线，如图 3-41 所示。

② 将外接插座与市电连接，打开插座的电源开关，如图 3-42 所示。

图 3-40　检测电阻器

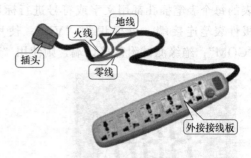

图 3-41　剥开电源线

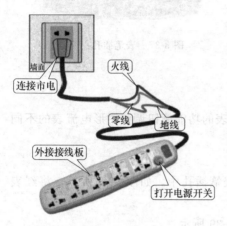

图 3-42　连接市电

③ 使用钳形电流表检测电源线上流过的电流时，电源线的地线、零线和火线不能同时测量，只能将电源线中的火线（或零线）单独放在钳形电流表的钳口内，方可检测出电源线上流过的电流，如图 3-43 所示。

④ 在检测接线板的电流时，需要在接线板上连接正在工作的设备，按下钳形电流表的表头闭合开关，使其钳住电源线的相线（或零线），如图 3-44 所示，此时，即可检测出该插座的电流值为 10A 左右。

(3) 测量电压

钳形电流表可以检测交流和直流电压，通过调整钳形电流表的功能旋钮，选择不同的电压检测范围。

1) 检测交流电压

① 使用钳形电流表检测交流电压时，先将表笔连接到钳形电流表的电压检测插孔，并将钳形电流表调整至交流电压检测挡，如图3-45所示。

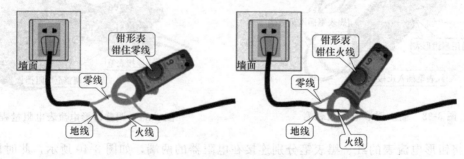

图 3-43　钳形电流表检测方法

② 使用钳形电流表检测电压时，其方法与普通数字万用表相同，将钳形电流表并联接入被测电路中，并且在检测交流电压时，不用区分电压的正负极，如图 3-46 所示。

2) 检测直流电压

在使用钳形电流表检测直流电压时，将钳形电流表的量程调整至直流电压挡，如图3-47所示，并且在检测时需要考虑电压的正负极之分，即红表笔（正极）连接电路中的正极端，黑表笔（负极）连接负极端。

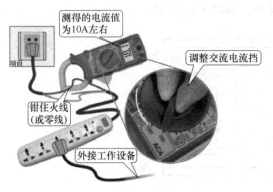

图 3-44　检测插座电流

图 3-45　调整交流电压挡

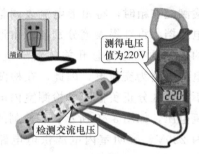

图 3-46　检测交流电压

图 3-47　调整直流电压挡

（4）使用注意事项

① 在高压环境中使用钳形电流表进行检测时，操作人员应佩戴绝缘手套。

② 在测量时，要根据钳形表的额定工作电压进行测量，若所测量的电压超过钳形电流表的工作电压则将会使钳形表烧坏，因此，在进行检测时，要选择合适的钳形表进行测量。

③ 在使用钳形电流表进行测量前，要根据测量要求设置测量功能，如检测交/直流电流、交/直流电压、电阻等。

④ 根据设置的测量功能（如交/直流电流、电压、电阻），再进一步调整检测的量程。

⑤ 在使用钳形电流表检测电源线上流过的电流时，电源线的地线、零线和火线不能同时测量，只能将电源线中的火线（或零线）单独放在钳形电流表的钳口内，方可检测出电源线上流过的电流。

⑥ 测量完毕，钳形电流表不用时，应将量程选择开关旋至最高量程挡。

⑦ 严禁在测量进行过程中切换钳形电流表的挡位；若需要换挡，应先将被测导线从钳口退出再更换挡位。

⑧ 由于钳形电流表要接触被测线路，所以测量前一定要检查表的绝缘性能是否良好，即外壳无破损，手柄应清洁干燥。

3.3.3　钳形电流表的应用实例

在家庭电路中，配电箱主要用于电路的分配工作，若配电箱出现故障，则会出现断电，因此配电箱是家庭电路中必不可少的电气设备，如图 3-48 所示。

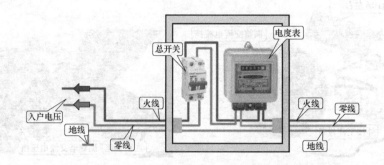

图 3-48 家庭配电箱

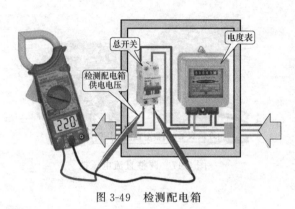

图 3-49 检测配电箱

检测配电箱时，将钳形电流表调整至交流电压挡，将红黑表笔分别插入钳形电流表的表笔插孔检测总开关的输出电压。由于室内电路为交流电，因此，在检测电压时不需要区分正负极即可检测室内电路的交流电压，如图 3-49 所示。若检测的电压值为 220V，表明室内电源供电电路正常；若检测的电压值低于 220V，则表明室内电源供电电路出现问题，需要对室内电源供电电路进行进一步的检测。

3.4 兆欧表的使用

兆欧表又称为绝缘电阻表，是测量电气设备绝缘电阻的常用仪表。兆欧表可以测量所有导电型、抗静电型及静电泄放型表面的阻抗或电阻值，并且兆欧表自身带有高压电源，能够反映出绝缘体在高压条件下工作的真正电阻值。

3.4.1 兆欧表的组成与性能指标

（1）兆欧表的种类及功能特点

兆欧表根据其不同的结构、特点、检测范围等有许多的分类方式，按照其结构形式可以分为模拟式兆欧表和数字式兆欧表。

1）模拟式兆欧表

模拟式兆欧表又称为指针式兆欧表，而模拟式兆欧表按照其不同的供电方式又分为手摇式兆欧表和电子式兆欧表两种。

① 手摇式兆欧表 图 3-50 所示为常用手摇式兆欧表，这种兆欧表中装有一个手摇式发电机，又被称为摇表。

手摇式兆欧表在测量时通过发电机产生高压，以便借助高压产生的漏电电流，实现阻抗的检测。

手摇式兆欧表主要由直流发电机、磁电系比率表及测量线路组成，图 3-51 所示为发电机式兆欧表的结构示意图。发电机是兆欧表的电源，磁电系比率表是兆欧表的测量机构，由固定的永久磁铁和可在磁场中转动的两个线圈组成。当用手摇动发电机时，两个线圈中同时有电流通过，在两个线圈上产生方向相反的转矩，指针就随这两个转矩的合成转矩的大小而偏转。

图 3-50　常用手摇式兆欧表

图 3-51　发电机式兆欧表的结构示意图

② 电子式兆欧表　电子式兆欧表又称为电池式兆欧表或智能兆欧表，主要采用电池供电的方式为兆欧表提供工作电压。

随着电子技术的不断发展，传统的发电机式兆欧表正逐渐被电子式兆欧表所取代。电子式兆欧表又称为智能兆欧表，图 3-52 所示为常见的电子式兆欧表。

2）数字式兆欧表

数字式兆欧表又称为智能化兆欧表，主要通过液晶显示屏，将所测量的结果直接以数字形式直接显示出来，如图 3-53 所示为常见的数字式兆欧表。

图 3-52　常见的电子式兆欧表

图 3-53　常见的数字式兆欧表

（2）兆欧表的结构

图 3-54 所示为典型的普通兆欧表外部结构图，兆欧表由刻度盘、指针、使用说明、刻度盘、手动摇杆、检测端子和测试线等组成。

① 手动摇杆　普通兆欧表主要通过手动摇杆摇动兆欧表内的自动发电机发电，为兆欧表提供工作电压。

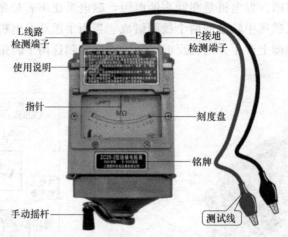

图 3-54 典型的普通兆欧表外部结构图

② 刻度盘 可调量程检测用电压表的刻度盘主要由几条弧线及不同量程标识组成，普通兆欧表的刻度盘主要由几条弧度线及固定量程标识所组成，如图 3-55 所示。

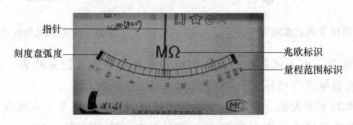

图 3-55 兆欧表的刻度盘

③ 检测端子 兆欧表的检测端子主要分为 L 线路检测端子和 E 接地检测端子，如图 3-56 所示。L 线路检测端子的下方还与保护环进行连接，保护环在电路中的标识为 G。

图 3-56 兆欧表检测端子

④ 测试线 兆欧表有两根测试线，分别使用红色和黑色表示，用于与待测设备进行连接，如图 3-57 所示。其中，测试线的连接端子主要用于与兆欧表进行连接，而鳄鱼夹则主要与待测设备进行连接。

3.4.2 兆欧表的操作方法

测量前要先切断被测设备的电源，并将设备的导电部分与大地接通，进行充分放电，以保证安全，然后检查兆欧表是否完好。

（1）兆欧表使用方法

① 拧松兆欧表的 L 线路检测端子和 E 接地检测端子，如图 3-58 所示。

图 3-57　兆欧表测试线

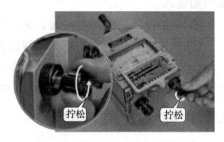

图 3-58　拧松兆欧表的检测端子

② 将兆欧表的测试线的连接端子分别连接到兆欧表的两个检测端子上，即黑色测试线连接 E 接地检测端子，红色测试线连接 L 线路检测端子，如图 3-59 所示，并拧紧兆欧表的检测端子。

③ 连接被测设备，顺时针摇动摇杆，观察被测设备的绝缘电阻值，如图 3-60 所示。

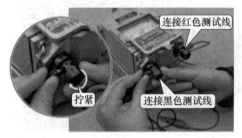

图 3-59　连接兆欧表与测试线

图 3-60　观察设备的绝缘电阻

④ 检测干燥并且干净的电缆或线路的绝缘电阻时，则不区分 L 线路、E 接地检测端子，红/黑色测试线可以任意连接电缆线芯及电缆外皮，如图 3-61 所示。

（2）兆欧表使用注意事项

① 兆欧表在不使用时应放置于固定的地点，环境气温不宜太冷或太热。切忌将兆欧表放置在潮湿、脏污的地面上，并避免将其置于有害气体的空气中，如酸碱等蒸气。

② 应尽量避免剧烈、长期的振动，防止表头轴尖受损，影响仪表的准确度。

③ 接线柱与被测量物体间连接的导线不能用绞线，应分开单独连接，以防止因绞线绝缘不良而影响读数。

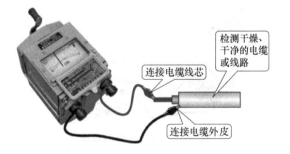

图 3-61　检测干燥并且干净的电缆或线路

④ 用兆欧表测量含有较大电容的设备，测量前应先进行放电，以保障设备及人身安全。测量后应将被测设备对地放电。

⑤ 在雷电及临近带高压导电的设备时，禁止用兆欧表进行测量，只有在设备不带电又不可能受其他电源感应而带电时，才能使用兆欧表进行测量。

⑥ 在使用兆欧表进行测量时，用力按住兆欧表，防止兆欧表在摇动摇杆时晃动。

⑦ 转动摇手柄时由慢渐快，如发现指针指零，则不要继续用力摇动，以防止兆欧表内部线圈损坏。

⑧ 测量设备的绝缘电阻时，必须先切断设备的电源。

⑨ 测量时，切忌将两根测试线绞在一起，以免造成测量数据的不准确。

⑩ 测量完成后应立即对被测设备进行放电，并且兆欧表的摇杆未停止转动和被测设备未放电前，不可用手去触及被测物的测量部分或拆除导线，以防止触电。

3.4.3 兆欧表的应用实例

用兆欧表检测干燥和潮湿的线缆。

① 拧松兆欧表的 L 线路检测端子和 E 接地检测端子，如图 3-62 所示。

② 将兆欧表的测试线的连接端子分别连接到兆欧表的两个检测端子上，即黑色测试线连接 E 接地检测端子，红色测试线连接 L 线路检测端子，如图 3-63 所示，并拧紧兆欧表的检测端子。

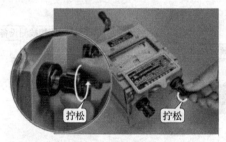

图 3-62 拧松兆欧表检测端子

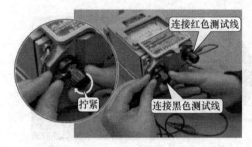

图 3-63 连接兆欧表与测试线

③ 检测电气设备绝缘电阻，将红色测试线连接待测设备的电源线，黑色测试线连接待测设备的外壳（接地）线，如图 3-64、图 3-65 所示。

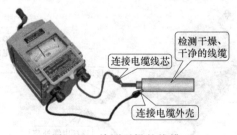

图 3-64 检测干燥的线缆

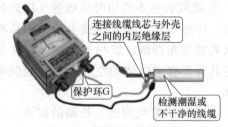

图 3-65 检测潮湿的线缆

技能训练1 万用表的操作使用

一、训练器材与工具

万用表、电池、电位器、发光二极管、电阻、连接导线。

二、训练内容与步骤

1. 测量直流电压

将发光二极管和电阻、电位器接成图 3-66 所示的电路，旋转电位器使发光二极管正常发光。发光二极管是一种特殊的二极管，通入一定电流时，它的透明管壳就会发光。发光二极管有多种颜色，常在电路中作指示灯。下面将利用这个电路练习用万用表测量电压。

① 按图 3-66 连接电路。电路不做焊接。可采用图 3-67 所示的方法将导线两端绝缘皮剥去，缠绕在元件接点或引线上。注意相邻接点间引线不可相碰。

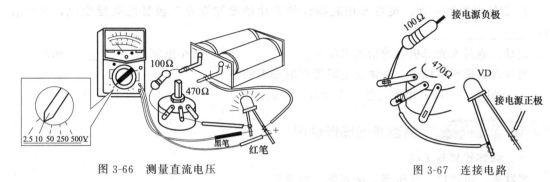

图 3-66　测量直流电压　　　　　　　　　　图 3-67　连接电路

② 检查电路无误后接通电源，旋转电位器发光二极管亮度将发生变化。使发光二极管亮度适中。

③ 将万用表按前面讲的使用前应做到的要求准备好，并将选择开关置于直流 10V 挡。

④ 手持表笔绝缘杆，将正负表笔分别接触电池盒正负两极引出焊片，测量电源电压。正确读出电压数值。

记录：电源电压为＿＿＿＿＿＿＿ V。

⑤ 将万用表红黑表笔按图 3-66 接触发光二极管的两引脚，测量发光二极管两极间的电压。正确读出电压数值。

记录：发光二极管两端电压为＿＿＿＿＿＿ V。

⑥ 用万用表测量固定电阻器两端电压。首先判断正负表笔应接触的位置，然后测量。

记录：固定电阻器两端电压为＿＿＿＿＿＿ V。

在以上三步的测量中，哪一项电压值若小于 2.5V，可将万用表选择开关换为直流 2.5V挡再测量一次，比较两次测量结果（换量程后应注意刻度线的读数）。

⑦ 测量完毕，断开电路电源。按前面讲的万用表使用后应做到的要求收好万用表。

2. 测量直流电流

① 按图 3-66 连接电路，使发光二极管正常发光。

② 将万用表选择开关置于 100mA 量程。

③ 如图 3-68 所示，断开电位器中间接点和发光二极管负极间引线，形成"断点"。这时，发光二极管熄灭。

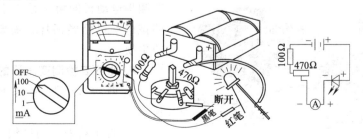

图 3-68　测量直流电流

④ 将万用表串接在断点处。红表笔接发光二极管负极，黑表笔接电位器中间接点引线。这时，发光二极管重新发光。万用表指针所指刻度值即为通过发光二极管的电流值。

⑤ 正确读出通过发光二极管的电流值。

记录：通过发光二极管的电流为＿＿＿＿＿＿ mA。

⑥ 旋转电位器转柄，观察万用表指针的变化情况和发光二极管的亮度变化，可以看出：＿＿＿＿＿＿＿＿＿。

记录：通过发光二极管的最大电流是＿＿＿＿＿＿ mA。最小电流是＿＿＿＿＿＿ mA。

通过以上操作可以进一步体会电阻器在电路中的作用。

⑦ 测量完毕，断开电源，按要求收好万用表。

技能训练2　兆欧表的操作使用

一、训练器材与工具

兆欧表、电动机、变压器、洗衣机、电冰箱。

二、训练内容与步骤

使用兆欧表检测电动机、电气设备，保证在使用过程中的安全及稳定性。

1. 兆欧表检测电动机的绝缘电阻

在对电动机进行测定或检修时，经常使用兆欧表检测电动机的对地电阻，以判断电动机绝缘性能的好坏，以及电动机是否损坏。

① 将高压电动机放置在地面上，并连接兆欧表与测试线，如图 3-69 所示。

② 使用兆欧表的红色测试线与电动机的一根电源线连接，黑色测试线与电动机的外壳（接地线）连接，如图 3-70 所示。

图 3-69　连接兆欧表与测试线

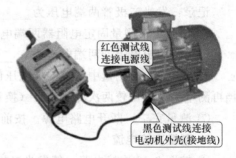

图 3-70　连接兆欧表与电动机

③ 用力按住兆欧表，顺时针由慢渐快地摇动摇杆，如图 3-71 所示，此时，即可检测出高压电动机的绝缘电阻值为 500MΩ 左右，若测得电动机的阻抗远小于 500MΩ，则表明该电动机已经损坏，需要及时进行检修或更换。

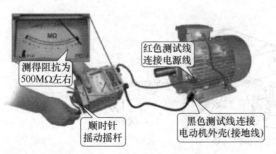

图 3-71　检测电动机绝缘电阻

2. 兆欧表检测变压器的绝缘电阻

小型变压器的构成，如图 3-72 所示。

① 将兆欧表与测试线连接完成后，使用兆欧表的红色测试线，连接变压器电源

线的其中一根电线，黑色测试线连接变压器的外壳（接地线），如图 3-73 所示。

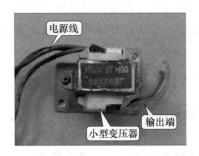

图 3-72 小型变压器

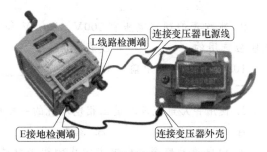

图 3-73 连接兆欧表与变压器

② 按住兆欧表，依照顺时针的旋转方向，由慢渐快地摇动兆欧表的摇杆，如图 3-74 所示。若检测出变压器的绝缘电阻趋于无穷大，表明该变压器的绝缘性能良好；若检测测得的绝缘电阻值接近于零，则表明该变压器已经损坏，需要将其更换。

3. 兆欧表检测电气设备的绝缘电阻

图 3-75 所示为常见的洗衣机，检测电力/电气设备（如三相电动机、洗衣机、电冰箱等）的绝缘电阻时，将红色测试线连接待测设备的电源线，黑色测试线连接待测设备的外壳（接地）线。

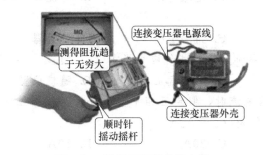

图 3-74 检测变压器绝缘电阻

图 3-75 检测电气设备

知识拓展

一、填空题

1. 用万用表测量直流电压时，两表笔应_____接在被测电路两端，且_____表笔接高电位端，_____表笔接低电位端。

2. 常用的钳形电流表由_____和_____组成。

3. 数字电压表由_____、_____和_____三大部分组成，直流数字电压表的核心是_____。

4. 模拟万用表由_____、_____、_____、_____等构成。

5. 兆欧表在结构上由_____、_____和_____三个主要部分组成。

6. 测量电压时，应将电压表_____联接入被测电路；测量电流时，应将电流表_____联接入被测电路。

7. 被测电流过小时，为了得到较准确的读数，若条件允许，可将被测导线绕几圈后套进钳口进行测量。此时，钳形表读数除以钳口内的导线根数，即为_____。

8. 测量电机的对地绝缘电阻和相间绝缘电阻，常使用 _____ 表，而不宜使用 _____ 表。

9. 兆欧表的额定电压有 500V、1000V 和 2500V 三种量程，测量运行中的电动机的绝缘电阻应选用的 _____ 兆欧表。

10. 兆欧表在使用前，必须进行 _____ 试验。

二、选择题

1. 使用钳形电流表测量三相电动机的一相电流为 10A，同时测量两相电流值为（ ）。

A. 20A B. 30A C. 0A D. 10A

2. 由电流互感器和电流表组成的钳形电流表，其测量机构属于（ ）测量机构。

A. 磁电系 B. 磁电整流系 C. 电磁系 D. 电动系

3. 兆欧表的手摇发电机输出的电压是（ ）电压。

A. 交流 B. 直流 C. 高频 D. 脉冲

4. 用钳形电流表 10A 挡测量小电流，将被测电线在钳口内穿过 4 次，如指示为 8A，则电线内实际电流是（ ）A。

A. 10A B. 8A C. 2.5A D. 2A

5. 绝缘电阻表是专用仪表，用来测量电气设备供电线路的（ ）。

A. 耐压 B. 接地电阻 C. 绝缘电阻 D. 电流

6. 钳形电流表由（ ）等部分组成。

A. 电流表 B. 电流互感器 C. 钳形手柄 D. 计数器

7. 尚未转动兆欧表摇柄时，水平放置完好的兆欧表的指针应当指在（ ）。

A. 刻度盘最左端 B. 刻度盘最右端 C. 刻度盘正中央 D. 随机位置

8. 在用钳形电流表测量三相三线电能表的电流时，假定三相平衡，若将两根相线同时放入测量的读数为 20A，则实际相电流不正确的是（ ）。

A. 40A B. 20A C. 30A D. 10A

9. 摇测低压电力电缆的绝缘电阻应选用额定电压为（ ）V 的兆欧表。

A. 250 B. 500 C. 1000 D. 2500

10. 测量绝缘电阻使用的仪表是（ ）。

A. 接地电阻测试仪 B. 绝缘电阻表 C. 万用表 D. 功率表

低压配线与照明电路

4.1 认识与使用单相电度表

(1) 电度表的工作原理

如图 4-1 所示，当电度表接入电路中，电流通入检测电压的并联线圈与检测电流的串联线圈时产生交变磁场。当交变磁场穿过铝制圆盘时，铝制圆盘上感应出涡流。涡流在这两个通电线圈的磁场中，受到电磁力的作用，致使铝制圆盘受到一转动力矩的作用而转动，从而带动计数器转动，得到消耗的电能数值。

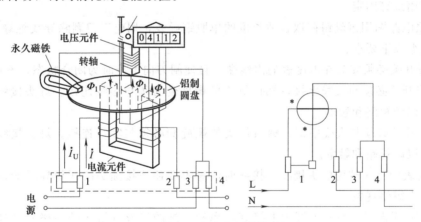

图 4-1　单相电度表内部结构及原理

(2) 电路工作原理

① 如图 4-2 所示电路的工作原理　220V 工频交流电经过插头引入电路，接入单相电度表的①端和③端，其中①端为电度表火线进线端，③端为零线进线端，从②端和④端出来的火线和零线接入闸刀开关，经过两个熔丝后出线，其中火线端接入单控开关后和灯泡串联，最后接入电度表的④端，组成一个简单的照明电路。

② 双控开关两地控制一盏灯的电路原理　用两个双控开关在两个地方控制一盏灯，常用于楼梯和走廊上的照明控制，如图 4-3 所示。在电路中，两个开关通过并行的两根导线相连接，不管开关处在什么位置，总有一条线连接于两个开关之间。如果灯现在处于熄灭状态，转动任一个双控开关即可使灯点亮；如果灯现在处于点亮状态，转动任一个开关，均可使灯熄灭。从而实现了"一灯两控"。

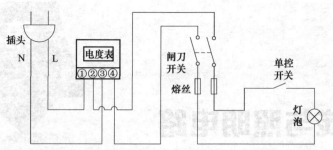

图 4-2 单相电度表与简单照明电路配线接线

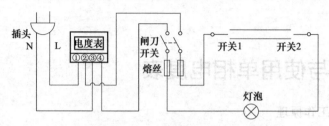

图 4-3 用两个双控开关控制一盏灯的电路接线

（3）安装电度表

① 根据图 4-2、图 4-3，在木制配电板上分配安放闸刀开关、单相电度表、开关和灯座的位置，并用螺钉固定。

② 按照电路图用钢丝钳截取合适长度的单股铜导线，用电工刀剥除导线绝缘层后布线，布线时要遵循以下要求：

a. 闸刀开关必须安装在电度表的出线端，且使闸刀向上推时为闭合状态，不可倒装。

b. 单控开关必须与火线串接，螺口灯头的螺旋套必须与零线连接。灯头接线时裸铜线不能外露，以防短路和触电。

c. 双联开关必须与火线串接，螺口灯头的螺旋套必须与零线连接。灯头接线时裸铜丝不能外露，以防短路和触电。

d. 电度表的进线端用插头接线，接线时注意不要使连接插头的两根导线的裸露部分相互接触而发生短路现象。

e. 经检查无误后，在闸刀开关上接好功率相匹配的熔丝（熔丝的规格应选择电路负载额定电流的 1.5～2 倍之间），装上灯泡后将电源插头插入实验室电源插座内，将闸刀开关合上，按动单控开关，看灯泡是否发光。

f. 用试电笔测试电度表火线进线端（电度表①号接线端）是否接在火线上，如果没有，可将电源插头调向。

③ 工艺要求

a. 各元件的安装位置应整齐、匀称，间距合理，便于元件的更换。

b. 紧固各元件时要用力适度。在紧固熔断器、接触器等易碎裂元件时，应用手按住元件，一边轻轻摇动，一边用旋具轮换旋紧对角线上的螺钉，直到手摇不动后再适当旋紧些即可。

c. 布线时的工艺要求如下：

ⓐ 布线通道尽可能少，并行导线按主、控电路分类集中，单层密排，紧贴板面布线。

ⓑ 同一平面的导线应高低一致或前后一致，不能交叉。非交叉不可时，该根导线应在电器的接线端子引出时，水平架空跨越，但必须走线合理。图4-4所示为合理的布线。

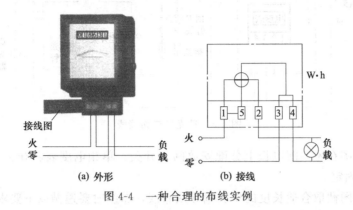

图 4-4 一种合理的布线实例

ⓒ 布线应横平竖直，分布均匀。变换走向时应互相垂直，线路较长时须用压线夹固定，以防线路晃动。

ⓓ 布线时导线剥皮长短合适，不要使铜导线裸露过长，要严禁损伤线芯和导线绝缘。

ⓔ 导线与接线端子或接线柱连接时，不得压绝缘层、不反圈及不露铜过长。

ⓕ 同一元件、同一回路的不同接点的导线间的距离应保持一致。

④ 注意事项

a. 学生安装电路完毕后，必须经老师检查方能接通电源。

b. 出现异常情况，应立即拉闸断电，拔掉电源插头。

c. 开关必须安装在火线上。

d. 电度表应垂直于地面安装。

e. 导线接头处，必须用绝缘胶布把裸露的导线包扎好，不能用其他胶布代替绝缘胶布。

f. 在拆除电路时，应首先将总电源断开，方能动手拆除电路。

g. 严禁带电操作，以防触电事故发生。

4.2 日光灯电路配线与检修

(1) 日光灯电路工作原理

日光灯电路接线如图4-5所示，它由日光灯管、镇流器和启辉器三部分组成。当电源接通时，电压全部加到启辉器上，引起启辉器放电而发热，使动触点受热膨胀与静触点接触，电路接通。此时灯丝通过电流加热而发射出电子，使灯丝附近水银开始游离，并逐渐气化。与此同时，启辉器的两触点接触后，辉光放电停止，使动触点冷却而缩回，触点断开，在此瞬间，因电路突然断开，此时镇流器上产生了一个很高的脉冲电压，加在灯管两端的灯丝之间，由于灯丝间电压突然增高，迫使灯管放电而发光，灯管点燃后，因镇流器上有较大的电压降，启辉器的动、静触点间电压较低，不足以放电，所以电压总是加在灯管两端，维持放电状态持续发光。

(2) 日光灯电路安装

① 按任务要求配齐所用电气元件并检查质量。

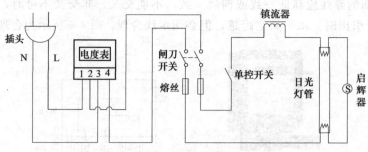

图 4-5 日光灯电路接线

② 根据电路图在木制配电板上分配安放闸刀开关、单相电度表、开关和日光灯灯架的位置，并用螺钉固定。

③ 按照电路图截取合适长度的单股铜导线布线，布线时要遵循以下要求：

a. 日光灯线路的布线方法。连接时，单控开关必须与火线串接，镇流器的两个接线端子一个接单控开关，另一个端子与日光灯灯座串联，用于控制灯管电流，该灯座的另一个接线柱接启辉器座上的一个接线端，从启辉器另一接线端出线，接到对面灯座的一个接线柱上，再从另一接线柱出来接到电度表零线出线端组成回路。

b. 经检查无误后，在闸刀开关上接好与功率相匹配的熔丝（熔丝的规格应选择电路负载额定电流的 1.5～2 倍），装上日光灯管后将电源插头插入实验室电源插座内，将闸刀开关合上，按动单控开关，看灯管是否发光，如果不发光可参见表 4-1 进行检修。

c. 用试电笔测试开关是否接在火线上，如果没有，可将电源插头调向。

d. 将插头取下，拆除电路。

表 4-1 日光灯常见故障的检修

故障现象	产生故障的可能原因	检修方法
接通电源， 灯管完全 不发光	① 荧光灯供电线路开路或接触不良 ② 启辉器坏或与座接触不良 ③ 灯丝断开或灯管漏气 ④ 灯脚与灯座接触不良 ⑤ 镇流器线圈开路或与灯管不配套	① 检修供电线路，排除故障点 ② 换新或检修启辉器 ③ 调换新灯管 ④ 检修灯座，去除灯脚氧化层 ⑤ 更换合适的镇流器
灯管两端 发红但不 启辉	① 启辉器内电容击穿或氖泡内动、静触点粘连 ② 电源电压太低或线路压降太大 ③ 灯管老化	① 换合适启辉器 ② 用交流稳压器稳压 ③ 换新灯管
灯管启辉困难， 两端不断闪烁， 中间不启辉	① 电源电压太低 ② 镇流器与灯管不配套，启辉电流小 ③ 灯管陈旧	① 配交流稳压器 ② 换配套镇流器 ③ 换新灯管
灯管发光后 立即熄灭	① 接线错误，烧断灯丝 ② 镇流器内部短路，灯管两端电压偏高而烧断灯丝	① 改正接线后，换新灯管 ② 换合格镇流器后再换新灯管
灯管点亮后 有交流嗡声 或其他杂声	① 镇流器硅钢片松动 ② 电源电压太高 ③ 镇流器过载或内部短路 ④ 镇流器温升过高	① 换合格镇流器或紧固硅钢片 ② 加交流稳压器 ③ 换合格镇流器 ④ 换合格镇流器
镇流器过热	① 电源电压偏高 ② 镇流器质量不佳	① 接入交流稳压器 ② 换合格镇流

④ 工艺要求

a. 各元件的安装位置应整齐、匀称，间距合理，便于元件的更换。

b. 紧固各元件时要用力适度。在紧固熔断器、开关等易碎裂元件时，应用手按住元件，一边轻轻摇动，一边用旋具轮换旋紧对角线上的螺钉，直到手摇不动后再适当旋紧些即可。

⑤ 注意事项

a. 镇流器、启辉器和荧光灯管的规格应相配套，不同功率不能互相混用，否则会缩短灯管的使用寿命，而且也造成启动困难。

b. 使用荧光灯管必须按规定接线，否则将烧坏灯管或使灯管不亮。

c. 接线时应使相线通过开关，经镇流器到灯管。

d. 在拆除电路时，应首先将总电源断开，方能动手拆除电路。

e. 严禁带电操作，以防触电事故发生。

4.3 三相电度表配线

三相电路的电能测量用三相电度表，根据线路形式可分为三相三线电度表和三相四线电度表，根据负载的阻抗特性又可分为有功电能测量电度表和无功电能测量电度表，这样就有4种形式的组合，又因接入的方法不同，分为直接接入（直入式）式电度表和经互感器间接接入式电度表。因此，需要根据不同的应用环境和负载特性选用适合的电度表，比如测量小功率负载电能消耗可选用直入式电度表。而有时又需要配合使用，如工厂中多用电动机、变压器等感性负载，这些设备产生的无功分量使得电能在输变电和使用中会造成附加损耗，为了了解和掌握系统的运行情况，测量系统的无功电能与有功电能同样重要。

(1) 三相电度表工作原理

下面以小功率电能测量的常见的直入式 DS 型三相三线有功电度表和 DT 型三相四线有功电度表为例，简要说明其工作原理。DS 型三相三线有功电度表如图 4-6 所示，它是按两表法测量功率的原理工作的，其结构相当于两个单相电度表的组合，一般为双盘结构，负载工作时，两个盘片产生的驱动力共同作用于累积装置，形成计量结果，常用于三相三线制对称电路负载的有功电能测量。DT 型三相四线有功电度表如图 4-7 所示，它是按三表法测量功率的原理工作的，结构相当于 3 个单相电度表驱动元件与制动元件的组合，为三盘结构，可用于三相四线制不对称负载的有功电能的测量。

(2) 三相电度表的安装

1）安装步骤

① 按图 4-8 和图 4-9 电路配齐所用电气元件并检查质量。

② 根据电路图在木制配电板上分配安放闸刀开关、三相电度表、开关和电动机（或灯座）的位置，并用螺钉固定。

③ 按照电路图 4-8 所示的三相三线制电度表负载接入接线图、图 4-9 所示的三相四线制电度表负载接入接线图进行布线，布线时要遵循以下要求。

a. 负载端线路的接线方法。当采用图 4-8 所示的三相三线制电路连接时，电动机选取△形连接，注意电动机接线盒的接线端子的连线方法，先把 3 个绕组用连接铜片组成△形连接形式后再接入配线。当采用图 4-9 所示的三相四线制电路连线时，负载为 3 盏 220V 的电灯泡，连接形式为 Y 形，首先要把中性线连接好，注意检查中性线的连接是否可靠，然后接

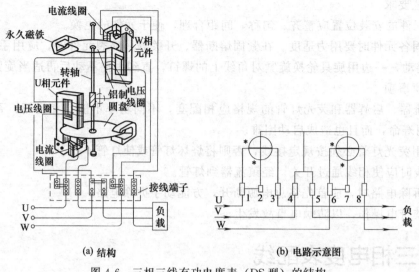

(a) 结构　　　　　　　　　　　(b) 电路示意图

图 4-6　三相三线有功电度表（DS 型）的结构

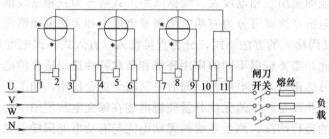

图 4-7　三相四线有功电度表（DT 型）的结构

入 3 根相线。

b. 电度表接线方法。电度表的接线注意进出线的位置，对于三相三线仪表 1、4 和 6 端为相线进线端，接入三相相线（插头），3、5 和 8 端为相线出线端；对于三相四线仪表 1、4 和 7 端为相线进线端，接入三相相线（插头），3、6 和 9 端为相线出线端，10 和 11 端为零线进出线端，注意此端不可把两根零线插入同一孔中，这样容易造成计量不准。

c. 闸刀开关的安装必须使闸刀向上推时为闭合状态，不可倒装。

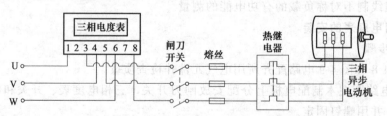

图 4-8　三相三线制电度表负载接入接线图

d. 经检查无误后，在闸刀开关上接好与功率相匹配的熔丝（熔丝的规格应选择电路负载额定电流的 1.5～2 倍），将插头插上，合上闸刀开关，观察负载的运行情况。

e. 如电动机不转或灯不亮，先断电，按照从电源到负载的顺序依次检查线路连接和设备的完好情况，排除故障后可重新加电运行。

f. 对于电动机负载，改变任意两相线的接入顺序，观察电动机的转动方向。对于电灯

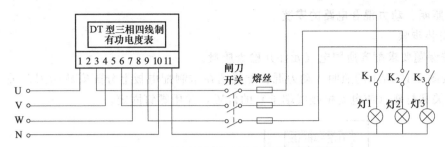

图 4-9　三相四线制电度表负载接入接线图

负载，通过 $K_1 \sim K_3$ 分别控制 3 盏灯的亮灭，观察电度表的转动情况。

2）工艺要求

① 各元件的安装位置应整齐、匀称，间距合理，便于元件的更换。

② 紧固各元件时要用力适度。在紧固熔断器、热继电器等易碎裂元件时，应用手按住元件，一边轻轻摇动，一边用旋具轮换旋紧对角线上的螺钉，直到手摇不动后再适当旋紧些即可。

3）注意事项

① 学生安装电路完毕后，必须经老师检查方能接通电源。

② 出现异常情况，应立即拉闸断电。

③ 电动机负载如出现只振动而不转动的情况，应断电检查导线的连接和熔丝是否完好，如出现既不能转动又无振动的情况，应检查电源是否有电等。

④ 在拆除电路时，应首先将总电源断开，方能动手拆除电路。

⑤ 严禁带电操作，以防触电事故发生。

4.4　照明、动力混合电路配线

照明电路多为单相负载，而动力设备多为三相负载。如果照明设备配置不当，大量的照明设备集中于一相，使线路三相负载不对称，将造成中性点电位偏移、中性线电流过大。中性点电位偏移将引起三相电压的不对称，严重时会影响变压器和电动机的出力，也会造成某相电压过高，使该相电器烧毁。另外，由于中性线长期通过大电流，而一般情况下中性线截面小于相线截面，还易使中性线断线。

（1）照明、动力混合电路的配线原则

照明、动力混合电路的配线应注意以下原则：

① 中性线必须保证有足够的截面积和强度，从而保证通过较强电流时中性线不断线，严禁无中性线运行。

② 合理配置单相照明负载，将全部照明负载尽可能等分接于三相，避免发生中性点电位过大的偏移。同时，对相线截面积的选择必须保证一定的容量，选择导线截面积时，应保证电压损耗小于 5%。

③ 采用 DYN11 接线组别的变压器供电，以降低三相负荷不平衡运行带来的中性点漂移。动力线路尽量直接取自变压器输出端，以降低动力设备启停造成的线路电压下降对照明设备的影响，对于功率大于 30kW 的动力设备，建议采用专门的变压器供电。

（2）照明、动力混合电路的安装

1）安装步骤

① 按课题要求配齐所用电气元件并检查质量。

② 按图 4-10 所示的照明、动力混合配线图在木制配电板上分配安放闸刀开关、三相电度表、开关和灯座（或电动机接线端子）的位置，并用螺钉固定。

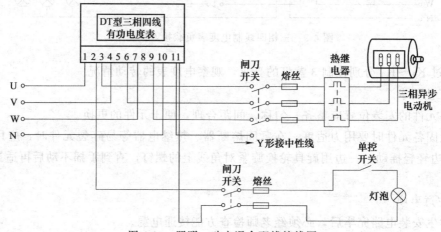

图 4-10　照明、动力混合配线接线图

③ 按照电路图截取合适长度的单股铜导线布线，布线时要遵循以下要求。

a. 负载端线路的接线方法。动力部分采用三相三线制电路连接，电动机选取△形接法，如果采用 Y 形接法，中性线要接入电动机 3 个绕组的公共接线端，不可断开。

照明部分为一盏白炽灯，为负载不对称接法，火线接入电度表 U 相，如果线路不美观或压线困难，可采用贯通式接线端子在电度表出线端进行支路分配，在负载分支较多时，连接施工简单牢靠，而且接线美观，维护方便。

b. 经检查无误后，在闸刀开关上接好功率相配的熔丝（熔丝的规格应选择电路负载额定电流的 1.5～2 倍），将插头插上，合上闸刀开关，观察负载的运行情况。

c. 如电动机不转或灯不亮，先断电，按照从电源到负载的顺序依次检查线路连接和设备的完好情况，排除故障后可重新加电运行。

d. 对于电动机负载，改变任意两相线的接入顺序，观察电动机的转动方向。对于电灯负载，可以再增加 V 相、W 相照明回路，分别通过开关控制 3 盏灯的亮灭，并观察电度表的转动情况。

2）工艺要求

① 各元件的安装位置应整齐、匀称，间距合理，便于元件的更换。

② 紧固各元件时要用力适度。在紧固熔断器、热继电器等易碎裂元件时，应用手按住元件，一边轻轻摇动，一边用旋具轮换旋紧对角线上的螺钉，直到手摇不动后再适当旋紧些即可。

技能训练　室内照明线路的安装

一、训练器材与工具

闸刀开关、熔断器、单联开关、荧光灯具、电工常用工具、二芯塑料护套线、RVS 塑料绝缘软线、黑胶带。

二、训练内容与步骤

① 安装步骤

a. 定位及划线。

b. 固定铝片线卡。

c. 敷设塑料护套线。

d. 固定闸刀开关、熔断器、接线盒、木台（木台在固定前须根据敷线的位置锯出线槽及钻两个出线孔）。

e. 安装灯座、开关、插座和挂线盒。

f. 安装荧光灯：根据荧光灯管长度固定荧光灯座，再固定镇流器和启动器座，然后用塑料软线连接荧光灯线路，最后插入灯管和启辉器。

② 一个开关控制白炽灯，另一个开关控制荧光灯，插座不受开关控制。

③ 各照明附件必须安装牢固，布线整齐美观。

安装完毕后，自查安装线路。线路原理图和安装图，如图4-11所示。

④ 注意

a. 二芯塑料护套线要认准接电源中性线和接相线的塑料绝缘层的颜色，在安装过程中不可将两种颜色混淆，以便于安装及自查。

b. 从挂线盒到荧光灯用软线连接。

c. 导线在接线盒和木台中的连接及镇流器与导线连接后缠绕两层黑胶带做绝缘处理。

d. 经指导教师安全检查后，才能通电试验。严禁带电安装及检修。

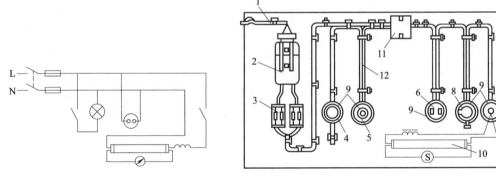

(a) 线路原理图   (b) 安装图

图 4-11 照明线路原理图和安装图

1—电源线；2—刀开关；3—熔断器；4—控制白炽灯的开关；5—平灯座；6—插座；
7—控制荧光灯的开关；8—挂线盒；9—木台；10—荧光灯；11—续线盒；12—塑料护套线

知识拓展

一、填空题

1. 开关一般离地高度为_____，与门框的距离一般为_____。

2. 照明控制线路由_____、_____、_____、_____组成。

3. 日光灯主要由_____、_____、_____、_____部分组成。

4. 一般居民住宅、办公场所，若以防止触电为主要目的，应选用漏电动作电流为

_____ mA 的漏电保护开关。

5. 室内照明线路的用电设备，每一回路的总容量不应超过_____kW。

6. 同一照明方式的不同支线可共管敷设，但一根管内的导线数不宜超过_____。

二、判断题

1. 在照明控制线路中开关控制相线。（　　）

2. 交流电正负交替出现，那么人手触及中性线（零线）也要触电。（　　）

3. 单相三孔插座安装接线时，保护接地孔与零线孔直接相连可保证在故障情况下起到保护作用。（　　）

4. 照明控制电路中，开关的作用是控制电路的接通或断开，所以开关既可接在相线上也可接在零线上。（　　）

5. 220V 灯线，相线必须经开关装设，用螺口灯头时，相线应接在灯头中心弹簧的端头上。（　　）

6. 灯光照明是夜间活动的主要光源，同时又是白天室内光线不足时的重要补充。（　　）

第5章

变压器的使用与维修

在电力供电系统以外所使用的变压器,大多是单相小容量变压器。变压器可用于电压、电流和阻抗的变换,还有隔离、移相、稳压等功能。在电子电器产品中普遍使用变压器提供整机电源、进行阻抗匹配和信号耦合,其中使用较多的是单相电源变压器。

5.1 变压器的结构与选用

(1) 变压器的分类

变压器的类型很多,根据用途可分为:电力变压器、控制变压器、电源变压器、自耦变压器、调压变压器、耦合变压器等;根据结构可分为:芯式变压器和壳式变压器;根据电源相数可分为:单相变压器和三相变压器;根据电压升降可分为:升压变压器和降压变压器;根据电压频率可分为:工频变压器、音频变压器、中频变压器和高频变压器等。变压器不但可以变换电压,还可以变换电流、变换阻抗和传递信号。由于变压器具有多种功能,因此在电力工程和电子工程中都得到了广泛的应用。

在电力供电系统以外所使用的变压器,大多是单相小容量变压器,但变压器无论大小,无论何种类型,其工作原理都是一样的,在此主要讲述 1000V·A 以下的单相变压器。

(2) 变压器的基本构造

变压器主要由铁磁材料构成的铁芯和绕在铁芯上的两个或几个线圈组成。与输入交流电源相接的线圈叫做原边线圈或一次绕组。与负载相接的线圈叫做副边线圈或二次绕组。变压器在电路中的符号如图 5-1 所示。

图 5-1　变压器的符号

变压器是以电磁感应定律为基础工作的,其工作原理可用图 5-2 来说明。当原边线圈加上交流电压 U_1 后,在铁芯中产生交变磁场,由于铁芯的磁耦合作用,副边线圈中会产生感应电压 U_2,在负载中就有电流 I_2 通过。

变压器的铁芯通常用硅钢片叠成,硅钢片的表面涂有绝缘漆,以避免在铁芯中产生较大的涡流损耗。小型变压器常用铁芯主要有两种:E形和C形,如图 5-3 所示。E形铁芯是将硅钢片冲裁成E形片叠加而成,C形铁芯是将硅钢片剪裁成带状,然后绕制成环形,再从中间切断而成。

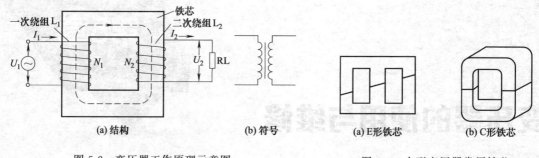

图 5-2　变压器工作原理示意图　　　　图 5-3　小型变压器常用铁芯

5.2　变压器的性能检测及故障维修

(1) 变压器的额定值

为了安全和经济地使用变压器，在设计和制造时规定了变压器的额定值，即变压器的铭牌数据，它是使用变压器的重要依据。

① 额定电压　额定电压是指变压器正常运行时的工作电压，原边额定电压是正常工作时外施电源电压。副边额定电压是指原边施加额定电压，副边绕组通过额定电流时的电压。

② 额定电流　额定电流是指变压器原边电压为额定值时，原边和副边绕组允许通过的最大电流。在此电流下变压器可以长期工作。

③ 额定频率　额定频率是指变压器原边的外施电源频率，变压器是按此频率设计的，我国电力变压器的额定频率都是 50Hz。

④ 额定容量　额定容量是指变压器在额定频率、额定电压和额定电流的情况下，所能传输的视在功率，单位是 V·A 或 kV·A。

⑤ 额定温升　额定温升是指变压器满载运行 4h 后绕组和铁芯温度高于环境温度的值，我国规定标准环境温度为 40℃，对于 E 级绝缘材料，变压器的温升不应超过 75℃。

(2) 变压器的性能检测

① 变压器的空载特性测试　变压器的空载特性是指原边绕组上加额定电压，副边绕组不接负载时的特性。空载特性包括：空载电流、空载电压。

空载电流是指原边绕组上加额定电压 U_{IN} 时，通过原边绕组的电流 I_{10}；空载电压是指副边绕组的开路电压 U_{20}。可使用交流电压表和电流表进行测试，测试电路如图 5-4 所示。

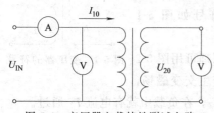

图 5-4　变压器空载特性测试电路

变压器的空载电流一般应不大于原边额定电流的 10%，空载电压应为副边额定电压的 105%～110%。

变压器空载时，在理想情况下，原边与副边电压之比等于原边与副边绕组的匝数比，这就是变压器变换电压的关键所在。当 $N_2 < N_1$ 时，$U_2 < U_1$ 称为降压变压器；当 $N_2 > N_1$ 时，$U_2 > U_1$ 称为升压变压器。

② 变压器的负载特性测试　变压器的负载特性是指原边绕组上加额定电压 U_{IN}，副边绕组接额定负载时，副边电压 U_2 随副边电流 I_2 的变化特性，又称电压调整率，其测试电路如图 5-5 所示。

③ 变压器的短路电压测试　短路电压又称阻抗电压，是指使变压器副边绕组短路，原边和副边均流过额定电流时，施加在原边绕组上的电压 U_k。

它是反映变压器内部阻抗大小的量，是负载变化时计算变压器副边电压变化和发生短路时计算短路电流的依据。短路电压测试电路如图 5-6 所示。图中 T 为调压器，测试时用来调整原边所加电压。短路电压应不大于额定电压的 10％。

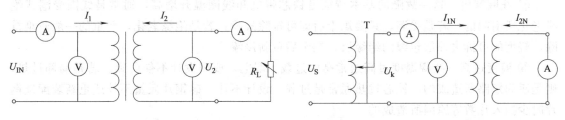

图 5-5　变压器的负载特性测试电路　　　　图 5-6　变压器短路电压测试电路

④ 变压器绕组直流电阻测量　变压器绕组线圈是由漆包铜导线绕制而成的，具有一定的直流电阻，它可作为判别绕组是否正常的参考数据。测量绕组的直流电阻可使用直流电桥或万用表欧姆挡。

⑤ 变压器的绝缘电阻测量　变压器绕组之间以及各绕组与铁芯之间都有绝缘性能要求，其绝缘电阻值应符合规定，测量绝缘电阻可使用兆欧表。变压器的绝缘电阻值一般应不低于 $50 \sim 200 M\Omega$。

⑥ 变压器的温升测量　变压器的温升测量，可采用测量线圈直流电阻的方法。先用直流电桥测出原边线圈的冷态电阻 R_0，然后加上额定负载，接通电源运行数小时，待温度稳定后切断电源，再测出其热态电阻 R_T。

(3) 常见故障及维修

① 电源变压器匝间短路性故障　电源变压器发生短路性故障后的主要症状是发热严重和次级绕组输出电压失常。通常，线圈内部匝间短路点越多，短路电流就越大，而变压器发热就越严重。

如果短路发生在线圈的最外层，可掀去绝缘层后，在短路处局部加热（对浸过漆的线圈，可用电吹风加热）。待漆膜软化后，用薄竹片轻轻挑起绝缘已破坏的导线，若线芯没损伤，可插入绝缘纸，裹住后掀平；若线芯已损伤，应剪断，去除已短路的一匝或多匝导线，两端焊接后垫妥绝缘纸，掀平。用以上 2 种方法修复后均应涂上绝缘漆，吹干，再包上外层绝缘。如果故障发生在无骨架线圈两边沿口的上下层之间，一般也可按上述方法修复。若故障发生在线圈内部，一般无法修理，需拆开重绕。

② 变压器线圈与铁芯之间的短路故障　发生这种故障的铁芯会带电，一般是绝缘裹垫不佳或遭到剧烈跌碰等原因所造成的。这种故障通常出现在无骨架的线圈两边的沿口处或线圈最内层的四角处。在有骨架的线圈上很少出现这种故障，在线圈的最外层则极少出现这种故障。修理方法与上述匝间短路的相似。

③ 运行中响声过大　运行中有响声通常是设计时铁芯磁通密度选用得过高、变压器过载、存在漏电、铁芯没有压紧等原因所造成的。可换用质量较佳的同规格硅钢片，或应减轻负载，排除漏电故障，压紧铁芯。

④ 引出线端头断裂　如果一次回路有电压而无电流，一般是一次线圈的端头断裂；若

一次回路有较小的电流而二次回路既无电流也无电压，一般是二次线圈的端头断裂。通常是线头折弯次数过多、线头遭到猛拉、焊接处霉断（焊剂残留过多），或引出线过细等原因所造成的。如果断裂线头处在线圈的最外层，可掀开绝缘层，挑出线圈上的断头，焊上新的引接线，包好绝缘层即可；若断裂线端头处在线圈内层，一般无法修复，需要拆开重绕。

⑤　线圈漏电　这一故障的基本特征是铁芯带电和线圈温升增高，通常是线圈受潮或绝缘老化所引起的。若是受潮，只要烘干后即可排除故障；若是绝缘老化，严重的一般较难排除，轻度的可拆去外层包缠的绝缘层，烘干后重新浸漆。

⑥　温度过高　线圈温度过高通常是由过载、漏电，或因设计不佳所致。若是局部过热，则是匝间短路所造成的。铁芯过热通常是过载、设计不佳、硅钢片质量不佳或重新装配硅钢片时少插入片数等原因所造成的。

⑦　输出侧电压下降　通常是一次侧输入的电源电压不足（未达到额定值），二次绕组存在匝间短路、对铁芯短路、漏电或过载等原因造成的。

5.3　小型变压器的制作

1000W 以下的小型变压器应用很广泛，在各个用电领域中都有。在日常使用过程中，小型变压器会有如线圈烧毁等许多故障发生，为了应急，应掌握自行绕制方法。

(1) 绕制前的准备工作

①　拆卸铁芯的注意事项　在拆卸前应先观察一下，若有未破损或绝缘未老化的线圈骨架，拆卸时应使骨架保持完好，使它能继续使用。无骨架的或骨架已损坏的线圈，应先测量一下铁芯的叠厚，以备制作绕线架或骨架时所需。拆卸的硅钢片不可散失，应保管好，如果少了几片，会影响修复后变压器的质量。

②　选择导线、绝缘材料　变压器绕制的主要数据是导线的直径和匝数。导线直径可用螺旋测微器或游标卡尺测量原线圈导线获得。绕组匝数可用绕线机退圈计数，也可数一下每层的匝数和总层数，大致计算出总匝数。

③　制作木芯　为了便于绕线，通常用杨木或杉木做一长方体木芯，用来套在绕线机转轴上支撑线圈骨架。木芯的宽度和长度要比硅钢片的舌宽和长度略大（一般约大 0.2mm 即可），高度则比硅钢片窗口的高度高 2mm。木芯四个相邻的周边必须互相垂直，表面要光滑，木芯的边角用砂纸磨成略带圆角的形状。木芯的中间有供绕线机轴穿过的孔，孔直径要与绕线机轴径相配合，为 10.2mm。孔必须钻得正中和平直，要打在正中心，不能偏斜，否则会由于偏心造成绕线不平稳而影响线包的质量。

④　制作骨架　一般在自行绕制变压器时制作一简易骨架即可。用青壳纸或反白纸在木芯上绕上几圈，用胶水粘牢，待其干燥以后就可使用。这种简易骨架在绕制时要十分小心，因为线圈绕到两端时，层数较多时容易散塌，造成返工。

(2) 绕组的绕制

开始绕线前，用木芯将骨架固定在绕线机轴上，如图 5-7 所示。若采用无框骨架，起绕时在导线引线头压入一条绝缘带的折条，以便抽紧起始线头，如图 5-8 所示。导线起绕点不可过于靠近骨架边缘，以免绕线时导线滑出。若采用有框骨架，导线要紧靠边框，不必留出空间。

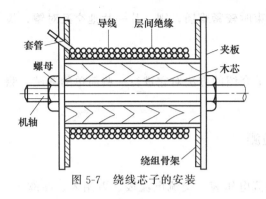

图 5-7 绕线芯子的安装

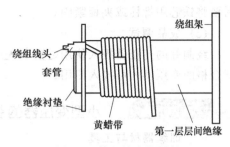

图 5-8 绕组线头的固紧

导线要求绕得紧密、整齐，不允许有叠线现象。绕线的要领是绕时将导线稍微拉向绕线前进的相反方向约 5°，如图 5-9 所示，拉线的手顺绕线前进的方向而移动，拉力大小要适当，这样导线就容易排齐。绕线的顺序按一次侧绕组、静电屏蔽、二次侧高压绕组、低压绕组依次叠绕。每绕完一组绕组后，要衬垫绕组间绝缘材料。

当二次绕组数较多时，每绕一组后，用万用表测量是否通路，检查有无断线。最后将整个绕组包好对铁芯绝缘，用胶水粘牢。当一组绕组的绕制接近结束时，要垫上一条绝缘带的折条，继续绕线至结束，将线尾插入绝缘带的折缝中，抽紧绝缘带，线尾便固定了。

图 5-9 绕线中的持线方法

有些用于电子设备中的电源变压器，需在一、二次侧绕组间放置静电屏蔽层。屏蔽层可用厚约 0.1mm 的铜箔或其他金属箔制成，其宽度比骨架长度稍短 1～3mm，长度比一次侧绕组的周长短 5mm 左右。必须注意：衬垫在屏蔽层上下的绝缘必须可靠，耐压应足够；屏蔽层不能碰到导线或自行短路。可用 0.12～0.15mm 的漆包线密绕一层，一端埋在绝缘层内，另一端引出作为接地引出线，接地引出线必须置于线圈的另一侧，不可与线圈引出线混在一起。

当线径大于 0.2mm 时，绕组的引线可利用原线，按图 5-10 所示的方法绞合后引出即可。线径小于 0.2mm 时，应采用多股软线焊接后引出，焊剂应采用松香焊剂。引出线的套管应按耐压等级选用。线包绕好后，外层用青壳纸绕 2～3 层，用胶水粘牢作为外层绝缘。

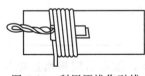

图 5-10 利用原线作引线

（3）浸漆、绝缘处理

将绕好的线圈放在电烘箱内加温到 70～80℃，预热 3～5h，驱除内部潮气。取出立即浸入 1260 漆等绝缘清漆中约 0.5～1h，取出浸完漆的变压器放在通风处滴漆 2～3h。然后再进烘箱加温到 80℃，烘 12h 即可。

若无烘箱条件，可在绕组绕制过程中，每绕完一层，就涂刷一层薄的 1260 漆等绝缘清漆，然后垫上绝缘，继续绕下一层，线圈绕好后，通电烘干。通电烘干的办法是用一个 500V·A 的自耦变压器及交流电流表与欲烘干的变压器的高压绕组串联（低压绕组短路）。逐渐增大自耦变压器的输出电压，使电流达到高压绕组额定电流的 2～3 倍（0.5h 后，线圈摸时应烫手，此时约 70～80℃），线圈通电干燥 12h 后即可。

（4）安装铁芯

安装铁芯要求紧密、整齐，切忌划伤导线。不紧密会使铁芯截面积达不到计算要求，造成磁通密度增大，在运行时硅钢片会发热，并产生振动噪声。划伤导线会造成断路或短路。

安装时先两片两片地交叉对镶。镶到快要结束时较紧难插，则一片一片地交叉对镶，最后要将铁芯用螺栓或夹板紧固。

(5) 成品测试

绕制好的变压器投入使用之前，先应按上一节介绍的方法对它进行一些简单的测试，测试合格的变压器才可投入使用。

技能训练　小型变压器的制作与检测

一、训练器材与工具

电源变压器、交流调压器、滑线电阻器、交流电压表、交流电流表、万用表、兆欧表、直流双臂电桥、电热烘干箱、手动绕线机、漆包铜线、绝缘纸、黄蜡绸、绝缘清漆、引出线焊片或软导线、常用电工工具、千分尺。

二、训练内容与步骤

1. 变压器的性能检测

① 绝缘电阻的测量。用500V兆欧表测量变压器原边对副边绕组以及各绕组对铁芯的绝缘电阻，将测量数据填入表5-1中。

② 直流电阻的测量。用QJ103直流双臂电桥测量变压器原边和副边绕组的直流电阻值，将测量数据填入表5-1中。

表5-1　绝缘电阻和直流电阻测量值

测量项目	绝缘电阻/MΩ			直流电阻/Ω	
测量对象	初级对次级	初级对铁芯	次级对铁芯	初级绕组	次级绕组
测量读数值					

③ 空载特性测试。按图5-4接线，在变压器原边绕组上加额定电压，副边绕组开路，借助交流电压表和交流电流表读出原边空载电流和副边空载电压，将空载特性测量数据填入表5-2中。

表5-2　变压器基本特性测量数值

测量项目	空 载 特 性			短 路 特 性	
测量对象	额定电压/V	空载电流/mA	空载电压/V	额定电流/mA	短路电压/V
测量读数值					
负载电流	I_1	I_2	I_3	I_4	I_5
电流数值/mA					
副边电压/V					

④ 短路特性测试。按图5-6接线，先将调压器输出电压调至零，加电后缓慢增加电压，直至副边电流达到额定值，由交流电压表上读出原边上的电压值，将短路特性测量数据填入表5-2中。

⑤ 负载特性测试。按图5-5接线，在变压器原边绕组上加额定电压，副边绕组接滑线电阻器，调节滑线电阻器阻值，改变负载电流，由交流电压表上读出相应的副边电压值。将负载特性测量数据填入表5-2中，并绘出负载特性曲线，如图5-11所示。

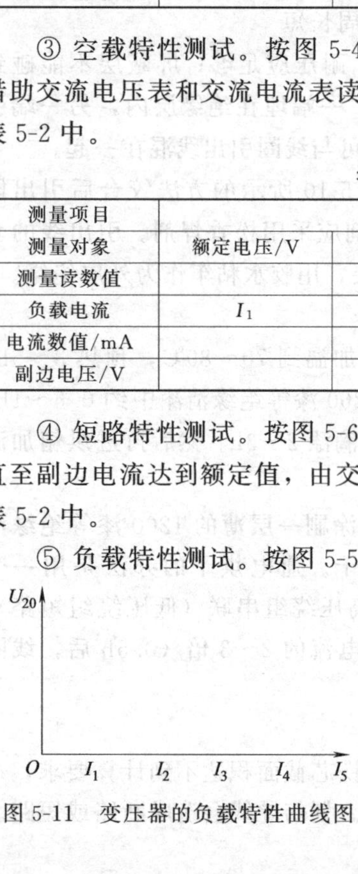

图5-11　变压器的负载特性曲线图

2. 变压器的重绕制作

① 拆开变压器并记录数据。拆卸变压器取出已损坏的绕组线圈，在拆开绕组线圈时，将变压器上标注的原边与

副边电压值、所拆线圈的匝数、测得的漆包铜线直径、铁芯规格等数据填入表5-3中。

表5-3 变压器拆卸数据记录

项目	初级绕组			次级绕组			铁芯	
	额定电压/V	漆包线直径/mm	线圈匝数/匝	额定电压/V	漆包线直径/mm	线圈匝数/匝	规格	功率/W
数据								

② 绕制线圈并装接引出线。选择与原线圈相同的漆包铜线在原骨架上绕制线圈，垫绝缘纸层绕，并按要求装接引出线。绕好的线圈应与原线圈结构尺寸相同，将绕制线圈的步骤和有关数据填入表5-4中。

表5-4 变压器线圈绕制数据记录

项目	初级绕组			次级绕组			绝缘纸	
	漆包线直径/mm	线圈匝数/匝	绕制层数/层	漆包线直径/mm	线圈匝数/匝	绕制层数/层	类型	厚度/mm
数据								
操作步骤				引出端标示图				

③ 装配铁芯和初步检测。按要求装配铁芯，装配好的变压器应与原变压器完全相同。先进行外观检查，再用仪表测量变压器的绝缘电阻、绕组线圈的直流电阻，然后进行空载特性和负载特性（或短路特性）测试，将初步检测的数据填入表5-5中，并画出绕组的引出端标示图。

表5-5 变压器初测和复测

测量项目	绝缘电阻/MΩ			直流电阻/Ω	
测量对象	初级对次级	初级对铁芯	次级对铁芯	初级绕组	次级绕组
初测读数值					
复测读数值					
测量项目	空载特性			短路特性	
测量对象	额定电压/V	空载电流/mA	空载电压/V	额定电流/mA	短路电压/V
初测读数值					
复测读数值					

④ 浸漆处理和复测。按要求进行浸漆处理，烘干后进行复测，复测项目与初测相同。将浸漆处理的步骤和有关数据填入表5-6中，将复测数据填入表5-5中。

表5-6 变压器浸漆处理数据记录

项目	绝缘漆类型	浸漆时间/h	滴漆时间/h	烘干温度/℃	烘干时间/h
数据					
操作步骤			操作要领		

知识拓展

一、填空题

1. 各种变压器的构造基本相同，主要由_____和_____两部分组成。

2. 变压器工作时与电源连接的绕组称为_____，与负载连接的绕组称为_____。

3. 变压器的作用是主要改变_____，还可以改变_____，变换阻抗及改变相位等。

4. 电压互感器的二次额定电压一般为 _____ V，电流互感器的二次额定电流一般为 _____ A。

5. 运行中的电压互感器二次线圈不许 _____。电流互感器二次线圈不许 _____。

二、判断题

1. 变压器能改变直流电压和直流电流。（ ）

2. 电流互感器的一次电流由一次回路的负载电流决定，不随二次回路的阻抗改变而变化。（ ）

3. 为防止电压互感器铁芯和金属外壳意外带电而造成触电事故，电压互感器外壳必须进行接地保护。（ ）

4. 电流互感器的结构和工作原理与普通变压器相似，它的一次绕组并联在被测电路中。（ ）

5. 变压器油在变压器中起散热和绝缘双重作用。（ ）

6. 油浸自冷式变压器不用变压器油，依靠辐射和周围空气的冷却作用，将铁芯和绕组中产生的热量发散到周围的空气中去。（ ）

电动机的使用与维修

6.1 认识三相异步电动机

(1) 三相异步电动机的结构组成

三相笼型异步电动机的结构图如图 6-1 所示。其主要有两个基本组成部分，即定子（固定部分）和转子（转动部分）。

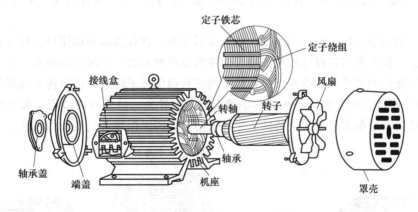

图 6-1 三相笼型异步电动机的结构图

定子和转子彼此由气隙隔开，为了增强磁场中的磁通量，气隙应尽可能小，一般为 0.3~1.5mm。电动机容量越大，气隙就越大。

1）定子

定子是用来产生旋转磁场的部分。三相异步电动机的定子主要由机座、铁芯、绕组三部分组成。机座由铸铁或铸钢制成，主要用来容纳定子铁芯和定子绕组。

① 定子铁芯　定子铁芯通常由很多圆环状的硅钢片叠合在一起组成，这些硅钢片中间开有很多小槽用于嵌入定子绕组（也称定子线圈），硅钢片上涂有绝缘层，使叠片之间绝缘。

② 定子绕组　它通常由涂有绝缘漆的铜线绕制而成，再将绕制好的铜线按一定的规律嵌入定子铁芯的小槽内。绕组嵌入小槽后，按一定的方法将槽内的绕组连接起来，使整个铁芯内的绕组构成 U、V、W 三相绕组，再将三相绕组的首、末端引出来，接到接线盒的 U_1、U_2、V_1、V_2、W_1、W_2 接线柱上。接线盒如图 6-2 所示，接线盒各接线柱与电动机内部绕组的连接关系如图 6-3 所示。

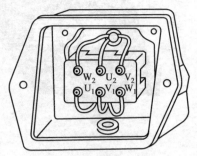

图 6-2　电动机的接线盒

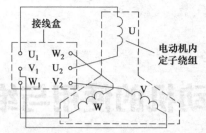

图 6-3　接线盒各接线柱与电动机内部绕组的连接关系

③ 机座　机座是电动机用于支撑定子铁芯和固定端盖的。中小型异步电动机一般采用铸铁机座，大型电动机机座都采用钢板卷筒焊成。

2）转子

转子是电动机的旋转部分，它的作用是输出机械转矩。转子由转子铁芯、转子线组和转轴三部分组成。

① 转子铁芯　如图 6-4 所示，转子铁芯是由很多外圆开有小槽的硅钢片叠在一起构成的，小槽用来放置转子绕组。

② 转子绕组　转子绕组嵌在转子铁芯的小槽中，转子绕组可分为笼式转子绕组和线绕式转子绕组。

笼式转子绕组是在转子铁芯的小槽中放入金属导条，再在铁芯两端用导环将各导条连接起来，这样任意一根导条与它对应的导条通过两端的导环就构成一个闭合的绕组，由于这种绕组形似笼子，因此称为笼式转子绕组。笼式转子绕组有铜条转子绕组和铸铝转子绕组两种，如图 6-5 所示。铜条转子绕组是在转子铁芯的小槽中放入铜导条，然后在两端用金属端环将它们焊接起来；而铸铝转子绕组则是用浇铸的方法在铁芯上浇铸出铝导条、端环和风叶。

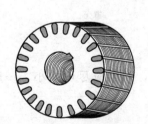

图 6-4　由硅钢片叠成的转子铁芯

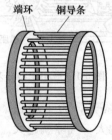

(a) 铜条转子绕组

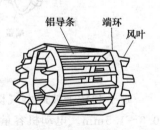

(b) 铸铝转子绕组

图 6-5　两种笼式转子绕组

线绕式转子绕组的结构如图 6-6 所示。它是在转子铁芯中按一定的规律嵌入用绝缘导线绕制好的绕组，然后将绕组按三角形或星形接法接好，大多数按星形方式接线，如图 6-7 所示。绕组接好后引出 3 根相线，通过转轴内孔接到转轴的 3 个铜制集电环（又称滑环）上，集电环随转轴一起运转，集电环与固定不动的电刷摩擦接触，而电刷通过导线与变阻器连接，这样转子绕组产生的电流通过集电环、电刷、变阻器构成回路。调节变阻器可以改变转子绕组回路的电阻，以此来改变绕组的电流，从而调节转子的转速。

③ 转轴　转轴嵌套在转子铁芯的中心。当定子绕组通三相交流电后会产生旋转磁场，转子绕组受旋转磁场作用而旋转，它通过转子铁芯带动转轴转动，将动力从转轴传递出来。

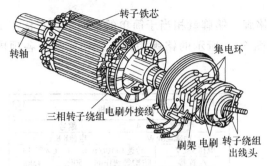

图 6-6　线绕式转子绕组的结构

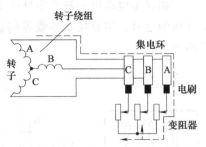

图 6-7　按星形方式接线的线绕式转子绕组

(2) 三相异步电动机定子绕组的接线方式

三相异步电动机的定子绕组由 U、V、W 三相绕组组成，这三相绕组有 6 个接线端，它们与接线盒的 6 个接线柱连接。接线盒如图 6-8 所示。在接线盒上，可以通过将不同的接线柱短接，来将定子绕组接成星形或三角形。

① 星形接线法　要将定子绕组接成星形，可按图 6-8（a）所示的方法接线。接线时，用短路线把接线盒中的 W_2、U_2、V_2 接线柱短接起来，这样就将电动机内部的绕组接成了星形，如图 6-8（b）所示。

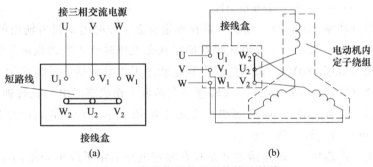

图 6-8　定子绕组按星形接线法接线

② 三角形接线法　要将电动机内部的三相绕组接成三角形，可用短路线将接线盒中的 U_1 和 W_2、V_1 和 U_2、W_1 和 V_2 接线柱按图 6-9 所示接起来，然后从 U_1、V_1、W_1 接线柱分别引出导线，与三相交流电源的 3 根相线连接。如果三相交流电源的相线之间的电压是 380V，那么对于定子绕组按星形连接的电动机，其每相绕组承受的电压为 220V；对于定子绕组按三角形连接的电动机，其每相绕组承受的电压为 380V。所以三角形接法的电动机在工作时，其定子绕组将承受更高的电压。

(3) 三相异步电动机的工作原理

电动机有三相对称定子绕组，接通三相对称交流电源后，绕组中流有三相对称电流，在气隙中产生一个旋转磁场，转速为 n_0，其大小取决于电动机的电源频率 f 和电动机的极对数 p，即 $n_0 = 60f/p$。此旋转磁场切割转子导体，在其中感应电动势和感应电流，其方向可用右手定则确定。此感应电流与磁场作用产生转矩。

电动机在运转时，其转子的转向与旋转磁场方向是相同的，转子是由旋转磁场作用而转动的，转子的转速要小于旋转磁场的转速，并且要滞后于旋转磁场的转速，也就是说转子与旋转磁场的转速是不同步的。这种转子转速与旋转磁场转速不同步的电动机称为异步电动机。

(4) 铭牌的识别

三相异步电动机一般会在外壳上安装一个铭牌，铭牌就相当于简单的说明书，它标注了电动机的型号、主要技术参数等信息。下面以图 6-10 所示的铭牌为例来说明铭牌上各项内容的含义。

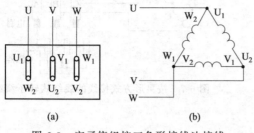

图 6-9 定子绕组按三角形接线法接线

三相异步电动机		
型号Y112M-4		编号
功率4.0kW		电流8.8A
电压380V	转速1440r/min	LW82dB
△连接	防护等级IP44	50Hz	45kg
标准编号	工作制SI	B级绝缘	年 月
××××		电机厂

图 6-10 三相异步电动机的铭牌

① 型号（Y112M-4） 型号通常由字母和数字组成，其含义说明如下。

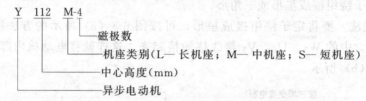

② 额定功率（功率 4.0kW） 该功率是在额定状态工作时电动机所输出的机械功率。

③ 额定电流（电流 8.8A） 该电流是在额定状态工作时流入电动机定子绕组的电流。

④ 额定电压（电压 380V） 该电压是在额定状态工作时加到定子绕组的线电压。

⑤ 额定转速（转速 1440r/min） 该转速是在额定工作状态时电动机转轴的转速。

⑥ 噪声等级（LW82dB） 噪声等级通常用 LW 值表示，LW 值的单位是 dB（分贝）。LW 值越小表示电动机运转时噪声越小。

⑦ 连接方式（△连接） 该连接方式是指在额定电压下定子绕组采用的连接方式，连接方式有三角形（△）连接方式和星形（Y）连接方式两种。在电动机工作前，要在接线盒中将定子绕组接成铭牌要求的接法。如果接法错误，轻则电动机工作效率降低，重则损坏电动机。例如：若将要求按星形连接的绕组接成三角形，那么绕组承受的电压会很高，流过的电流会增大而易使绕组烧坏；若将要求按三角形连接的绕组接成星形，那么绕组上的电压会降低，流过绕组的电流减小而使电动机功率下降。一般功率小于或等于 3kW 的电动机，其定子绕组应按星形连接；功率为 4kW 及以上的电动机，定子绕组应采用三角形接法。

⑧ 防护等级（IP44） 表示电动机外壳采用的防护方式。IP11 是开启式，IP22、IP33 是防护式，而 IP44 是封闭式。

⑨ 工作频率（50Hz） 表示电动机所接交流电源的频率。

⑩ 工作制（S1） 它是指电动机的运行方式，一般有 3 种：S1（连续运行）、S2（短时运行）和 S3（断续运行）。连续运行是指电动机在额定条件下（即铭牌要求的条件下）可长时间连续运行；短时运行是指在额定条件下只能在规定的短时间内运行，运行时间通常有 10min、30min、60min 和 90min 4 种；断续运行是指在额定条件下运行一段时间再停止一段时间，按一定的周期反复进行，一般一个周期为 10min，负载持续率有 15%、25%、40% 和 60% 4 种，如对于负载持续率为 60% 的电动机，要求运行 6min、停止 4min。

⑪ 绝缘等级（B级） 它是指电动机在正常情况下工作时，绕组绝缘允许的最高温度值，通常分为7个等级，具体见表6-1。

表6-1 电动机的绝缘等级

绝缘等级	Y	A	E	B	F	H	C
极限工作温度/℃	90	105	120	130	155	180	180以上

6.2 三相异步电动机的拆装与检测

(1) 拆卸前的准备工作

① 准备好拆卸场地及拆卸电动机的常用工具，在电动机接线头、端盖等处做好标记和记录，以便装配后使电动机能恢复到原来的状态。熟悉被拆电动机的结构特点、拆装要领及所存在的缺陷，做好标记。

② 拆卸前还应标出电源线在接线盒中的相序，标出联轴器或皮带轮与轴台的距离，标出机座在基础上的准确位置，标注绕组引出线在机座上的出口方向。

③ 拆卸前还要拆除电源线和保护地线，并做好绝缘措施，拆下地脚螺母，将电动机拆离基础并运至解体现场。

(2) 电动机的拆卸步骤与方法

① 切断电源，拆卸电动机与电源的连接线，并对电源线头做好绝缘处理。

② 卸下皮带和地脚螺栓，将各螺母、垫片等小零件用一个小盒装好，以免丢失。

③ 卸下带轮或联轴器。

a. 用粉笔标好带轮的正、反面，以免安装时装反。

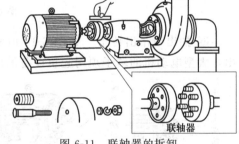

图6-11 联轴器的拆卸

b. 在带轮（或联轴器）的轴伸端做好标记，如图6-11和图6-12所示。

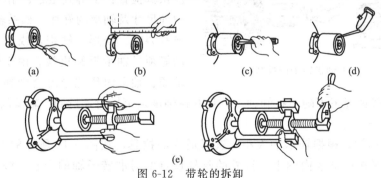

(a)　　　　(b)　　　　(c)　　　　(d)

(e)

图6-12 带轮的拆卸

c. 在螺钉孔内或轴销外注入煤油或柴油，以利于带轮拆卸。

d. 按图6-12所示的方法装好拉具，拉具螺杆的中心线要对准电动机轴的中心线，转动丝杆，掌握力度，把带轮或联轴器慢慢拉出，切忌硬拆。对带轮或联轴器较紧的电动机，按此法拉出仍有困难时，可用喷灯等急火在带轮外侧轴套四周加热（掌握好温度，以防变形），使其膨胀后即可拉出。在拆卸过程中，严禁用手锤直接敲出带轮，避免造成带轮或联轴器碎裂，使轴变形、端盖受损。

④ 拆卸风扇罩和风扇叶 带轮或联轴器拆除后，就可以把风扇罩的螺栓松脱，取下风扇罩，再将转子轴尾端风扇上的定位销或螺栓拆下或松开。用手锤在风扇四周轻轻敲打，慢慢将扇叶拉下。小型电动机的风扇在后轴承不需要加油更换时可随转子一起抽出，即不必拆卸下风扇。若风扇由塑料制成，可用热水加热使塑料风扇膨胀后旋下。

⑤ 拆卸轴承盖和端盖

a. 在端盖与机座体之间打好记号（前后端盖的记号应有区别），便于装配时复位。

b. 松开端盖上的紧固螺栓，用一个大小适宜的旋凿插入螺钉孔的根部，将端盖按对角线一先一后地向外扳撬或可用紫铜棒均匀敲打端盖上有脐的部位。把端盖取下，如图 6-13 所示。大型电动机因端盖较重，应先把端盖用起重设备吊住，以免拆卸时端盖跌碎或碰伤绕组。

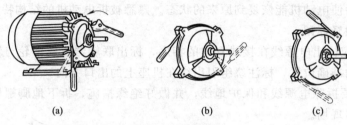

(a)　　　　　　　(b)　　　　　　　(c)

图 6-13　端盖的拆卸

⑥ 抽出或吊出转子 如图 6-14 所示，中、小型电动机的转子可以一人或两人用手取出，大型电动机的转子须用起重设备吊出转子。

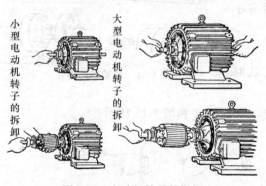

图 6-14　电动机转子的拆卸

对于配合较紧的新的小型异步电动机，为了防止损坏电动机表面的油漆和端盖，可按图 6-15 所示的顺序进行。对于较大的电动机因转子太重，该方法不可采用。

⑦ 轴承的拆卸 电动机解体后，对轴承应认真检查：了解其型号、结构特点、类型、内外尺寸及轴承的好坏。如果轴承磨损过度，或有裂纹、变形、缺损，或内、外环配合松动等须对轴承拆卸更换。由于轴承在拆卸时轴颈、轴承内环配合度会受到不同程度的削弱，因此，一般情况下不随意拆卸轴承，只有在轴承须更换时才拆卸。轴承的拆卸主要有以下几种方法。

a. 用拉具拆卸。根据轴承的大小，选择适当的拉具，按图 6-16 所示的方法夹住轴承，拉具的脚爪应紧扣在轴承内圈上，拉具的丝杆顶点要对准转子轴的中心，缓慢匀速地扳动丝杆。

b. 搁在圆桶上拆卸。在轴的内圆下面用两块铁板夹住，搁在一个内径略大于转子的圆桶上面，在轴的端面上垫上铜块，用手锤轻轻敲打，着力点对准轴的中心，如图 6-17 所示。圆桶内放一些棉纱头，以防轴承脱下时转子摔坏，当轴承逐渐松动时，用力要减弱。

c. 加热拆卸。因轴承装配过紧或轴承氧化锈蚀不易拆卸时，可将 100℃ 的机油淋浇在轴承内圈上，趁热用上述方法拆卸。为了防止热量过快扩散，可先将轴承用布包好再拆。

d. 轴承在端盖内的拆卸。拆卸电动机时，有时会遇到轴承留在端盖的轴承孔内的情况，

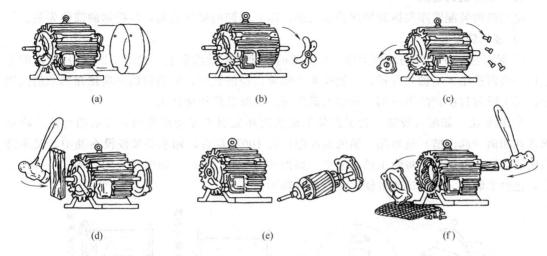

(a)　　　　　　　　　(b)　　　　　　　　　(c)

(d)　　　　　　　　　(e)　　　　　　　　　(f)

图 6-15　配合较紧的新的小型异步电动机的拆卸步骤

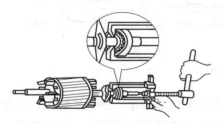

图 6-16　用拉具拆卸电动机的轴承

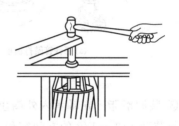

图 6-17　轴承搁在圆桶上拆卸

可采用如图 6-18 所示的方法拆卸，把端盖止口面朝上，平滑地搁在两块铁板上，垫上一段直径小于轴承外径的金属棒，用手锤沿轴承外圈敲打金属棒，将轴承敲出。

⑧ 轴承的清洗与检查

a. 轴承的清洗。将轴承放入煤油桶内浸泡 4～10min。待轴承上油膏落入煤油中，再将轴承放入另一桶比较洁净的煤油中，用细软毛刷将轴承边转边洗，最后在汽油中洗一次，用布擦干即可。

b. 轴承的检查。检查轴承有无裂纹、滚道内有无生锈等。再用手转动轴承外圈，观察其转动是否灵活、均匀，是否有卡位或过松的现象。小型轴承可用左手的拇指和食指捏住轴承内圈并摆平，用另一只手轻轻地用力推动外钢圈旋转，如图 6-19 所示。如轴承良好，外钢圈应转动平稳，并逐渐减速至停，转动中没有振动和明显的停滞现象，停止转动后的钢圈没有倒退现象。如果轴承有缺陷，转动时会有杂音和振动，停止时像刹车一样突然，严重的还会倒退反转，这样的轴承应及时更换。

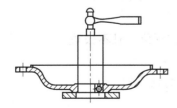

图 6-18　轴承在端盖内的拆卸

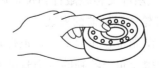

图 6-19　轴承的检查

(3) 电动机的装配

电动机的装配顺序与拆卸顺序是相反的，即先拆卸的部件后装，后拆卸的部件先装。

1) 轴承的安装

① 敲打法　在干净的轴颈上抹一层薄薄的机油。把轴承套上，按图 6-20 (a) 所示的方法用一根内径略大于轴颈直径、外径略大于轴承内径的铁管，将铁管的一端顶在轴承的内圈上，用手锤敲打铁管的另一端，将轴承敲进去。最好是用压床压入。

② 热装法　如配合较紧，为了避免把轴承内环胀裂或损伤配合面，可采用此法。将轴承放在油锅（或油槽）里加热，油的温度保持在 100℃左右，轴承必须浸没在油中，又不能与锅底接触，可用铁丝将轴承吊起架空，如图 6-20 (b) 所示，加热要均匀，浸 30～40min 后，把轴承取出，趁热迅速将轴承一直推到轴颈。

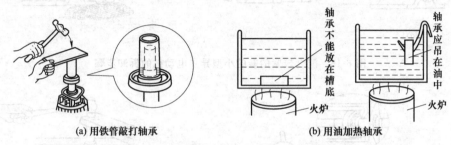

(a) 用铁管敲打轴承　　　　　　　　(b) 用油加热轴承

图 6-20　轴承的安装

③ 装润滑脂　在轴承内外圈里和轴承盖里装的润滑脂应洁净，塞装要均匀，一般二极电动机装满 1/3 ～1/2 的空间容积；4 极及其以上的电动机装满轴承的 2/3 空间容积。轴承外盖的润滑脂一般为盖内容积的 1/3～1/2。

2) 转子的安装

安装时转子要对准定子的中心，小心往里送放，端盖要对准机座标记，旋上后盖的螺栓，但不要拧紧。对于有轴承内盖的电动机可先装配好轴承内盖之后，再装转子。

3) 端盖的安装

① 将端盖洗净、吹干，铲去端盖口和机座口的脏物。

② 将前端盖对准机座标记，用木锤轻轻敲击端盖四周。套上螺栓，按对角线一前一后把螺栓拧紧，切不可有松有紧，以免损坏端盖。

4) 装前轴承内、外盖

因轴承内盖在端盖内，端盖装上后，无法看到轴承内盖的螺孔，轴承内外盖的固定就很难了。装配方法：在装前端盖之前，先用较细的铜导线（或细铁丝）通过轴承内盖的两个螺孔穿入到端盖对应的孔中，拉紧细铜导线，则内、外端盖的 3 个螺孔就能较好地对准。在未穿铜导线的螺孔中拧上螺栓，抽出细铜导线，旋上另两个螺栓。

5) 安装风扇叶、风罩

安装风扇叶要轻轻敲打到位，风扇的定位螺钉要拧到位，且不松动。

6) 带轮或联轴器的安装

① 将抛光布卷在圆木上，把带轮或联轴器的轴孔打磨光滑。

② 用抛光布把转轴的表面打磨光滑。

③ 对准键槽把带轮或联轴器套在转轴上。

④ 调整好带轮或联轴器与键槽的位置后，将木板垫在键的一端，轻轻敲打，使键慢慢进入槽内。

7）装配后的检验

检查电动机的转子转动是否轻便、灵活、均匀，无停滞或偏重现象，如转子转动比较沉重，可用紫铜棒轻敲端盖，同时调整端盖紧固螺栓的松紧程度，使之转动灵活。

8）定子绕组的连接

定子三相绕组的结构完全对称，一般有6个出线端头。U_1、U_2、V_1、V_2、W_1、W_2 置于机座外部的接线盒内，根据需要接成星形（Y）或三角形（△）连接，电动机出厂时已在铭牌上标注了连接方式，如图6-21所示。也可将6个出线端头接入到控制线路中，实现Y形与△形的启动转换连接。

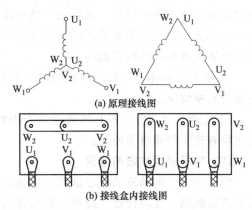

(a) 原理接线图

(b) 接线盒内接线图

图6-21 三相笼型异步电动机出线端接线

(4) 电动机拆装注意事项

① 拆卸带轮或轴承时，要正确使用拉具。

② 电动机解体前，要打好记号，以便组装。

③ 不能用手锤直接敲打电动机的任何部位，只能用紫铜棒在垫好木块后再敲击。

④ 抽出转子或安装转子时动作要小心，一边送一边接，不可擦伤定子绕组。

⑤ 清洗轴承时，一定要将陈旧的润滑脂排出洗净，再适量加入牌号合适的新润滑脂。

⑥ 电动机装配后，要检查转子转动是否灵活，有无卡阻现象。

6.3 三相异步电动机常见故障分析与排除

(1) 三相异步电动机常见故障分析与检查

三相异步电动机的故障是多种多样的，产生的原因也较复杂，检查电动机时，一般按先外后里、先机（械）后电（气）、先听后检的顺序。也就是，先检查电动机的外部是否有故障，后检查电动机内部；先检查机械方面，再检查电气方面；先听使用者介绍使用情况和故障发生时的情况，再动手检查。这样才能正确、迅速地找出故障原因。在对电动机外观、绝缘电阻、电动机外部接线等项目进行详细检查时，如未发现异常情况，可对电动机做进一步的通电试验：将三相低电压（$30\%U_N$）通入电动机三相绕组并逐步升高，当发现声音不正常、有异味或转不动时，立即断电检查。如启动未发现问题，可测量三相电流是否平衡，电流大的一相可能是绕组短路；电流小的一相可能是多路并联绕组中的支路断路。若三相电流平衡，可使电动机继续运行1～2h，随时用手检查铁芯部位及轴承端盖，发现烫手，立即停车检查。如线圈过热，则是绕组短路；如铁芯过热，则是绕组匝数不够，或铁芯硅钢片间的绝缘损坏。以上检查均在电动机空载下进行。

通过上述检查，确认电动机内部有问题，可拆开电动机做进一步检查。

① 检查绕组部分 查看绕组端部有无积尘和油垢，检查绕组绝缘、接线及引出线有无损伤或烧伤。一般而言，烧伤处的颜色呈暗黑色或烧焦状，有的有焦臭味。如果一个线圈中的几匝线圈烧坏，可能是匝间短路造成的；如果几个线圈烧坏，多半是相间或连接线（过桥

线）的绝缘损坏所引起的；若三相全部烧坏，大都是由长期过载，或启动时卡住引起的，也可能是绕组接线错误引起的，可查看导线是否烧断和绕组的焊接处有无脱焊、虚焊现象。线圈烧坏必须进行重修。

② 检查铁芯部分　查看转子、定子表面有无擦伤的痕迹。若转子表面只有一处擦伤，而定子表面全是擦伤，则主要是由转子弯曲或转子不平衡造成的；若转子表面一周全都有擦伤的痕迹，定子表面只有一处伤痕，则是由定子、转子不同心造成的，造成不同心的原因是机座或端盖止口变形或轴承严重磨损使转子下落；若定子、转子表面均有局部擦伤痕迹，则是由上述两种原因共同引起的。

③ 检查轴承部分　查看轴承的内、外套与轴颈和轴承室配合是否合适，同时也要检查轴承的磨损情况。

④ 检查其他部分　查看风扇叶是否损坏或变形，转子端环有无裂痕或断裂，用导条通电法检查转子导条有无断裂。

(2) 定子绕组故障的排除

定子绕组是电动机的核心部位，也是最容易损坏而造成故障的部件。常见的定子绕组故障有绕组断路、绕组接地、绕组短路及绕组接错、嵌反等。

1）绕组接地的检查与修理

电动机定子绕组与铁芯或机壳间因绝缘损坏而相碰，称为接地故障。出现这种故障后，会使机壳带电，引起触电事故并易烧坏绕组。造成这种故障的原因有受潮、雷击、过热、机械损伤、腐蚀、绝缘老化、铁芯松动或有尖刺及绕组制造工艺不良等。

① 检查方法　用兆欧表检查，参照兆欧表检查电动机绕组的方法。

② 修理　如果接地点在槽口或槽底线圈出口处，可用绝缘材料垫入线圈的接地处，再检查故障是否已经排除，如已排除则可在该处涂上绝缘漆。如果发生在端部明显处，则可用绝缘带包扎后涂上绝缘漆，再进行烘干处理。如果发生在槽内，则需更换绕组或用穿绕修补法进行修复。

用穿绕修补法修复故障线圈的过程为：先将定子绕组在烘箱内加热到 $80\sim100℃$，使线圈外部绝缘软化，再打出故障线圈的槽楔，将该线圈两端用剪线钳剪断，并将此线圈的上、下层从槽内一根一根地抽出。原来的槽绝缘是否更换可视实际情况而定。用原来规格的导线，量得与原线圈相当的长度（或稍长些），在槽内来回穿绕到原来的匝数。一般而言，穿到最后几匝时很困难，此时可用比导线稍粗的竹签（如织毛线所用的竹针）作引线棒进行穿绕，一直到无法再穿绕为止，比原线圈稍少几匝也可以。穿绕修补后，再进行接线和烘干、浸漆等绝缘处理。穿绕修补法主要用于个别线圈损坏的修补且导线的规格不能太粗或太细。

2）绕组绝缘电阻很低的检修

如果用兆欧表测得的定子绕组对地绝缘电阻小于 $0.5M\Omega$，但又没有到零（此时若用万用表欧姆挡 $R\times100$ 或 $R\times1k$ 测量有一定的读数），则说明电动机定子绕组已严重受潮或被油污、灰尘等侵入。此时可以先将绕组表面擦抹及吹刷干净，然后放在烘箱内慢慢烘干，当烘到绝缘电阻上升到达 $0.5M\Omega$ 以上后，再给绕组浇一次绝缘漆，并重新烘干，以防回潮。

3）绕组断路的检查与修理

电动机定子绕组内部连接线、引出线等断开或接头松脱所造成的故障称为绕组断路故障，这类故障大多发生在绕组端部的槽口处，检查时可先查看各绕组的连接线处和引出头处有无烧损、焊点松脱和熔化等现象。

① 检查方法

a. 用万用表检查。将万用表置于 R×1 或 R×10 挡上，分别测量三相绕组的直流电阻值。对于单线绕制的定子绕组而言，如电阻值为无穷大或接近无穷大，说明该相绕组断路。如无法判定断路点，可将该相绕组中间一半的连接点处的绝缘剖开，进行分段测试，如此逐步缩小故障范围，最后找出故障点。

b. 用电桥检查。如电动机功率稍大，其定子绕组由多路并绕而成，当其中一路发生断路故障时，用万用表则难以判断，此时需用电桥分别测量各相绕组的直流电阻。多路并绕断路相绕组的直流电阻明显大于其他相，再参照上面的办法逐步缩小故障范围，最后找出故障点。

c. 伏安法。对多路并绕的电动机，如果手头没有电桥的话，则可用此法。分别给每相绕组加上一个数值很小的直流电压 U，再测量流过该绕组中的电流，则该绕组的直流电阻 $R=U/I$。对故障相而言，其电阻 R 较正常相为大，因此，在相同电压 U 的作用下，直流电流较小。所以，从电流表的读数中即可判断出读数小的一相为故障相。

② 修理 对于引出线或接线头扭断、脱焊等引起的断路故障，在找到故障点后只需重焊和包扎即可；如果断路发生在槽口处或槽内难以焊接时，则可用穿绕修补法更换个别线圈；如故障严重难以修补，则需重新绕线。

4) 绕组短路的检查与修理

① 绕组短路的原因 一般是由于电源电压过高、电动机拖动的负载过重、电动机使用过久或受潮、受污等造成定子绕组绝缘老化与损坏，从而产生绕组短路故障。定子绕组的短路故障按发生的故障点划分可分为绕组对地短路、绕组匝间短路和绕组相与相之间短路（称为相间短路）3 种，其中对地短路故障的检修前面已作介绍。这里只介绍匝间短路及相间短路的检修。

② 绕组短路的检查

a. 直观检查。使电动机空载运行一段时间（一般为 10～30min），然后拆开电动机端盖，抽出转子，用手触摸定子绕组。如果有一个或几个线圈过热，则这部分线圈可能有匝间或相间短路故障。对生产中已出故障的电动机可用眼观察线圈外部绝缘有无变色或烧焦，或用鼻闻有无焦臭气味，如果有，则该线圈可能短路。

b. 用兆欧表（或万用表欧姆挡）检查相间短路。拆开定子绕组接线盒中的连接片，分别测量任意两相绕组之间的绝缘电阻，若绝缘电阻值为零或很小，说明该两相绕组相间短路。

c. 用钳形电流表测三相绕组的空载电流检查匝间短路。空载电流明显偏大的一相有匝间短路故障。

d. 用电桥检查匝间短路。分别测量各个绕组的直流电阻，阻值较小的一相可能有匝间短路。

③ 绕组短路的修理 绕组匝间短路故障，一般事先不易发现，往往均是在绕组烧损后才知道，遇到这类故障往往需视故障情况，全部或部分更换绕组。

绕组相间短路故障如发现得早，未造成定子绕组烧损事故时，可以找出故障点，用竹楔插入两线圈的故障处（如插入有困难可先将线圈加热），把短路部分分开，再垫上绝缘材料，并加绝缘漆使绝缘恢复。如已造成绕组烧损，则应更换部分或全部绕组。

5) 绕组接线错误或嵌反的检查与处理

绕组接线错误或某一线圈嵌反时会引起电动机振动，发出较大的噪声，电动机转速降低甚至不转。同时会造成电动机三相电流严重不平衡，使电动机过热，而导致熔丝熔断或绕组烧损。

绕组接线错误或嵌反故障通常分两种情况：一种是外部接线错误；另一种是某一极相组接错或某几个线圈嵌反。发生这种情况的往往是初学者，最简单而又最直接的方法是认真检查外部接线、极相组及线圈连接线的接线，找出是接线错误还是线圈嵌反，如是线圈嵌反，可剪断连接线重新按极相组接线。

（3）转子绕组故障的排除

笼型转子故障的检查与排除：笼型转子常见故障是断条，断条后的电动机一般能空载运行，但当加上负载后，电动机转速将降低，甚至停转。若用钳形电流表测量三相定子绕组电流，电流表指针会往返摆动。

断条检查最简单的方法是导条通电法。在转子导条端环两端加上一个几伏的低压交流电，再在转子表面撒上铁粉或用断锯条沿转子各导条依次测试。当某一导条处不吸铁粉或锯条时，则说明该处导条已断裂。

转子导条断裂故障一般较难修理，通常是更换转子。

（4）三相笼型异步电动机的常见故障

三相笼型异步电动机的常见故障及检修方法见表6-2。

表6-2　三相笼型异步电动机的常见故障及检修方法

故障现象	可能原因	检修方法
电源接通后，电动机不能启动或有异常声音	①定、转子绕组有断路（一相断线）或电源一相失电 ②绕组引出线始末端接错或绕组内部接反 ③电源回路接点松动，接触电阻大 ④电动机负载过大或转子卡住 ⑤电源电压过低 ⑥小型电动机装配太紧或轴承内油脂过硬 ⑦轴承卡住	①查明断点予以修复 ②检查绕组极性，判断绕组末端是否正确 ③紧固松动的接线螺钉，用万用表判断各接头是否假接，予以修复 ④减载或查出并消除机械故障 ⑤检查是否把规定的△接法误接为Y；是否由于电源导线过细使压降过大，予以纠正 ⑥重新装配使之灵活，更换合格油脂 ⑦修复轴承
轴承过热	①滑脂过多或过少 ②油质不好含有杂质 ③轴承与轴颈或端盖配合不当（过松或过紧） ④轴承内孔偏心，与轴相擦 ⑤电动机端盖或轴承盖未装平 ⑥电动机与负载间联轴器未校正，或皮带过紧 ⑦轴承间隙过大或过小 ⑧电动机轴弯曲	①按规定加润滑脂（容积的1/3～2/3） ②更换清洁的润滑滑脂 ③过松可用黏结剂修复，过紧应车，磨轴颈或端盖内孔，使之适合 ④修理轴承盖，消除擦点 ⑤重新装配 ⑥重新校正，调整皮带张力 ⑦更换新轴承 ⑧校正电动机轴或更换转子
电动机过热甚至冒烟	①电源电压过高，使铁芯发热大大增加 ②电源电压过低，电动机又带额定负载运行，电流过大使绕组发热 ③修理拆除绕组时，采用热拆法不当，烧伤铁芯 ④定转子铁芯相擦 ⑤电动机过载或频繁启动 ⑥笼型转子断条 ⑦电动机缺相，两相运行 ⑧重绕后定子绕组浸漆不充分 ⑨环境温度高电动机表面污垢多，或通风道堵塞 ⑩电动机风扇故障，通风不良；定子绕组故障（相间、匝间短路；定子绕组内部连接错误）	①降低电源电压（如调整供电变压器分接头），若是电动机Y、△接法错误引起，则应改正接法 ②提高电源电压或换粗供电导线 ③检修铁芯，排除故障 ④消除擦点（调整气隙或锉、车转子） ⑤减载；按规定次数控制启动 ⑥检查并消除转子绕组故障 ⑦恢复三相运行 ⑧采用二次浸漆及真空浸漆工艺 ⑨清洗电动机，改善环境温度，采用降温措施 ⑩检查并修复风扇，必要时更换；检修定子绕组，消除故障

技能训练 三相异步电动机的检测

一、训练器材与工具

万用表、兆欧表、活动扳手、木锤、外圆卡圈钳、内圆卡圈钳、轴承拉具、钳形表、转速表、钢丝钳、电工刀、螺丝刀、电烙铁、绝缘套管、电动机等。

二、训练内容与步骤

检查和试验的内容主要有外表及机械部分的检查；定子绕组直流电阻的测量；定子绕组相间及对地绝缘电阻的测量；空载电流的测量；电动机的最大启动电流及空载转速。

（1）机械部分的检查

将电动机的外壳清扫干净，看电动机的端盖、轴承盖、风扇等安装是否合乎要求，紧固部分是否牢固可靠，转动部分应轻便灵活，转动时应没有摩擦声和异常声响。

（2）直流电阻的测量

将三相定子绕组出线端的连接点拆开，用万用表欧姆挡测量定子三相绕组的通、断情况，以判断三相定子绕组有无断路现象。如三相绕组正常，则测出的电阻值应基本一致，有条件时可以按万用表测得的电阻为参考，用单臂电桥精确测量三相定子绕组的直流电阻值，记录于表 6-3 中。

表 6-3　三相异步电动机定子绕组的直流电阻　　　　　　　　　　　　　Ω

三相绕组电阻	U 相	V 相	W 相

（3）用兆欧表测量定子绕组的对地绝缘电阻和相间绝缘电阻值

将三相定子绕组出线端的连接点拆开，测出相间绝缘电阻和各相绕组对地绝缘电阻。

将测量值分别记录于表 6-4 中。如果测出的绝缘电阻在 0.5MΩ 及以上，说明该电动机绝缘尚好，可继续使用；如果在 0.5MΩ 以下，说明该电动机绕组已受潮，或绕组绝缘很差，需进行烘干处理，或需重新进行浸漆处理；如果测得相间绝缘电阻为零，说明相间绝缘被击穿，有短路现象，须找到故障点进行恢复处理，如果测得对地绝缘电阻为零，并伴有放电声或微弱的放电现象，则表明绕组已接地；如有时指针摇摆不定，说明绝缘已被击穿。

表 6-4　三相异步电动机定子绕组的绝缘电阻　　　　　　　　　　　　MΩ

相间绝缘电阻			对地绝缘电阻		
UV 相	UW 相	VW 相	U 相对地	V 相对地	W 相对地

（4）空载电流的测量

在经过上述几项检测合格后，则可确定电动机三相绕组基本正常，此时可按照铭牌的标注恢复三相绕组出线端的接线（Y 连接或△连接），检查、恢复电动机外壳上安装的接地线，准备通电试验测试电动机的空载电流。通电时操作人员应站在电源控制开关旁，发现异常，则立即切断电源。通电一段时间观察电动机的运转情况，如转速是否正常、是否有不正常的声音或振动较大、是否有异味等。如果电动机运转正常，则可用钳形电流表分别测量三相的空载电流，并记录于表 6-5 中。各相空载电流值的偏差一般不应大于 10%。

表 6-5　三相异步电动机定子绕组的空载电流　　　　　　　　　　　　A

U 相	V 相	W 相	三相平均值

（5）启动电流的测量

将钳形电流表量程置于较大的挡位（为电动机额定电流的 7～10 倍），电动机静止时用钳口卡住一根电源线，通电使电动机启动，观察电动机启动瞬间的启动电流。多测量几次取平均值。

三相异步电动机启动电流 $I_{st} \approx$ ____ A。

（6）空载转速的测量

在使用转速表进行转速测量时应注意：手要将转速表拿平，与电动机转轴接触时不能用力过猛，否则有可能损坏转速表。在测量前还应根据电动机铭牌上标出的转速，将转速表刻度盘转到相应的测量范围内。待电动机转动正常后，用转速表测量电动机的空载转速。

三相异步电动机空载转速 $n_0 =$ ____ r/min。

（7）检测电动机的温升

让电动机空转运行半个小时后，检测机壳和轴承处的温度，用手背去感知，空转时一般只有温热感，不会烫手，否则有问题，应停下来进行检查处理。

知识拓展

一、填空题

1. 三相异步电动机的转子根据绕组构造不同，分为_____和_____两种。

2. 已知三相交流电源的线电压为 380V，若三相电动机每相绕组的额定电压是 380V，则应接成_____形；若三相电动机每相绕组的额定电压是 220V，则应接成_____形。

3. 对额定电压为 380V，功率 3kW 及以上的电动机做耐压试验时，试验电压应取_____V。

4. 异步电动机在运行中发生一相断线，此时电动机的_____。

5. 三相笼型异步电动机主要由_____、_____、_____和_____组成。

6. 定子绕组的短路故障按发生的故障点划分可分为_____、_____和_____ 3 种。

7. 单相异步电动机按启动和运行方式可分为_____、_____、_____、_____和_____。

二、判断题

1. 三相负载有两种接线方法。　　　　　　　　　　　　　　　　　　　　（　　）

2. 三相负载星形连接时，可以不接中性线。　　　　　　　　　　　　　（　　）

3. 电动机每相绕组的额定电压为 220V，在接入线电压为 380V 的三相电路中时，必须作三角形连接。　　　　　　　　　　　　　　　　　　　　　　　　　　（　　）

4. 用灯泡检查法检查三相异步电动机定子绕组引出线首尾端，若灯亮则说明两相绕组为正串联。　　　　　　　　　　　　　　　　　　　　　　　　　　　　（　　）

5. 交流电动机的额定电流指电动机在额定工作状况下运行时，电源输入电动机绕组的线电流。　　　　　　　　　　　　　　　　　　　　　　　　　　　　　（　　）

6. 在测量绝缘电阻前，必须将被测设备对地放电，测量中禁止他人接近设备。（　　）

7. 检查电动机时，一般按先外后里、先机后电、先听后检的顺序。　　　（　　）

第7章

低压电器的识别与选用

7.1 低压配电电器的识别与选用

低压配电电器主要用于低压配电系统和动力回路，它具有工作可靠，热稳定性好和电动力稳定性好，能承受一定电动力作用等优点。常用配电电器包括闸刀开关、熔断器、低压断路器等。

7.1.1 闸刀开关

闸刀开关又称为开启式负荷开关、瓷底胶盖闸刀开关，简称刀开关，其结构简单、价格低廉、应用维修方便。常用作照明电路的电源开关，也可用于 5.5kW 以下电动机作不频繁启动和停止控制。因其无专门的灭弧装置，故不宜频繁分、合电路。

（1）闸刀开关的结构

闸刀开关由瓷质手柄、动触点、出线座、瓷底座、静触点、熔丝、进线座和胶盖等部分组成，带有短路保护功能。闸刀开关的外形与结构如图 7-1 所示。

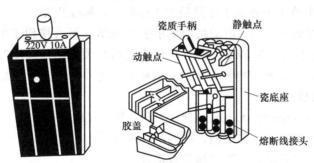

图 7-1　闸刀开关的外形与结构

（2）闸刀开关的表示方式

① 型号　闸刀开关的型号组成及其含义如下。

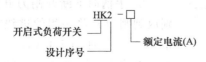

② 电气符号　闸刀开关的图形及文字符号，如图 7-2 所示。

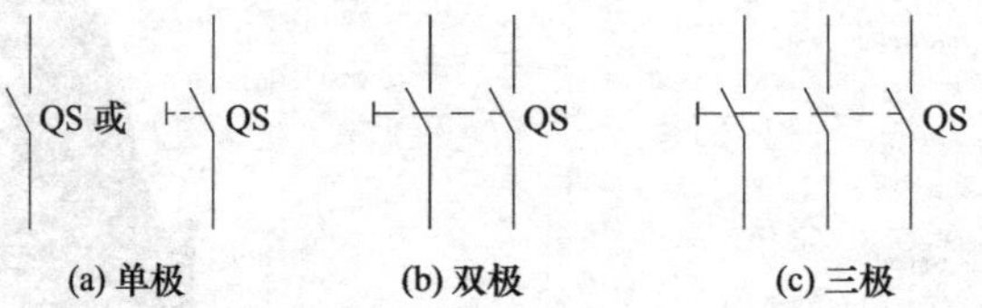

图 7-2 闸刀开关图形及文字符号

(a) 单极 (b) 双极 (c) 三极

（3）闸刀开关的主要技术参数

闸刀开关的技术参数有额定电压、额定电流、通断能力、动稳定电流、热稳定电流等。表 7-1 列出了 HK 系列闸刀开关的主要技术参数。

表 7-1 HK 系列闸刀开关的主要技术参数

型号	极数	额定电流 /A	额定电压 /V	可控制电动机功率 /kW	最大分断电流 /A	熔丝线径 ϕ /mm
HK1-15		15		1.1	500	1.45～1.59
HK1-30	2	30	220	1.5	1000	2.3～2.52
HK1-60		60		3.0	1500	3.36～4
HK1-15		15		2.2	500	1.45～1.59
HK1-30	3	30	380	4.0	1000	2.3～2.52
HK1-60		60		5.5	1500	3.36～4
HK2-10		10		1.1	500	0.25
HK2-15	2	15	220	1.5	500	0.41
HK2-30		30		3.0	1000	0.56
HK2-60		60		4.5	1500	0.65
HK2-15		15		2.2	500	0.45
HK2-30	3	30	380	4.0	1000	0.71
HK2-60		60		5.5	1500	1.12

（4）闸刀开关的选用

① 实际应用中，用于普通照明电路，作为隔离或负载开关时，一般选择额定电压大于或等于 220V，额定电流大于或等于电路最大工作电流的两极开关。

② 用于电动机控制时，如果电动机功率小于 5.5kW，可直接用于电动机的启动、停止控制；如果电动机功率大于 5.5kW，则只能作为隔离开关使用。选用时，应选择开关的额定电压大于或等于 380V，额定电流大于电动机额定电流 3 倍的三极开关。

（5）闸刀开关的检测

① 目测检测：检查外壳有无破损；动触刀和静触座接触是否歪扭。

② 手动检测：扳动闸刀开关手柄，看转动是否灵活。

③ 万用表检测：用万用表检测各相是否正常。

a. 万用表调零。将万用表转换开关拨到 Ω 挡的 R× 10 挡，将红、黑表笔短接，通过刻度盘右下方的调零旋钮将指针调整到 Ω 挡的零刻度，如图 7-3 所示。

b. 手柄向下断开闸刀开关，将万用表红、黑表笔分别放到闸刀开关一相的进线端和出线端时，万用表指针指向"∞"，如图 7-4（a）所示；表笔不动，向上合上手柄，万用表指针由"∞"指向"0"，如图 7-4（b）所示，则此相正常。

图 7-3 万用表调零

(a) 手柄断开时闸刀开关性能检测　　　(b) 手柄合上时闸刀开关性能检测

图 7-4　刀开关性能检测

c. 用同样的方法检测刀开关的其他相的性能。

(6) 闸刀开关的故障处理

闸刀开关在使用过程中会出现各种各样的问题，闸刀开关的常见故障及检修方法，如表 7-2 所示。

表 7-2　闸刀开关的常见故障及检修方法

故障现象	产生原因	检修方法
合闸后一相或两相没电	①插座弹性消失或开口过大 ②熔丝熔断或接触不良 ③插座、触刀氧化或有污垢 ④电源进线或出线头氧化	①更换插座 ②更换熔丝 ③清洁插座或触刀 ④检查进出线头
触刀和插座过热或烧坏	①开关容量太小 ②分、合闸时动作太慢造成电弧过大,烧坏触点 ③夹座表面烧毛 ④触刀与插座压力不足 ⑤负载过大	①更换较大容量的开关 ②改进操作方法 ③用细锉刀修整 ④调整插座压力 ⑤减轻负载或调换较大容量的开关
封闭式负荷开关的操作手柄带电	①外壳接地线接触不良 ②电源线绝缘损坏碰壳	①检查接地线 ②更换导线

(7) 闸刀开关的注意事项

在安装、维修和使用闸刀开关时要注意以下几个问题：

① 闸刀开关安装时，与地面垂直，手柄向上，不得倒装或平装。倒装时手柄可能因自重落下而引起误合闸，危及人身和设备安全。

② 接线时电源线接在上端，负载接在下端。

③ 在接通和断开操作时，应动作迅速，使电弧尽快熄灭。

④ 在安装开启式负荷开关时，应注意将电源进线装在静触座上，将用电负荷接在闸刀开关的下出线端上。这样当开关断开时，闸刀和熔丝均不带电，保证更换熔丝安全。

7.1.2　组合开关

组合开关常用作电源引入开关，也可用作小容量电动机不经常启动停止的控制。但它的通断能力较低，一般不可用来分断故障电流。

(1) 组合开关的结构

组合开关又称为转换开关，是由多组相同结构的触点组件叠装而成的多回路控制电器。组合开关靠旋转手柄来实现线路的转换。

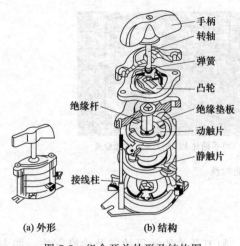

手柄
转轴
弹簧
凸轮
绝缘杆
绝缘垫板
动触片
静触片
接线柱

(a) 外形　　　(b) 结构

图 7-5　组合开关外形及结构图

组合开关由动触点、静触点、方形转轴、手柄、定位机构及外壳组成，外形及结构如图 7-5 所示。动触片分别叠装在数层绝缘座内，转动手柄，每层的动触片随着方形手柄转动，并使静触片插入对应的动触片内，接通电路。

（2）组合开关的功能

① 在电气控制线路中，常被作为电源引入的开关。

② 用来直接启动或停止 5.5kW 以下小功率电动机或使电动机正反转。

③ 控制局部照明电路。

（3）组合开关的表示方式

① 型号　常用的组合开关有 H25，HZ10 和 H215 系列。

H25 系列适用于交流 50Hz（或 60Hz）、电压 380V 及以下、电流至 60A 的电气控制线路中，作为电源引入开关或异步电动机控制开关使用。HZ10 系列用于不频繁地接通或分断电气控制线路。H215 系列是在 HZ10 系列基础上的改型产品。

以 HZ10 系列组合开关为例，说明组合开关型号的组成及其含义。

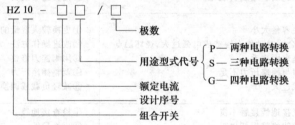

HZ 10 - □□ / □

极数

P— 两种电路转换
用途型式代号　S— 三种电路转换
G— 四种电路转换

额定电流
设计序号
组合开关

② 电气符号　组合开关的图形及文字符号，如图 7-6 所示。

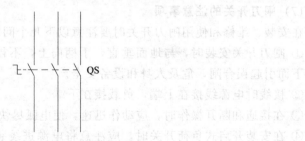

QS

图 7-6　组合开关的图形及文字符号

（4）组合开关的技术参数

组合开关的主要技术参数有额定电压、额定电流和通断能力、机械寿命、电寿命。组合开关的主要技术数据如表 7-3 所示。

（5）组合开关的选用

选用组合开关时，应根据电源类型、用电设备的耐压等级、负载容量、所需触点数、接线方式等综合考虑。

① 用于控制照明或电气设备时，其额定电流应大于等于被控制线路中各负荷电流之和。

表 7-3　HZ10 系列组合开关的主要技术数据

型号	额定电压 /V	额定电流 /A	极数	极限操作电流/A		可控制电动机最大容量和额定电流		在额定电压、电流下的通断次数	
				接通	分断	最大容量 /kW	额定电流/A	交流/A	
								≥0.8	≥0.3
HZ10-10	交流 380	6	单极	94	62	3	7	20000	10000
HZ10-25		10	2,3	155	108			10000	5000
		25							
HZ10-60		60				5.5	12		
HZ10-100		100							

② 用于控制电动机时，额定电流一般取电动机额定电流的 1.5～2.5 倍。

③ 如果组合开关控制的用电设备功率因数较低，应按容量等级降低使用，以利于延长其使用寿命。

(6) 组合开关的检测

① 目测外观　外观检查开关外壳有无破损，触点是否歪扭。

② 手动检测　转动组合开关手柄，看动作是否灵活。

③ 万用表检测　用万用表检测组合开关的触点工作是否正常。

a. 万用表调零。将万用表拨到 Ω 挡的 R×10 挡，将红、黑表笔短接，通过刻度盘右下方的调零旋钮将指针调整到欧姆挡的零刻度。

b. 触点检测。将万用表红、黑表笔分别放到组合开关同一层的两个触点上，当组合开关置于图 7-7（a）所示挡位时，万用表指针指向"∞"，说明此时这对触点是断开的；转换挡位（手柄旋转 90°），当组合开关置于图 7-7（b）所示挡位时，万用表指针指向"0"，说明此时这对触点是接通的。

c. 用相同的办法检测其他几对触点，如检测现象与描述相符，说明触点良好，否则，说明触点或组合开关损坏。

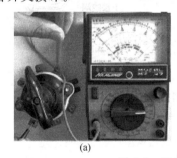 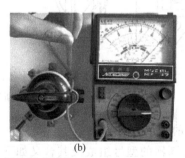

(a)　　　　　　　　　　　(b)

图 7-7　组合开关触点检测

(7) 组合开关的故障处理

组合开关在使用过程中会出现各种各样的问题，组合开关的常见故障及检修方法，如表 7-4 所示。

表 7-4　组合开关的常见故障及检修方法

故 障 现 象	可 能 的 原 因	检 修 方 法
手柄转动后，内部触点未动	①手柄上的轴孔磨损变形 ②绝缘杆变形（由方形磨为圆形） ③手柄与轴，或轴与绝缘杆配合松动 ④操作机构损坏	①调换手柄 ②更换绝缘杆 ③坚固松动部件 ④修理更换

续表

故障现象	可能的原因	检修方法
手柄转动后,动、静触点不能按要求动作	①组合开关型号选用不正确 ②触点角度装配不正确 ③触点失去弹性或接触不良	①更换开关 ②重新装配 ③更换触点或清除氧化层或尘污
接线柱间短路	因铁屑或油污附着在接线间,形成导电层,将胶木烧焦,绝缘损坏而形成短路	更换开关

7.1.3 熔断器

熔断器是低压电路及电动机控制线路中一种最简单的过载和短路保护电器。熔断器内装有一个低熔点的熔体,它串联在电路中,正常工作时,相当于导体,保证电路接通。当电路发生过载或短路时,熔体熔断,电路随之自动断开,从而保护了线路和设备。熔断器作为一种保护电器,它具有结构简单、价格低、使用维护方便、体积小、重量轻等优点,所以得到了广泛应用。

(1) 熔断器的结构

熔断器一般由熔体和安装熔体的熔管或熔座两部分组成。常用的低压熔断器有瓷插式、螺旋式、无填料封闭管式、有填料封闭管式等几种。常用熔断器的外形与结构如图7-8所示。

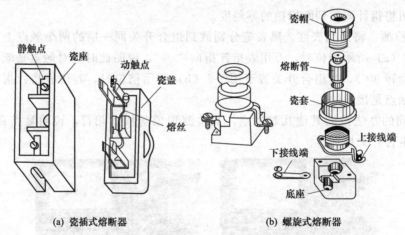

图 7-8 常见熔断器的外形与结构

(2) 熔断器的表示方式

① 型号 熔断器的型号组成及其含义如下。

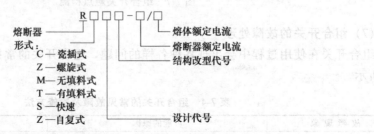

② 电气符号 熔断器的图形及文字符号,如图7-9所示。

(3) 熔断器的技术参数

熔断器的主要技术参数有额定电压、额定电流和极限分断能力。熔断器的主要技术参数

FU

图7-9　熔断器的图形及文字符号

如表7-5所示。

表7-5　熔断器的主要技术参数

型号	额定电压/V	额定电流/A		极限分断能力/kA
		熔断器	熔体	
RL6-25	约500	25	2,4,6,10,20,25	50
RL6-63		63	35,50,63	
RL6-100		100	80,100	
RL6-200		200	125,160,200	
RLS2-30	约500	30	16,20,25,30	50
RLS2-63		63	32,40,50,63	80
RLS2-100		100	63,80,100	
RT12-20	约415	20	2,4,6,10,15,20	80
RT12-32		32	20,25,32	
RT12-63		63	32,40,50,63	
RT12-100		100	63,80,100	
RT14-20	约380	20	2,4,6,10,16,20	100
RT14-32		32	2,4,6,10,16,20,25,32	
RT14-63		63	10,16,20,25,32,40,50,63	

(4) 熔断器的选用

熔断器的选择主要包括熔断器类型、额定电压、额定电流和熔体额定电流等的确定。熔断器的类型主要由电控系统整体设计确定，熔断器的额定电压应大于或等于实际电路的工作电压；熔断器额定电流应大于或等于所装熔体的额定电流。熔断器的类型根据线路要求和安装条件而定。

(5) 熔断器的检测

① 外观检测　熔断器应完整无损，并应有额定电压、电流值的标志。

② 万用表检测　对没有装熔体的熔体座，打开与合上时，万用表指针都指向"∞"，如图7-10所示。

图7-10　无熔体检测

对于有熔体的熔体座，打开时，万用表指针指向"∞"，当合上熔体座时，万用表指针由"∞"指向"0"，如图7-11所示。

图 7-11 有熔体检测

如果在检测安上熔体的熔体器时，合上熔体器万用表指针没有指向 "0"，则可能是熔体损坏。

③ 熔体的检测　将万用表的转换开关拨到 Ω 挡的 R×10 挡上，红、黑表笔对接调零。将万用表的红、黑两支表笔分别放在熔体的两端，如图 7-12 所示。若万用表读数近似为 "0"，则说明熔体正常；若万用表读数为 "∞"，则说明熔体损坏。

(a) 熔体正常　　　　　　　　　　　　(b) 熔体损坏

图 7-12　熔体的检测

(6) 熔断器的故障处理

熔断器在使用过程中会出现各种各样的问题，熔断器的常见故障及其检修方法，如表 7-6 所示。

表 7-6　熔断器的常见故障及其检修方法

故障现象	产生原因	检修方法
电动机启动瞬间熔体即熔断	①熔体规格选择得太小 ②负载侧短路或接地 ③熔体安装时损伤	①调换适当的熔体 ②检查短路或接地故障 ③调换熔体
熔丝未熔断但电路不通	①熔体两端或接线端接触不良 ②熔断器的螺母未旋紧	①清扫并旋紧接线端 ②旋紧螺母

(7) 熔断器的注意事项

① 熔断器的插座与插片的接触要保持良好。若发现插口处过热或触点变色，则说明插口处接触不良，应及时修复。

② 熔体烧断后，应首先查明原因，排除故障。一般在过载电流下熔断时，响声不大，熔体仅在一两处熔断，管子内壁没有烧焦的现象，也没有大量的熔体蒸发物附在管壁上；若在分段极限电流时熔断，情况与上述的相反。

③ 更换熔体或熔管时必须断电，尤其不允许在负载未断开时带电更换，以免发生电弧烧伤。

④ 安装熔体时不要把它碰伤，也不要将螺钉拧得太紧，使熔体轧伤。若连接处螺钉损坏而拧不紧，则应更换新螺钉。

⑤ 安装熔丝时，熔丝应顺时针方向弯一圈，不要多弯。

7.1.4 低压断路器

低压断路器又称自动空气开关，在电气线路中起接通、分断和承载额定工作电流的作用，并能在线路和电动机发生过载、短路、欠电压的情况下进行可靠的保护。它的功能相当于刀开关、过电流继电器、欠电压继电器、热继电器及漏电保护器等电器部分或全部的功能总和，是低压配电网中一种重要的保护电器。

(1) 低压断路器的结构

常用的低压断路器有 DZ 系列、DW 系列和 DWX 系列。图 7-13 所示为常用低压断路器的外形。低压断路器的结构示意如图 7-14 所示，低压断路器主要由触点、灭弧系统、各种脱扣器和操作机构等组成。脱扣器又分电磁脱扣器、热脱扣器、复式脱扣器、欠压脱扣器和分励脱扣器 5 种。

DZ47系列三相断路器   DZ108系列塑壳式断路器   DZ20系列断路器   DW45系列万能式断路器

图 7-13　常用低压断路器的外形

图 7-14 所示断路器处于闭合状态，3 个主触点通过传动杆与锁扣保持闭合，锁扣可绕轴 5 转动。断路器的自动分断是由电磁脱扣器 6、欠压脱扣器 11 和双金属片 12 使锁扣 4 被杠杆 7 顶开而完成的。正常工作中，各脱扣器均不动作，而当电路发生短路、欠压或过载故障时，分别通过各自的脱扣器使锁扣被杠杆顶开，实现保护作用。

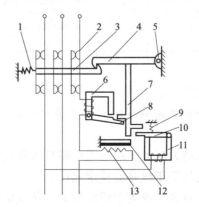

图 7-14　低压断路器的结构示意图

1,9—弹簧；2—主触点；3—传动杆；4—锁扣；5—轴；6—电磁脱扣器；7—杠杆；8,10—衔铁；

11—欠压脱扣器；12—双金属片；13—发热元件

（2）低压断路器的表示方式

① 型号 低压断路器的型号组成及其含义如下。

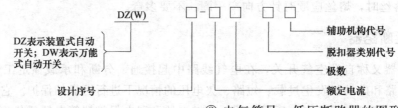

② 电气符号 低压断路器的图形及文字符号，如图7-15所示。

不同断路器的保护是不同的，使用时应根据需要选用。在图形符号中也可以标注其保护方式，如图7-15（b）所示，断路器图形符号中标注了失压、过电流、过载3种保护方式。

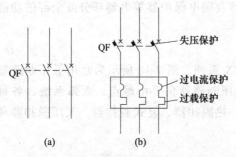

图7-15 低压断路器的图形及文字符号

（3）低压断路器的技术参数

低压断路器的主要技术参数有额定电压、额定电流、通断能力和分断时间等。

通断能力是指断路器在规定的电压、频率以及规定的线路参数（交流电路为功率因数，直流电路为时间常数）下，能够分断的最大短路电流值。

分断时间是指断路器切断故障电流所需的时间。

DZ20系列低压断路器的主要技术参数如表7-7所示。

表 7-7 DZ20 系列低压断路器的主要技术参数

型号	额定电流/A	机械寿命/次	电气寿命/次	过电流脱扣器范围/A	短路通断能力			
					交流		直流	
					电压/V	电流/kA	电压/V	电流/kA
DZ20Y-100	100	8000	4000	16、20、32、40、50、63、80、100	380	18	220	10
DZ20Y-200	200	8000	2000	100、125、160、180、200	380	25	220	25
DZ20Y-400	400	5000	1000	200、225、315、350、400	380	30	380	25
DZ20Y-630	630	5000	1000	500、630	380	30	380	25
DZ20Y-800	800	3000	500	500、600、700、800	380	42	380	25
DZ20Y-1250	1250	3000	500	800、1000、1250	380	50	380	30

（4）低压断路器的选用

低压断路器的选用应注意以下几点：

① 低压断路器的额定电流和额定电压应大于或等于线路、设备的正常工作电压和工作电流。

② 低压断路器的极限通断能力应大于或等于电路最大短路电流。

③ 欠电压脱扣器的额定电压等于线路的额定电压。

④ 过电流脱扣器的额定电流大于或等于线路的最大负载电流。

使用低压断路器来实现短路保护比熔断器优越，因为当三相电路短路时，很可能只有一相的熔断器熔断，造成断相运行。对于低压断路器来说，只要造成短路都会使开关跳闸，将三相同时切断。另外还有其他自动保护作用。但其结构复杂、操作频率低、价格较高，因此适用于要求较高的场合，如电源总配电盘。

（5）低压断路器的检测

① 目测外观 检查外壳有无破损。

② 手动检测 扳动低压断路器手柄，看动作是否灵活。

③ 万用表检测 用万用表检测低压断路器一相的进、出线端工作是否正常。

a. 万用表调零。将万用表拨到 Ω 挡的 R×10 挡，将红、黑表笔短接，通过刻度盘右下方的调零旋钮将指针调整到 Ω 挡的零刻度。

b. 将万用表红、黑表笔分别放到低压断路器一相的进线端和出线端时，万用表指针指向"∞"，如图 7-16（a）所示；向上合上手柄，万用表指针由"∞"指向"0"，如图 7-16（b）所示，则此相正常，否则损坏。

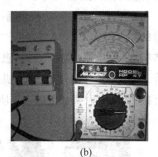

(a)   (b)

图 7-16 低压断路器的检测

c. 用同样的方法检测低压断路器的其他两相。

（6）低压断路器的故障处理

低压断路器在使用过程中会出现各种各样的问题，低压断路器常见故障及其检修方法，如表 7-8 所示。

表 7-8 低压断路器常见故障及其检修方法

故 障 现 象	产 生 原 因	检 修 方 法
手动操作断路器不能闭合	①电源电压太低 ②热脱扣的双金属片尚未冷却复原 ③欠电压脱扣器无电压或线圈损坏 ④储能弹簧变形,导致闭合力减小 ⑤反作用弹簧力过大	①检查线路并调高电源电压 ②待双金属片冷却后再合闸 ③检查线路,施加电压或调换线圈 ④调换储能弹簧 ⑤重新调整弹簧反力
电动操作断路器不能闭合	①电源电压不符 ②电源容量不够 ③电磁铁拉杆行程不够 ④电动机操作定位开关变位	①调换电源 ②增大操作电源容量 ③调整或调换拉杆 ④调整定位开关
电动机启动时断路器立即分断	①过电流脱扣器瞬时整定值太小 ②脱扣器某些零件损坏 ③脱扣器反力弹簧断裂或落下	①调整瞬间整定值 ②调换脱扣器或损坏的零部件 ③调换弹簧或重新装好弹簧
分励脱扣器不能使断路器分断	①线圈短路 ②电源电压太低	①调换线圈 ②检修线路调整电源电压
欠电压脱扣器噪声大	①反作用弹簧力太大 ②铁芯工作面有油污 ③短路环断裂	①调整反作用弹簧 ②清除铁芯油污 ③调换铁芯
欠电压脱扣器不能使断路器分断	①反力弹簧弹力变小 ②储能弹簧断裂或弹簧力变小 ③机构生锈卡死	①调整弹簧 ②调换或调整储能弹簧 ③清除锈污

7.2　低压控制电器的识别与选用

低压控制电器主要用于电力传输系统中，它具有工作准确可靠、操作效率高、寿命长、体积小等优点。常用控制电器包括接触器、继电器、启动器、主令电器、控制器、电磁铁等。

7.2.1　接触器

接触器是一种用来接通或切断交、直流主线路和控制线路，并且能够实现远距离控制的电器。大多数情况下其控制对象是电动机，也可用于其他电力负载。接触器不仅能自动地接通和断开电路，还具有控制容量大、欠电压释放保护、零压保护、频繁操作、工作可靠、寿命长等优点。因此，在电力拖动和自动控制系统中，接触器是运用最广泛的控制电器之一。

(1) 交流接触器的结构

交流接触器的结构主要由触点系统、电磁系统、灭弧装置三大部分组成，另外还有反作用力弹簧、缓冲弹簧、触点压力弹簧和传动机构等部分。按控制电流性质的不同，接触器分为交流接触器和直流接触器两大类。图 7-17 所示为几款常用交流接触器外形。

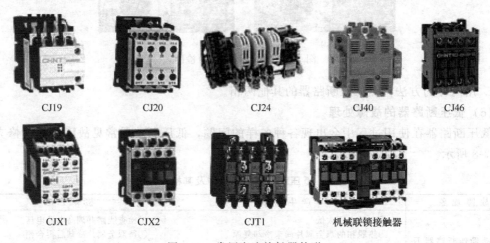

| CJ19 | CJ20 | CJ24 | CJ40 | CJ46 |

| CJX1 | CJX2 | CJT1 | 机械联锁接触器 |

图 7-17　常用交流接触器外形

交流接触器常用于远距离、频繁地接通和分断额定电压至 1140V、电流至 630A 的交流电路。图 7-18 为交流接触器的结构示意图，它分别由电磁系统、触点系统、灭弧装置和其他部件组成。

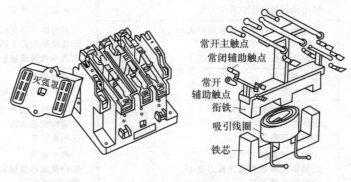

图 7-18　交流接触器的结构示意图

当交流接触器的电磁线圈接通电源时，线圈电流产生磁场，使静铁芯产生足以克服弹簧反作用力的吸力，将动铁芯向下吸合，使常开主触点和常开辅助触点闭合，常闭辅助触点断开。主触点将主电路接通，辅助触点则接通或分断与之相连的控制线路。当接触器线圈断电时，静铁芯吸力消失，动铁芯在反作用弹簧力的作用下复位，各触点也随之复位。

交流接触器的铁芯和衔铁由 E 形硅钢片叠压而成，防止涡流和过热，铁芯上还装有短路环防止振动和噪声。接触器的触点分主触点和辅助触点，主触点通常有三对，用于通断主电路，辅助触点通常有两开两闭，用在控制线路中起电气自锁和互锁等作用。当接触器的动静触点分开时，会产生空气放电，即"电弧"，由于电弧的温度高达 3000℃ 或更高，会导致触点被严重烧灼，缩短了电器的寿命，给电气设备的运行安全和人身安全等都造成了极大的威胁，因此，必须采取有效方法，尽可能消灭电弧。

常用的交流接触器 CJ10 系列可取代 CJ0、CJ8 等老产品，CJ12、CJ12B 系列可取代CJ1、CJ2、CJ3 等老产品，其中 CJ10 是统一设计产品。

(2) 接触器的表示方式

① 型号　交流接触器的型号组成及其含义如下。

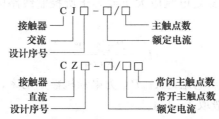

② 电气符号　交、直流接触器的图形及文字符号，如图 7-19 所示。

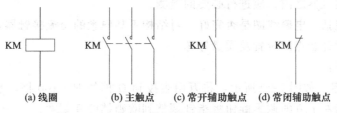

（a）线圈　　　（b）主触点　　（c）常开辅助触点　（d）常闭辅助触点

图 7-19　交、直流接触器的图形及文字符号

(3) 接触器的技术参数

接触器的主要技术参数有额定电压、额定电流、吸引线圈的额定电压、电气寿命、机械寿命和额定操作频率，如表 7-9 所示。

表 7-9　CJ10 系列交流接触器的主要技术参数

型号	额定电压 /V	额定电流 /A	可控制的三相异步电动机的最大功率/kW			额定操作频率 /(次/h)	线圈消耗功率/V·A		机械寿命 /万次	电气寿命 /万次
			220V	380V	550V		启动	吸持		
CJ10-5		5	1.2	2.2	2.2		35	6		
CJ10-10		10	2.2	4	4		65	11		
CJ10-20	380 500	20	5.5	10	10	600	140	22	300	60
CJ10-40		40	11	20	20		230	32		
CJ10-60		60	17	30	30		485	95		
CJ10-100		100	30	50	50		760	105		
CJ10-150		150	43	75	75		950	110		

接触器铭牌上的额定电压是指主触点的额定电压,交流有 127V、220V、380V、500V 等挡次;直流有 110V、220V、440V 等挡次。

接触器铭牌上的额定电流是指主触点的额定电流,有 5A、10A、20A、40A、60A、100A、150A、250A、400A 和 600A 等挡次。

接触器吸引线圈的额定电压交流有 36V、110V、127V、220V、380V 等挡次;直流有 24V、48V、220V、440V 等挡次。

接触器的电气寿命用其在不同使用条件下无须修理或更换零件的负载操作次数来表示。接触器的机械寿命用其在需要正常维修或更换机械零件前,包括更换触点,所能承受的无载操作循环次数来表示。

额定操作频率是指接触器的每小时操作次数。

(4) 交流接触器的选用

交流接触器的选用主要考虑以下几个方面:

① 接触器的类型 根据接触器所控制的负载性质,选择直流接触器或交流接触器。

② 额定电压 接触器的额定电压应大于或等于所控制线路的电压。

③ 额定电流 接触器的额定电流应大于或等于所控制线路的额定电流。对于电动机负载可按下列经验公式计算:

$$I_c = \frac{P_N \times 10^3}{KU_N}$$

式中,I_c 为接触器主触点电流,A;P_N 为电动机额定功率,kW;U_N 为电动机额定电压,V;K 为经验系数,一般取 1~1.4。

(5) 交流接触器的检测

在使用交流接触器之前,应进行必要的检测。

检测的内容包括:电磁线圈是否完好,对结构不甚熟悉的交流接触器,应区分出电磁线圈、常闭触点和常开触点的位置及质量好坏。

检测步骤如下:

① 万用表调零 如图 7-20 所示,将万用表拨到 Ω 挡的 R×100 挡,然后将红、黑表笔短接,通过刻度盘左下方的调零旋钮将指针调整到欧姆挡的零刻度。

② 线圈的检测 将红、黑表笔分别放在 A1 和 A2 两接线柱上,测量电磁线圈电阻,此时万用表指针应指示交流接触器线圈的电阻值(几十欧至几千欧),如图 7-21 所示。若电阻为"0",则说明线圈短路;若电阻为"∞",则说明线圈断路。

③ 主触点的检测 将万用表的两表笔分别放在 L1,T1 接线柱上,万用表指针指向电

图 7-20 万用表调零

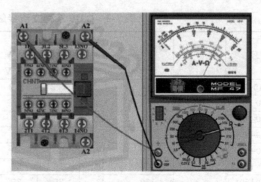
图 7-21 交流接触器线圈的检测

阻"∞"，如图 7-22（a）所示；强制按下交流接触器衔铁或给其线圈通电，则万用表指针由"∞"指向"0"，如图 7-22（b）所示，说明此对主触点完好。

图 7-22　交流接触器主触点的检测

用同样的方法检测交流接触器其他两对主触点 L2，T2 和 L3，T3。

④ 常开辅助触点的检测　将万用表两表笔分别放在一对常开辅助触点 53NO-54NO 或 83NO-84NO 的两个接线柱上，当接触器的线圈不通电或没有强制按下交流接触器衔铁时，万用表指针指示电阻应为"∞"，如图 7-23（a）所示；万用表两表笔不动，强制动作交流接触器或给其线圈通电，则万用表指针指示电阻应为"0"，如图 7-23（b）所示，此对触点正常，否则有故障。

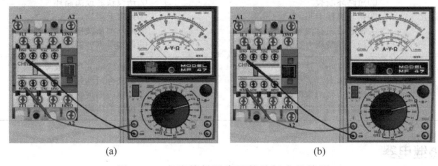

图 7-23　交流接触器常开辅助触点的检测

⑤ 常闭辅助触点的检测　将万用表红、黑表笔分别放在一对常闭辅助触点 61NC-62NC 的两个接线柱上，当接触器的线圈未通电或未强制按下交流接触器衔铁时，万用表指针指示电阻应为"0"，如图 7-24（a）所示；万用表两表笔不动，强制按下交流接触器衔铁或给其线圈通电，则万用表指针指示电阻应为"∞"，如图 7-24（b）所示，交流接触器此对常闭

图 7-24　交流接触器常闭辅助触点的检测

辅助触点正常。用同样方法测量另一对常闭辅助触点 71NC-72NC。

（6）交流接触器的故障处理

交流接触器在使用过程中会出现各种各样的问题，交流接触器常见故障及其检修方法，如表 7-10 所示。

表 7-10　交流接触器常见故障及其检修方法

故障现象	产生原因	检修方法
接触器不吸合或吸不牢	①电源电压过低 ②线圈断路 ③线圈技术参数与使用条件不符 ④铁芯机械卡阻	①调高电源电压 ②调换线圈 ③调换线圈 ④排除卡阻物
线圈断电，接触器不释放或释放缓慢	①触点熔焊 ②铁芯表面有油污 ③触点弹簧压力过小或复位弹簧损坏 ④机械卡阻	①排除熔焊故障，修理或更换触点 ②清理铁芯极面 ③调整触点弹簧力或更换复位弹簧 ④排除卡阻物
触点熔焊	①操作频率过高或过负载使用 ②负载侧短路 ③触点弹簧压力过小 ④触点表面有电弧灼伤 ⑤机械卡阻	①调换合适的接触器或减小负载 ②排除短路故障更换触点 ③调整触点弹簧压力 ④清理触点表面 ⑤排除卡阻物
铁芯噪声过大	①电源电压过低 ②短路环断裂 ③铁芯机械卡阻 ④铁芯极面有油垢或磨损不平 ⑤触点弹簧压力过大	①检查线路并提高电源电压 ②调换铁芯或短路环 ③排除卡阻物 ④用汽油清洗极面或更换铁芯 ⑤调整触点弹簧压力
线圈过热或烧毁	①线圈匝间短路 ②操作频率过高 ③线圈参数与实际使用条件不符 ④铁芯机械卡阻	①更换线圈并找出故障原因 ②调换合适的接触器 ③调换线圈或接触器 ④排除卡阻物

7.2.2　热继电器

热继电器是一种利用流过继电器的电流所产生的热效应而反时限动作的保护电器，它主要用作电动机的过载保护、断相保护、电流不平衡运行及其他电气设备发热状态的控制。

（1）热继电器的作用及保护特性

电动机在运行过程中若过载时间长，过载电流大，电动机绕组的温升就会超过允许值，使电动机绕组绝缘老化，缩短电动机的使用寿命，严重时甚至会使电动机绕组烧毁。因此，电动机在长期运行中，需要对其过载提供保护装置。热继电器是利用电流的热效应原理实现电动机的过载保护的，图 7-25 为几种常用的热继电器外形。

| JRS1系列 | JRS2系列 | JR16系列 | JRS5系列 |

图 7-25　常用的热继电器外形

热继电器具有反时限保护特性，即过载电流大，动作时间短；过载电流小，动作时间长。当电动机的工作电流为额定电流时，热继电器应长期不动作。其保护特性如表 7-11 所示。

表 7-11 热继电器的保护特性

序号	整定电流倍数	动作时间	试验条件
1	1.05	>2h	冷态
2	1.2	<2h	热态
3	1.6	<2min	热态
4	6	>5s	冷态

(2) 热继电器的结构

热继电器主要由热元件、双金属片和触点 3 部分组成。双金属片是热继电器的感测元件，由两种线膨胀系数不同的金属片用机械碾压而成。线胀系数大的称为主动层，小的称为被动层。图 7-26 （a）是热继电器的结构示意图。热元件串联在电动机定子绕组中，电动机正常工作时，热元件产生的热量虽然能使双金属片弯曲，但还不能使继电器动作。当电动机过载时，流过热元件的电流增大，经过一定时间后，双金属片推动导板使继电器触点动作，切断电动机的控制线路。

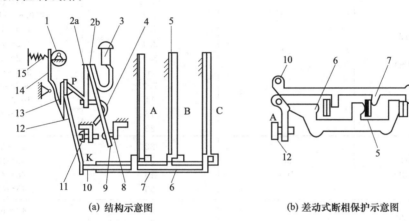

(a) 结构示意图　　　　　　　　　(b) 差动式断相保护示意图

图 7-26 JR16 系列热继电器结构示意

1—电流调节凸轮；2a,2b—簧片；3—手动复位按钮；4—弓簧；5—双金属片；6—外导板；7—内导板；

8—常闭静触点；9—动触点；10—杠杆；11—调节螺钉；12—补偿双金属片；13—推杆；14—连杆；15—压簧

电动机断相运行是电动机烧毁的主要原因之一，因此要求热继电器还应具备断相保护功能，如图 7-26 （b）所示，热继电器的导板采用差动机构，在断相工作时，其中两相电流增大，一相逐渐冷却，这样可使热继电器的动作时间缩短，从而更有效地保护电动机。

(3) 热继电器的表示方式

① 型号　常用的热继电器有 JRS1、JR20、JR16、JR15、JR14 等系列，引进产品有 T、3UP、LR1-D 等系列。

热继电器的型号组成及其含义如下：

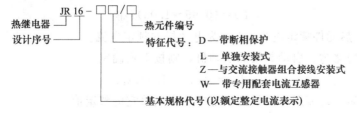

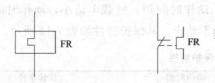

(a) 热继电器的驱动器件   (b) 常闭触点

图 7-27　热继电器的图形及文字符号

② 电气符号　热继电器的图形及文字符号，如图 7-27 所示。

（4）热继电器的主要技术参数

热继电器的主要技术参数包括额定电压、额定电流、相数、热元件编号及整定电流调节范围等。

热继电器的整定电流是指热继电器的热元件允许长期通过又不致引起继电器动作的最大电流值。对于某一热元件，可通过调节其电流调节旋钮，在一定范围内调节其整定电流。

JR16 系列热继电器的主要技术参数如表 7-12 所示。

表 7-12　JR16 系列热继电器的主要技术参数

型　　号	额定电流/A	热元件规格	
		额定电流/A	电流调节范围/A
JR16-20/3 JR16-20/3D	20	0.35	0.25～0.35
		0.5	0.32～0.5
		0.72	0.45～0.72
		1.1	0.68～1.1
		1.6	1.0～1.6
		2.4	1.5～2.4
		3.5	2.2～3.5
		5	3.5～5.0
		7.2	6.8～11
		11	10.0～16
		16	14～22
		22	
JR16-60/3 JR16-60/3D	60 100	22	14～22
		32	20～32
		45	28～45
		63	45～63
JR16-150/3 JR16-150/3D	150	63	40～63
		85	53～85
		120	75～120
		160	100～160

（5）热继电器的选用

热继电器主要用于电动机的过载保护，使用中应考虑电动机的工作环境、启动情况、负载性质等因素，具体应按以下几个方面来选择。

① 热继电器结构形式的选择：Y 接法的电动机可选用两相或三相结构热继电器；△接法的电动机应选用带断相保护装置的三相结构热继电器。

② 根据被保护电动机的实际启动时间选取 6 倍额定电流下具有相应可返回时间的热继电器。一般热继电器的可返回时间大约为 6 倍额定电流下动作时间的 50%～70%。

③ 热元件额定电流一般可按下式确定：

$$I_N = (0.95～1.05)I_{MN}$$

式中，I_N 为热元件额定电流；I_{MN} 为电动机的额定电流。

对于工作环境恶劣、启动频繁的电动机，则按下式确定：

$$I_N = (1.15～1.5)I_{MN}$$

热元件选好后，还需用电动机的额定电流来调整它的整定值。

④ 对于重复短时工作的电动机（如起重机电动机），由于电动机不断重复升温，热继电器双金属片的温升跟不上电动机绕组的温升，电动机将得不到可靠的过载保护。因此，不宜选用双金属片热继电器，而应选用过电流继电器或能反映绕组实际温度的温度继电器来进行保护。

（6）热继电器的检测

在使用热继电器之前应进行必要的检测。检测的内容包括：区分出热元件主接线柱位置及是否完好；区分出常闭触点和常开触点的位置及是否完好。检测步骤如下。

① 万用表调零　将万用表拨到 Ω 挡的 R×10 挡，将红、黑表笔短接，通过刻度盘右下方的调零旋钮，将指针调整到欧姆挡的零刻度。

② 热继电器主接线柱（热元件）的检测　将红、黑表笔分别放在热继电器任意两主接线柱上，由于热元件的电阻值较小，几乎为零，所以若测得电阻为"0"，说明所测两点为热元件的一对主接线柱，且热元件完好，如图 7-28（a）所示，L1-T1 是一对完好的主接线柱；若阻值为"∞"，说明这两点不是热元件的一对主接线柱或热元件损坏，如图 7-28（b）所示，T2-T3 不是一对主接线柱。

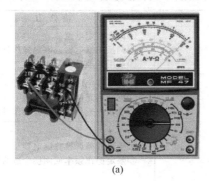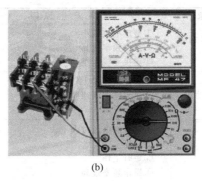

(a)　　　　　　　　　　　　　　　(b)

图 7-28　热继电器主接线柱（热元件）的检测

③ 常闭、常开触点的检测　将万用表红、黑表笔放在任意两个触点上。若万用表所测阻值为"0"，说明这是一对常闭触点，如图 7-29（a）所示，拨动热继电器的机械按钮，指针从"0"指向了"∞"，如图 7-29（b）所示，确定 97-98 是一对常闭触点。

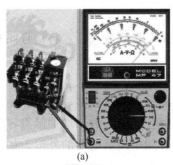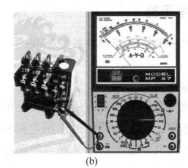

(a)　　　　　　　　　　　　　　　(b)

图 7-29　热继电器常闭触点的检测

若所测阻值为"∞"，则可能是一对常开触点，如图 7-30（a）所示，97-96 可能是一对常开触点。拨动热继电器的机械按钮，指针从"∞"指向了"0"，如图 7-30（b）所示，确定 97-96 是一对常开触点。

（7）热继电器的故障处理

热继电器在使用过程中会出现各种各样的问题，热继电器常见故障及其检修方法，如表

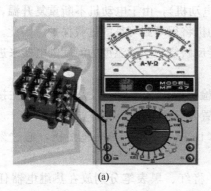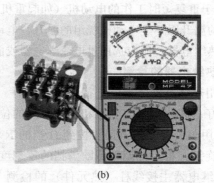

(a)　　　　　　　　　　　(b)

图 7-30　热继电器常开触点的检测

7-13 所示。

表 7-13　热继电器的常见故障及其检修方法

故 障 现 象	产 生 原 因	检 修 方 法
热继电器误动作或动作太快	①整定电流偏小 ②操作频率过高 ③连接导线太细	①调大整定电流 ②调换热继电器或限定操作频率 ③选用标准导线
热继电器不动作	①整定电流偏大 ②热元件烧断或脱焊 ③导板脱出	①调小整定电流 ②更换热元件或热继电器 ③重新放置导板并试验动作灵活性
热元件烧断	①负载侧电流过大 ②反复 ③短时工作 ④操作频率过高	①排除故障调换热继电器 ②限定操作频率或调换合适的热继电器
主线路不通	①热元件烧毁 ②接线螺钉未压紧	①更换热元件或热继电器 ②旋紧接线螺钉
控制线路不通	①热继电器常闭触点接触不良或弹性消失 ②手动复位的热继电器动作后,未手动复位	①检修常闭触点 ②手动复位

7.2.3　中间继电器

中间继电器一般用来控制各种电磁线圈,使信号得到放大,或将信号同时传给几个控制元件。

(1) 中间继电器的作用

中间继电器实质上是一种电压继电器,但它的触点数量较多,容量较小,它是作为控制开关使用的接触器。它在电路中的作用主要是扩展控制触点数和增加触点容量。其输入信号是线圈的通电和断电,输出信号是触点的动作。常用中间继电器的外形,如图 7-31 所示。

JZ7系列

JZ14系列

JZ15系列

JZC1系列

JZC4系列

图 7-31　常用中间继电器的外形

(2) 中间继电器的结构

中间继电器的结构和交流接触器基本相同，如图 7-32 所示。

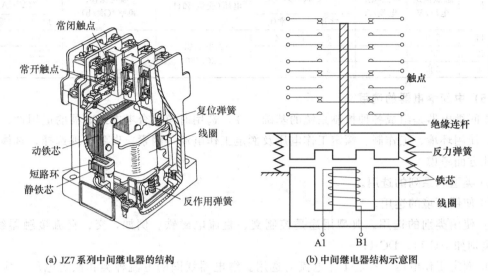

(a) JZ7 系列中间继电器的结构　　　　　(b) 中间继电器结构示意图

图 7-32　中间继电器的结构

(3) 中间继电器的表示方式

① 型号　常用的中间继电器型号有 JZ7，JZ14 等。

JZ7 系列中间继电器的型号组成及其含义如下：

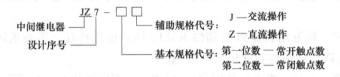

② 电气符号　中间继电器的图形及文字符号，如图 7-33 所示。

(4) 中间继电器的技术参数

中间继电器的主要技术参数有额定工作电压、吸合电流、释放电流、触点切换电压和电流。

① 额定工作电压　指继电器正常工作时线圈所需要的电压。根据继电器的型号不同，可以是交流电压，也可以是直流电压。

图 7-33　中间继电器的图形及文字符号

② 吸合电流　指继电器能够产生吸合动作的最小电流。在正常使用时，给定的电流必须略大于吸合电流，这样继电器才能稳定地工作。而对于线圈所加的工作电压，一般不要超过额定工作电压的 1.5 倍，否则会产生较大的电流而把线圈烧毁。

③ 释放电流　指继电器产生释放动作的最大电流。当继电器吸合状态的电流减小到一定程度时，继电器就会恢复到未通电的释放状态。这时的电流远远小于吸合电流。

④ 触点切换电压和电流　指继电器允许加载的电压和电流。它决定了继电器能控制电压和电流的大小，使用时不能超过此值，否则很容易损坏继电器的触点。

表 7-14 列出了 JZ7 系列中间继电器的技术参数。

表 7-14 JZ7 系列中间继电器的技术参数

型号	触点额定电压/V	触点额定电流/A	触点对数		吸引线圈电压（交流 50Hz）/V	额定操作频率/(次/h)	线圈消耗功率/(V·A)	
			常开	常闭			启动	吸持
JZ7-44	500	5	4	4	12,36,127,220,380	1200	75	12
JZ7-62	500	5	6	2			75	12
JZ7-80	500	5	8	0			75	12

（5）中间继电器的选用

中间继电器是组成各种控制系统的基础元件，选用时应综合考虑继电器的适用性、功能特点、使用环境、工作制、额定工作电压及额定工作电流等因素，做到合理选择。具体应从以下几方面考虑。

① 类型和系列的选用。

② 使用环境的选用。

③ 使用类别的选用。典型用途是控制交、直流电磁铁。例如，交、直流接触器线圈。使用类别如 AC-11，DC-11。

④ 额定工作电压、额定工作电流的选用。继电器线圈的电流种类和额定电压，应与系统一致。

⑤ 工作制的选用。工作制不同对继电器的过载能力要求也不同。

（6）中间继电器的检测

在使用中间继电器之前，应进行必要的检测。检测的内容包括电磁线圈是否完好；对结构不甚熟悉的中间继电器，应区分出电磁线圈、常闭触点和常开触点的位置及状况。检测步骤如下。

① 万用表调零　将万用表拨到 Ω 挡的 R×10 挡，然后将红、黑表笔短接，通过刻度盘左下方的调零旋钮将指针调整到欧姆挡的零刻度。

② 线圈的检测　将红、黑表笔分别放在 A1 和 A2 两接线柱上，万用表表示数约为几十欧姆至几千欧姆，如图 7-34 所示。若电阻为 "0" 或者 "∞"，说明线圈出现短路或断路故障。

③ 触点的检测　将万用表红、黑表笔放在任意两个触点上。若万用表所测阻值为 "0"，说明这是一对常闭触点，如图 7-35（a）所示。强制按下中间继电器的衔铁，指针从 "0" 指向了 "∞"，如图 7-35（b）所示，确定这是一对常闭触点。

若所测阻值 "∞"，则可能是一对常开触点，如图 7-36（a）所示。强制按下中间继电器的衔铁，指针从 "∞" 指向了 "0"，如图 7-36（b）所示，确定这是一对常开触点。

图 7-34　中间继电器线圈的检测

（7）中间继电器的常见故障及检修方法

中间继电器的常见故障及检修方法与接触器类似。

7.2.4　时间继电器

在自动控制系统中，需要有瞬时动作的继电器，也需要有延时动作的继电器。时间继电器就是利用某种原理实现触点延时动作的自动电器，经常用于按时间控制原则进行控制的场合。

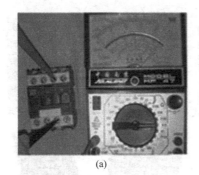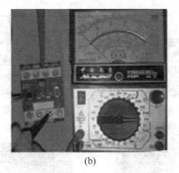

(a)　　　　　　　　　　　　　　　　(b)

图 7-35　中间继电器常闭触点的检测

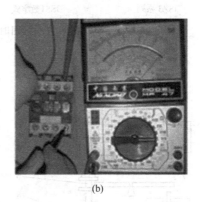

(a)　　　　　　　　　　　　　　　　(b)

图 7-36　中间继电器常开触点的检测

（1）时间继电器的作用及延时方式

1）时间继电器的作用

时间继电器是一种利用电磁原理或机械动作原理实现触点延时接通或断开的自动控制电器，它能够按照设定的时间间隔，接通或断开被控制的电路，以协调和控制生产机械的各种动作。因此，时间继电器是按整定时间长短进行动作的控制电器。

2）时间继电器的延时方式

时间继电器的延时方式有通电延时和断电延时两种。

① 通电延时　接收输入信号后延迟一定的时间，输出信号才发生变化。当输入信号消失后，输出瞬时复原。

② 断电延时　接收输入信号时，瞬时产生相应的输出信号。当输入信号消失后，延迟一定的时间，输出才复原。

（2）时间继电器的结构及工作原理

常用时间继电器的外形，如图 7-37 所示。

以 JS7-A 系列空气阻尼式时间继电器为例，介绍时间继电器的结构及工作原理。

空气阻尼式时间继电器是利用空气阻尼原理获得延时的，它由电磁系统、延时机构和触点三部分组成。图 7-38 所示为 JS7-A 系列空气阻尼式时间继电器的结构原理图。

空气阻尼式时间继电器的电磁机构可以是直流的，也可以是交流的；既有通电延时型的，也有断电延时型的。只要改变电磁机构的安装方向，便可实现不同的延时方式：当衔铁位于铁芯和延时机构之间时为通电延时，如图 7-38（a）所示；当铁芯位于衔铁和延时机构

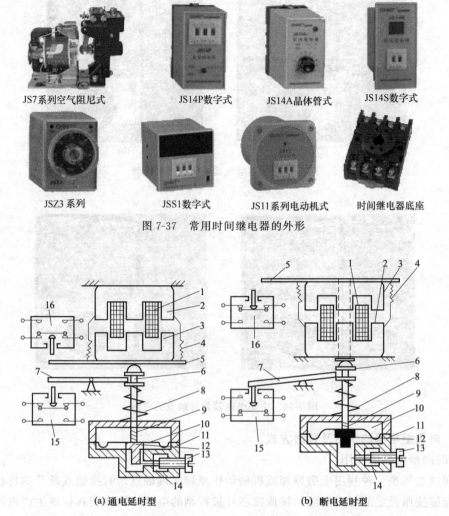

JS7系列空气阻尼式　　　JS14P数字式　　　JS14A晶体管式　　　JS14S数字式

JSZ3 系列　　　　JSS1数字式　　　JS11系列电动机式　　时间继电器底座

图 7-37　常用时间继电器的外形

(a) 通电延时型　　　　　　　　　(b) 断电延时型

图 7-38　JS7-A 系列空气阻尼式时间继电器的结构原理图

1—线圈；2—铁芯；3—衔铁；4—反力弹簧；5—推板；6—活塞杆；7—杠杆；8—塔形弹簧；9—弱弹簧；
10—橡皮膜；11—空气室壁；12—活塞；13—调节螺钉；14—进气孔；15，16—微动开关

之间时为断电延时，如图 7-38（b）所示。

空气阻尼式时间继电器的特点是延时范围较大（0.4～180s），结构简单，寿命长，价格低。但其延时误差较大，无调节刻度指示，难以确定整定延时值。在对延时精度要求较高的场合，不宜使用这种时间继电器。

直流电磁式时间继电器是利用电磁阻尼原理产生延时的，由电磁感应定律可知，在继电器线圈通断电过程中，铜套内将产生感应电势，并流过感应电流，此电流产生的磁通总是反对原磁通变化。继电器通电时，延时不显著（一般忽略不计），继电器断电时起到延时作用。因此，这种继电器仅用作断电延时，且延时较短，JT3 系列最长不超过 5s，而且准确度较低，一般只用于要求不高的场合。

电子式时间继电器采用晶体管或集成电路和电子元件等构成。目前已有采用单片机控制的时间继电器。电子式时间继电器具有延时范围广、精度高、体积小、耐冲击和耐振动、调节方便及寿命长等优点，所以发展很快，应用广泛，在时间继电器中已成为主流产品。

（3）时间继电器的表示方式

① 型号 时间继电器的型号组成及其含义如下。

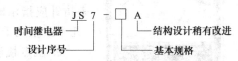

② 电气符号 时间继电器的图形及文字符号，如图 7-39 所示。

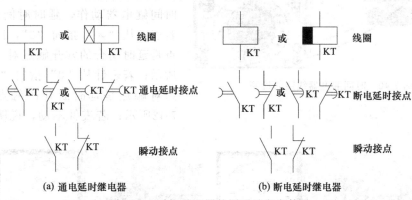

（a）通电延时继电器 （b）断电延时继电器

图 7-39 时间继电器的图形及文字符号

（4）时间继电器的技术参数

时间继电器的主要技术参数有额定工作电压、额定发热电流、额定控制容量、吸引线圈电压、延时范围、环境温度、延时误差和操作频率，常用的 JS7-A 系列时间继电器的技术参数如表 7-15 所示。

表 7-15 JS7-A 系列时间继电器的技术参数

型号	吸引线圈电压/V	触点额定电压/V	触点额定电流/A	延时范围/s	延时触点				瞬动触点	
					通电延时		断电延时		常开	常闭
					常开	常闭	常开	常闭		
JS71-A	24,36,110,127,220,380,420	380	5	0.4～60 及 0.4～180	1	1	—	—		
JS72-A					1	1	—	—	1	1
JS73-A					—	—	1	1		
JS74-A					—	—	1	1	1	1

（5）时间继电器的选用

时间继电器形式多样，各具特点，选择时应从以下几方面考虑。

① 根据控制线路对延时触点的要求选择延时方式，即通电延时型或断电延时型。

② 根据延时范围和精度要求选择继电器类型。

③ 根据使用场合、工作环境选择时间继电器的类型。如电源电压波动大的场合可选空气阻尼式或电动式时间继电器，电源频率不稳定的场合不宜选用电动式时间继电器；环境温度变化大的场合不宜选用空气阻尼式和电子式时间继电器。

（6）时间继电器的检测

在使用时间继电器之前，应进行必要的检测。检测的内容包括：线圈是否完好；区分出延时闭合触点对和延时断开触点对的位置及是否完好。

① JS7-1A 时间继电器的检测如下。

a. 万用表调零。将万用表拨到 Ω 挡的 R×100 挡，然后将红、黑表笔短接，通过刻度盘左下方的调零旋钮将指针调整到 Ω 挡的零刻度。

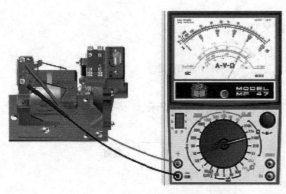

图 7-40 时间继电器线圈的检测

b. 线圈的检测。将红、黑表笔放在线圈两端 A1 和 A2 接线柱上，此时万用表指针应指示时间继电器线圈的电阻值（几十欧至几千欧），如图 7-40 所示。

c. 触点检测。将红、黑两表笔接在任意两个触点上，手动推动衔铁，模拟时间继电器动作，延时时间到了以后，若表针从"∞"指向"0"，说明这对触点是延时闭合的常开触点对，如图 7-41 所示；若表针从"0"指向"∞"，说明这对触点是延时断开的触点对，如图 7-42所示；若表针不动，说明这两点不是一对触点。

(a)　　　　　　　　(b)

图 7-41 时间继电器常开触点的检测

(a)　　　　　　　　(b)

图 7-42 时间继电器常闭触点的检测

② ST3P 时间继电器的检测如下。

a. 外观检测。观察时间继电器底座，如图 7-43 所示，并对照时间继电器的铭牌标示，如图 7-44 所示，找出时间继电器的线圈和延时闭合及延时断开的触点数字标号。

线圈：2-7。

延时闭合的常开触点：1-3 和 6-8。

延时断开的常闭触点：1-4 和 5-8。

b. 线圈的检测。将万用表拨到 Ω 挡的 R×10k 挡，进行欧姆调零。将时间继电器主体可靠插入底座上，将红、黑两表笔放在线圈两触点 2-7 接线端子上，万用表指针显示线圈阻值约为 1000kΩ，如

图 7-43 时间继电器底座

图 7-45 所示，否则，线圈损坏。

图 7-44　时间继电器铭牌

图 7-45　时间继电器线圈的检测

c. 触点的检测。将万用表调到 Ω 挡的 R×10 挡，红、黑表笔对接调零。将万用表的红、黑两表笔分别放在 5-8（或 1-4）接线端，万用表指针指向"0"；将万用表的红、黑两表笔分别放在 6-8（或 1-3）接线端，万用表指针指向"∞"，如图 7-46 所示，说明延时闭合的常开触点和延时断开的常闭触点完好。

图 7-46　时间继电器触点的检测

(7) 时间继电器的故障处理

空气阻尼式时间继电器的常见故障及其检修方法，如表 7-16 所示。

表 7-16　空气阻尼式时间继电器的常见故障及其检修方法

故障现象	产生原因	检修方法
延时触点不动作	①电磁铁线圈断线 ②电源电压低于线圈额定电压很多 ③电动式时间继电器的同步电动机线圈断线 ④电动式时间继电器的棘爪无弹性，不能刹住棘齿 ⑤电动式时间继电器游丝断裂	①更换线圈 ②更换线圈或调高电源电压 ③调换同步电动机 ④调换棘爪 ⑤调换游丝
延时时间缩短	①空气阻尼式时间继电器的气室装配不严，漏气 ②空气阻尼式时间继电器的气室内橡皮薄膜损坏	①修理或调换气室 ②调换橡皮薄膜
延时时间变长	①空气阻尼式时间继电器的气室内有灰尘，使气道阻塞 ②电动式时间继电器的传动机构缺润滑油	①清除气室内灰尘，使气道畅通 ②加入适量的润滑油

7.2.5 速度继电器

速度继电器是用来反映转速与转向变化的继电器。它可以按照被控电动机转速的大小使控制线路接通或断开。速度继电器主要用于三相异步电动机反接制动的控制线路中，故也称其为反接制动继电器。

(1) 速度继电器的结构

速度继电器通常与接触器配合，实现对电动机的反接制动。常用速度继电器的外形，如图 7-47 所示。

JY-1型速度继电器

CT-822速度继电器

JMP-S速度继电器

FKJ-CB速度控制继电器

JMP-SD(SI)双功能速度继电器

DSK-F电子速度继电器

SKJ-C电子速度继电器

图 7-47　常用速度继电器的外形

速度继电器主要由转子、定子及触点三部分组成。速度继电器的结构如图 7-48 所示。

速度继电器的转轴和电动机的主轴通过联轴器相连，当电动机转动时，速度继电器的转子随之转动，定子内的绕组便切割磁感线，产生感应电动势，而后产生感应电流，此电流与转子磁场作用产生转矩，使定子开始转动。电动机转速达到某一值时，产生的转矩能使定子转到一定角度使摆杆推动常闭触点动作；当电动机转速低于某一值或停转时，定子产生的转矩会减小或消失，触点在弹簧的作用下复位。

速度继电器有两组触点（每组各有一对常开触点和常闭触点），可分别控制电动机正、反转的反接制动。

(2) 速度继电器的表示方式

① 型号　常用的速度继电器有 JY1 型和 JFZ0 型，一般速度继电器的动作速度为 120r/min，触点的复位速度值为 100r/min。在连续工作制中，能可靠地工作在 1000～3600r/min，允许操作频率为每小时不超过 30 次。速度继电器的型号组成及其含义如下。

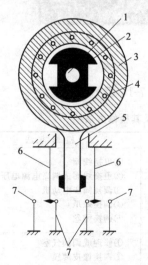

图 7-48　JY1 型速度继电器的结构
1—转轴；2—转子；3—定子；4—绕组；
5—胶木摆杆；6—动触点；7—静触点

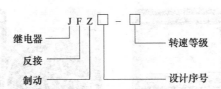

② 电气符号 速度继电器的图形及文字符号，如图 7-49 所示。

（3）速度继电器的技术参数

JY1、JFZ0 系列速度继电器的主要技术参数如表 7-17 所示。

（4）速度继电器的选用

图 7-49 速度继电器的图形及文字符号

速度继电器主要根据电动机的额定转速来选择。使用时，速度继电器的转轴应与电动机同轴连接；安装接线时，正反向的触点不能接错，否则不能起到反接制动时接通和断开反向电源的作用。

表 7-17 JY1、JFZ0 系列速度继电器的主要技术参数

型号	触点额定电压 /V	触点额定电流 /A	触点数量		额定工作转速 /(r/min)	允许操作频率 /次
			正转时动作	反转时动作		
JY1	380	2	1 常开	1 常开	100～3600	<30
JFZ0			0 常闭	0 常闭	300～3600	

（5）速度继电器的检测

① 万用表调零 将万用表拨到 Ω 挡的 R×10 挡，然后将红、黑表笔短接，通过刻度盘左下方的调零旋钮将指针调整到 Ω 挡的零刻度。

② 触点的检测 将红、黑两表笔接在任意两个触点上，万用表指针指向"0"，说明这是一对常闭触点，如图 7-50（a）所示。推动衔铁，模拟速度继电器动作，若表针从"0"指向"∞"，说明这对触点完好，如图 7-50（b）所示；否则触点损坏。

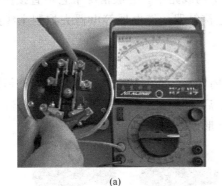

(a)

(b)

图 7-50 速度继电器常闭触点的检测

将红、黑两表笔接在任意两个触点上，万用表指针指向"∞"，说明这可能是一对常开触点，如图 7-51（a）所示。推动衔铁，模拟速度继电器动作，若表针无变化，说明这不是一对触点，或触点损坏；若表针从"∞"指向"0"，说明这是一对常开触点，且触点完好，如图 7-51（b）所示。

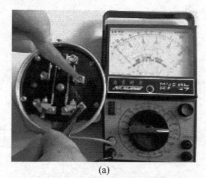

(a)   (b)

图 7-51　速度继电器常开触点的检测

（6）速度继电器的故障处理

速度继电器在使用过程中会出现各种各样的问题，速度继电器的常见故障及其检修方法如表 7-18 所示。

表 7-18　速度继电器的常见故障及其检修方法

故障现象	产生原因	检修方法
制动时速度继电器失效，电动机不能制动	① 速度继电器胶木摆杆断裂 ② 速度继电器常开触点接触不良 ③ 弹性动触片断裂或失去弹性	① 调换胶木摆杆 ② 清洗触点表面油污 ③ 调换弹性动触片

7.3　低压主令电器的识别与选用

7.3.1　按钮

按钮是一种手按下即动作，手释放即复位的短时接通的小电流开关电器。它适用于交流电压 500V 或直流电压 440V，电流为 5A 及以下的线路中。一般情况下它不直接操纵主线路的通断，而是在控制线路中发出"指令"，通过接触器、继电器等电器去控制主线路；也可用于电气联锁等线路中。

（1）按钮的结构

按钮由按钮帽、复位弹簧、常开触点、常闭触点、接线柱、外壳等组成，按钮按照用途和触点的结构不同分为停止按钮（常闭按钮）、启动按钮（常开按钮）及复合按钮（常开常闭组合按钮）。按钮的种类很多，常用的按钮外形如图 7-52 所示。

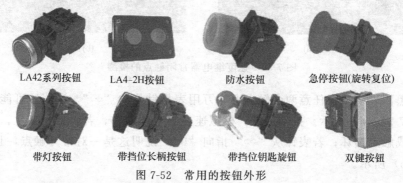

LA42系列按钮　　LA4-2H按钮　　防水按钮　　急停按钮(旋转复位)

带灯按钮　　带挡位长柄按钮　　带挡位钥匙旋钮　　双键按钮

图 7-52　常用的按钮外形

实用中，为了避免误操作，通常在按钮上做出不同标记或涂以不同的颜色加以区分，其颜色有红、黄、蓝、白、绿、黑等。一般红色表示停止按钮；绿色表示启动按钮；急停按钮必须用红色蘑菇按钮。

（2）按钮的表示方式

① 型号 按钮的型号组成及其含义如下。

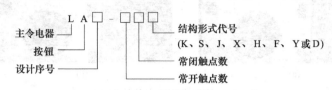

其中，结构形式代号的含义为：K 为开启式，S 为防水式，J 为紧急式，X 为旋钮式，H 为保护式，F 为防腐式，Y 为钥匙式，D 为带灯按钮。

② 电气符号 按钮的图形及文字符号，如图 7-53 所示。

图 7-53 按钮的图形及文字符号

（3）按钮的技术参数

按钮的主要技术参数有额定绝缘电压 U_i、额定工作电压 U_N、额定工作电流 I_N，如表 7-19 所示。

表 7-19 LA19 系列按钮的主要技术参数

型号规格	额定电压/V		约定发热电流/A	额定工作电流		信号灯		触点对数		结构形式
	交流	直流		交流	直流	电压/V	功率/W	常开	常闭	
LA19-11	380	220	5	380V/0.8A	220V/0.3A			1	1	一般式
LA19-11D	380	220	5			6	1	1	1	带指示灯式
LA19-11J	380	220	5	220V/1.4A	110V/0.6A			1	1	蘑菇式
LA19-11DJ	380	220	5			6	1	1	1	蘑菇带灯式

（4）按钮的选用

按钮主要根据使用场合、用途、控制需要及工作状况等进行选择。

① 根据使用场合，选择控制按钮的种类，如开启式、防水式、防腐式等。

② 根据用途，选用合适的形式，如钥匙式、紧急式、带灯式等。

③ 根据控制回路的需要，确定不同的按钮数，如单钮、双钮、三钮、多钮等。

④ 根据工作状态指示和工作情况的要求，选择按钮及指示灯的颜色。

（5）按钮的检测

① 目测外观 检查按钮外观是否完好，有无损坏。

② 手动检测 按动按钮看动作是否灵活，有无卡阻。

③ 万用表检测 用万用表检查常开、常闭触点工作是否正常。

a.万用表调零。将万用表拨到 Ω 的 R×10 挡，将红、黑表笔短接，通过刻度盘右下方的调零旋钮将指针调整到 Ω 挡的零刻度。

b.常闭触点的检测。将万用表红、黑表笔分别放在按钮一对触点的两端，万用表指针指向"0"，如图 7-54（a）所示；按下按钮，万用表指针由"0"指向"∞"，如图 7-54（b）所示，则常闭触点完好，否则触点损坏。

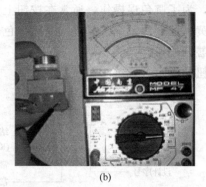

图 7-54　按钮常闭触点的检测

c. 常开触点的检测。将万用表红、黑表笔分别放在按钮另一对触点的两端，万用表指针指向"∞"，如图 7-55（a）所示；按下按钮，万用表指针由"∞"指向"0"，如图 7-55（b）所示，则常开触点完好，否则触点损坏。

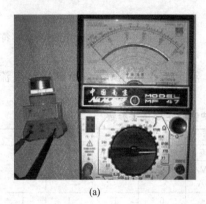

图 7-55　按钮常开触点的检测

（6）按钮的故障处理

按钮在使用过程中会出现各种各样的问题，按钮的常见故障及其检修方法，如表 7-20 所示。

表 7-20　按钮的常见故障及其检修方法

故障现象	可能原因	检修方法
触点接触不良	① 触点烧损 ② 触点表面有尘垢 ③ 触点弹簧失效	① 修理触点或更换产品 ② 清洁触点表面 ③ 重绕弹簧或更换产品
触点间短路	① 塑料受热变形导致接线螺钉相碰短路 ② 杂物或油污在触点间形成通路	① 查明发热原因并排除，或更换产品 ② 清洁按钮内部

7.3.2　行程开关

行程开关又称限位开关或位置开关，是一种利用生产机械的某些运动部件的碰撞来发出控制指令的主令电器，用于控制生产机械的运动方向、行程大小和位置保护等。

（1）行程开关的结构

行程开关的种类很多，常用的行程开关有按钮式、单轮旋转式、双轮旋转式行程开关，它们的外形如图 7-56 所示。

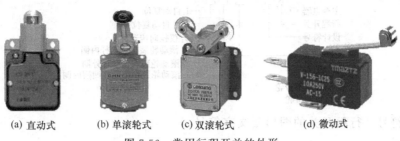

(a) 直动式   (b) 单滚轮式   (c) 双滚轮式   (d) 微动式

图 7-56 常用行程开关的外形

各种系列的行程开关其基本结构大体相同，都是由操作头、触点系统和外壳组成的。其结构示意图如图 7-57～图 7-59 所示。

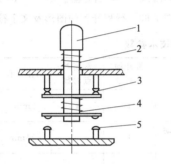

图 7-57 直动式行程开关图

1—顶杆；2—弹簧；3—常闭触点；
4—触点弹簧；5—常开触点

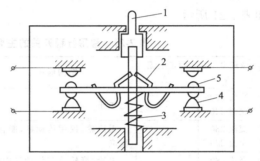

图 7-58 微动式行程开关

1—推杆；2—弹簧；3—压缩弹簧；
4—常闭触点；5—常开触点

(2) 行程开关的动作原理

① 直动式行程开关　其动作原理与控制按钮类似，所不同的是按钮是手动的，行程开关则由运动部件的撞块碰撞。当外界运动部件上的撞块碰压行程开关的推杆使其触点动作，运动部件离开后，在弹簧作用下，其触点自动复位。直动式行程开关的优点是结构简单，成本较低；缺点是触点的分合速度取决于生产机械的运行速度，不宜用于速度低于 0.4m/min 的场所。若撞块移动太慢，则触点就不能瞬时切断线路，使电弧在触点上停留时间过长，易于烧蚀触点。

② 滚动式行程开关　当运动机械上的挡铁（撞块）压到行程开关的滚轮上时，传动杠杆连同转轴一同转动，使凸轮推动撞块，当撞块碰压到一定位置时，推动微动开关快速动作。当滚轮上的挡铁移开后，复位弹簧就使行程开关复位，这是单轮自动复位式行程开关。而双轮旋转式行程开关不能自动复位，它依靠运动机械反向移动时，挡铁碰撞另一滚轮使其复位。

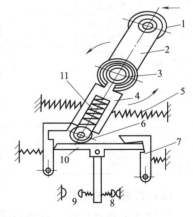

图 7-59 滚动式行程开关

1—滚轮；2—上传臂；3,5,11—弹簧；
4—套架；6—滑轮；7—压板；
8,9—触点；10—横板

(3) 行程开关的表达方式

① 型号　行程开关的型号组成及其含义如下。

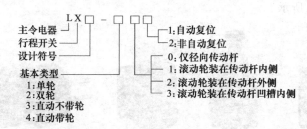

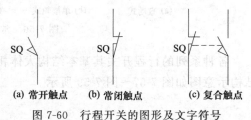

图 7-60　行程开关的图形及文字符号

(a) 常开触点　(b) 常闭触点　(c) 复合触点

② 电气符号　行程开关的图形及文字符号，如图 7-60 所示。

（4）行程开关的技术参数

行程开关的主要技术参数有额定电压、额定电流、触点数量、动作行程、触点转换时间、动作力等，如表 7-21 所示。

表 7-21　常用行程开关的主要技术参数

型号	额定电压 /V	额定电流 /A	结构形式	常开触点对数	常闭触点对数	动作行程	超行程
LX19K	交流 380 交流 220	5	元件	1	1	3mm	1mm
LX19-001	交流 380 交流 220	5	无滚轮，仅用传动杆，能自动复位	1	1	<4mm	>3mm
LX19K-111	交流 380 交流 220	5	单轮，滚轮装在传动杆内侧，能自动复位	1	1	约 30°	约 20°
LX19-121	交流 380 交流 220	5	单轮，滚轮装在传动杆外侧，能自动复位	1	1	约 30°	约 20°
LX19-131	交流 380 交流 220	5	单轮，滚轮装在传动杆凹槽内	1	1	约 30°	约 20°
LX19-212	交流 380 交流 220	5	双轮，滚轮装在 U 形传动杆内侧，不能自动复位	1	1	约 30°	约 15°
LX19-222	交流 380 交流 220	5	双轮，滚轮装在 U 形传动杆外侧，不能自动复位	1	1	约 30°	约 15°
LX19-232	交流 380 交流 220	5	双轮，滚轮装在 U 形传动杆内外侧各一，不能自动复位	1	1	约 30°	约 15°
JLXK1-111	交流 500	5	单轮防护式	1	1	12°～15°	≤30°
JLXK1-211	交流 500	5	双轮防护式	1	1	约 45°	≤45°
JLXK1-311	交流 500	5	直动防护式	1	1	1～3mm	2～4mm
JLXK1-411	交流 500	5	直动滚轮防护式	1	1	1～3mm	2～4mm

（5）行程开关的选用

行程开关在选用时，应根据不同的使用场合，满足额定电压、额定电流、复位方式和触点数量等方面的要求。

① 根据应用场合及控制对象选择种类。

② 根据控制要求确定触点的数量和复位方式。

③ 根据控制回路的额定电压和电流选择系列。

④ 根据安装环境确定开关的防护形式，如开启式或保护式。

（6）行程开关的检测

① 目测外观　检查行程开关外观是否完好。

② 手动检测　按动行程开关的顶杆，看动作是否灵活，并观察行程开关的触点，尝试区分常开和常闭触点。

③ 万用表检测　用万用表检查行程开关的常开和常闭触点工作是否正常。

a. 万用表调零。把万用表拨在 Ω 挡的 R×10 挡上，红、黑表笔对接调零。

b. 常闭触点的检测。将万用表红、黑两表笔分别放在行程开关一对触点的两接线端，万用表指针指向"0"，如图 7-61（a）所示；按下顶杆时，万用表指针由"0"指向"∞"，如图 7-61（b）所示，说明此对触点为常闭触点。

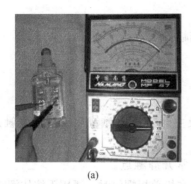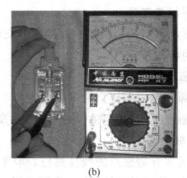

(a)　　　　　　　　　　　　　(b)

图 7-61　行程开关常闭触点的检测

c. 常开触点的检测。将万用表红、黑两表笔分别放在行程开关的另一对触点的两接线端，万用表指针指向"∞"，如图 7-62（a）所示；按下顶杆时，万用表指针由"∞"指向"0"，如图 7-62（b）所示，说明此对触点为常开触点。

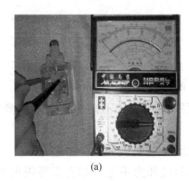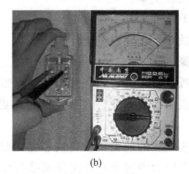

(a)　　　　　　　　　　　　　(b)

图 7-62　行程开关常开触点的检测

（7）行程开关的故障处理

行程开关在使用过程中会出现各种各样的问题，行程开关的常见故障及其检修方法，如表 7-22 所示。

表 7-22　行程开关的常见故障及其检修方法

故障现象	可能原因	检修方法
挡铁碰撞开关后触点不动作	开关位置安装不合适	调整开关位置
	触点接触不良	清洁触点
	触点连接线脱落	紧固连接线
行程开关复位后，常闭触点不能闭合	触杆被杂物卡住	清扫开关
	动触点脱落	重新调整动触点

续表

故障现象	可能原因	检修方法
行程开关复位后，常闭触点不能闭合	弹簧弹力减退或被卡住	调换弹簧
	触点偏斜	调换触点
杠杆偏转后触点未动	行程开关位置太低	将开关向上调到合适位置
	机械卡阻	打开后盖清扫开关

 **技能训练** 　**交流接触器的拆装与检修**

一、训练器材与工具

尖嘴钳、螺丝刀、活络扳手、万用表、交流接触器。

二、训练内容与步骤

1. 拆卸步骤

① 卸下灭弧罩紧固螺钉，取下灭弧罩。

② 拉紧主触点定位弹簧夹，取下主触点及主触点压力弹簧片。拆卸主触点时必须将主触点侧转 45°后取下。

③ 松开辅助常开静触点的线柱螺钉，取下常开静触点。

④ 松开接触器底部的盖板螺钉，取下盖板。在松盖板螺钉时，要用手按住螺钉并慢慢放松。

⑤ 取下静铁芯缓冲绝缘纸片及静铁芯。

⑥ 取下静铁芯支架及缓冲弹簧。

⑦ 拔出线圈接线端的弹簧夹片，取下线圈。

⑧ 取下反作用弹簧。

⑨ 取下衔铁和支架。

⑩ 从支架上取下动铁芯定位销。

⑪ 取下动铁芯及缓冲绝缘纸片。

2. 检修步骤

① 检查灭弧罩有无破裂或烧损，清除灭弧罩内的金属飞溅物和颗粒。

② 检查触点的磨损程度，磨损严重时应更换触点。若不需更换，则清除触点表面上烧毛的颗粒。

③ 清除铁芯端面的油垢，检查铁芯有无变形及端面接触是否平整。

④ 检查触点压力弹簧及反作用弹簧是否变形或弹力不足。如有需要则更换弹簧。

⑤ 检查电磁线圈是否有短路、断路及发热变色现象。

将交流接触器的拆装和检测情况记入表 7-23 中。

表 7-23　交流接触器的拆装和检测情况记录表

型号		容量/A		拆装步骤	主要零部件	
					名称	作用
触点数						
主	辅	常开	常闭			
触点电阻						
常开		常闭				
动作前/Ω	动作后/Ω	动作前/Ω	动作后/Ω			

续表

型号		容量/A		拆装步骤	主要零部件
电磁线圈					
线径	匝数	工作电压/V	直流电阻/Ω		

3. 装配步骤

按拆卸的逆顺序进行装配。

4. 自检方法

用万用表欧姆挡检查线圈及各触点是否良好；用兆欧表测量各触点间及主触点对地电阻是否符合要求；用手按动主触点检查运动部分是否灵活，以防产生接触不良、振动和噪声。

知识拓展

一、填空题

1. 闸刀开关由瓷质＿＿＿＿＿＿、＿＿＿＿＿＿、＿＿＿＿＿＿、＿＿＿＿＿＿、＿＿＿＿＿＿、＿＿＿＿＿＿和＿＿＿＿＿＿等部分组成，带有＿＿＿＿＿＿保护功能。

2. 熔断器主要由＿＿＿＿＿＿、＿＿＿＿＿＿或＿＿＿＿＿＿两部分组成。

3. 交流接触器使用过程中，触点磨损有＿＿＿＿＿＿、＿＿＿＿＿＿两种。

4. 热继电器主要由＿＿＿＿＿＿、＿＿＿＿＿＿和＿＿＿＿＿＿3部分组成。

5. 按钮按照用途和触点的结构不同分为＿＿＿＿＿＿、＿＿＿＿＿＿及＿＿＿＿＿＿。

6. 常用的行程开关有＿＿＿＿＿＿、＿＿＿＿＿＿、＿＿＿＿＿＿。

7. 交流接触器的结构主要由＿＿＿＿＿＿、＿＿＿＿＿＿、＿＿＿＿＿＿三大部分组成

8. 常用的低压熔断器有＿＿＿＿＿＿、＿＿＿＿＿＿、＿＿＿＿＿＿、＿＿＿＿＿＿等几种。

9. 熔断器是低压线路及电动机控制线路中一种最简单的＿＿＿＿＿＿和＿＿＿＿＿＿保护电器。

10. DZ型断路器，又称＿＿＿＿＿＿断路器，可用作配电线路的保护开关，还可用作＿＿＿＿＿＿、＿＿＿＿＿＿及电热线路的电源开关。

二、判断题

1. 三相异步电动机正反转控制线路，采用接触器联锁最可靠。　（　　　）

2. 接触器的银和合金触点在分断电弧时生成黑色的氧化膜电阻，会造成触点接触不良，因此必须锉掉。　（　　　）

3. 安装刀开关时，刀开关在合闸状态下手柄应该向上，不能倒装和平装，以防止闸刀松动落下时误合闸。　（　　　）

4. 热继电器误动作是由其电流整定值太大造成的。　（　　　）

5. 螺旋式熔断器，在装接使用时，电源线应接在上接线端，负载线应接在下接线端。　（　　　）

6. 低压开关、接触器、继电器、主令电器、电磁铁等都属于低压控制电器。　（　　　）

7. 熔断器熔体额定电流允许在超过熔断器额定电流下使用。　（　　　）

8. 接触器除通断线路外，还具备短路和过载的保护作用。　（　　　）

9. 热继电器的主双金属片作为温度补偿元件的双金属片其弯曲方向相反。　（　　　）

10. 中间继电器的输入信号为触点的通电和断电。　（　　　）

电动机基本控制线路的安装与调试

8.1 单向连续运转控制线路的安装与调试

8.1.1 电动机点动控制

在实际生产中，机械在进行试车和调整时，通常要求点动控制，如工厂中使用的电动葫芦和机床快速移动装置，龙门刨床横梁的上、下移动，摇臂钻床立柱的夹紧与放松，桥式起重机吊钩、大车运行的操作控制等都需要单向点动控制。

点动控制是用按钮、接触器来控制电动机运转的最简单的单向运转的控制线路，电动机的运行时间由按钮按下的时间决定，只要按下按钮电动机就转动，松开按钮电动机就停止动作。

如图8-1和图8-2所示，点动控制其主要原理是当按下按钮SB时，交流接触器KM的线圈得电，从而使接触器的主触点闭合，使三相交流电进入电动机的绕组，驱动电动机转动。松开SB时，交流接触器的线圈失电，使接触器的主触点断开，电动机的绕组断电而停止转动。

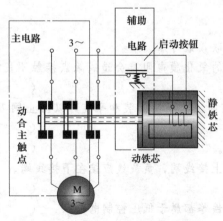

图8-1　电动机点动控制结构示意图

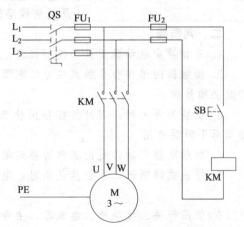

图8-2　电动机点动控制线路电气原理图

8.1.2 电动机单向连续运转控制

生产机械连续运转是最常见的形式，要求拖动生产机械的电动机能够长时间运转。三相异步电动机自锁控制是指按下启动按钮，电动机转动之后，再松开启动按钮，电动机仍保持转动。其主要原因是交流接触器的辅助触点维持交流接触器的线圈长时间得电，从而使得交流接触器的主触点长时间闭合，电动机长时间转动。这种控制应用在长时间连续工作的电动机中，如车床、砂轮机等。

(1) 电动机单向连续运转控制结构图

点动控制线路中加自锁（保）触点 KM，则可对电动机实行连续运行控制，又称为长动控制。线路工作原理：在电动机点动控制线路的基础上给启动按钮 SB_2 并联一个交流接触器的常开辅助触点，使得交流接触器的线圈通过其辅助触点进行自锁。当松开按钮 SB_2 时，由于接在按钮 SB_2 两端的 KM 常开辅助触点闭合自锁，控制回路仍保持通路，电动机 M 继续运转。电动机单向连续运转控制结构图如图 8-3 所示。

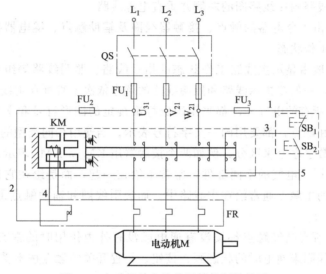

图 8-3　电动机单向连续运转控制结构图

(2) 电动机单向连续运转控制动作过程

先合上电源开关 QS，引入三相交流电。

① 启动运行　按下按钮 SB_2→KM 线圈得电→KM 主触点和自锁触点闭合→电动机 M 启动连续正转。

② 停车　按停止按钮 SB_1→控制线路失电→KM 主触点和自锁触点分断→电动机 M 失电停转。

③ 过载保护　电动机在运行过程中，由于过载或其他原因，使负载电流超过额定值时，经过一定时间，串接在主回路中的热继电器 FR 的热元件双金属片受热弯曲，推动串接在控制回路中的常闭触点断开，切断控制回路，接触器 KM 的线圈断电，主触点断开，电动机 M 停转，达到了过载保护的目的。

8.1.3　绘制、识读电气控制线路图

各种生产机械的电气控制线路常用线路原理图、接线图和布置图来表示。其中原理图用来分析电气控制原理，绘制及识读电气控制接线图，电气元件位置图和指导设备安装、调试与维修的主要依据；布置图用于电气元件的布置和安装；接线图用于安装接线、线路检查和

线路维修。

（1）电气原理图

原理图一般分为电源线路、主线路、控制线路和辅助线路四部分，采用电气元件展开图的形式绘制而成。图中虽然包括了各个电气元件的接线端点，但并不按照电气元件实际的布置位置来绘制，也不反映电气元件的大小。

① 电源线路画成水平线，三相交流电源相序 L_1、L_2、L_3 由上而下依次排列画出，经电源开关后用 U、V、W 或 U、V、W 后加数字标志。中线 N 和保护地线 PE 画在相线之下，直流电源则正端在上、负端在下画出；辅助线路用细实线表示，画在右边（或下部）。

② 主线路是指受电的动力装置的线路及控制、保护电器的支路等，它由主熔断器、接触器的主触点、热继电器的热元件以及电动机等组成。主线路通过的电流是电动机的工作电流，电流较大。主线路画在线路图的左侧并垂直电源线路。

③ 控制线路是由主令电器的触点、接触器线圈及辅助触点、继电器线圈及触点等组成的，控制主线路的工作状态。

④ 辅助线路一般由显示主线路工作状态的指示线路、照明线路等组成。辅助线路跨接在两相电源线之间，一般按指示线路和照明线路的顺序依次垂直画在主线路图的右侧。

⑤ 原理图中，所有的电气元件都采用国家标准规定的图形符号和文字符号来表示。属于同一电器的线圈和触点，都要用同一文字符号表示。当使用相同类型的电器时，可在文字符号后加注阿拉伯数字序号来区分，例如两个接触器用 KM_1，KM_2 表示。

⑥ 原理图中，同一电气的不同部件，常常不绘在一起，而是绘在它们各自完成功能的地方。例如接触器的主触点通常绘在主线路中，而吸引线圈和辅助触点则绘在控制线路中，但它们都用 KM 表示。

⑦ 原理图中，所有电气触点都按没有通电或没有外力作用时的常态绘出。如继电器、接触器的触点，按线圈未通电时的状态画；按钮、行程开关的触点按不受外力作用时的状态画等。

⑧ 原理图中，在表达清楚的前提下，尽量减少线条，尽量避免交叉线的出现。如果两线需要交叉连接时，需用黑色实心圆点表示；如果两线交叉不连接时，需用空心圆圈表示。

⑨ 原理图中，无论是主线路还是辅助线路，各电气元件一般应按动作顺序从上到下，从左到右依次排列，可水平或垂直布置。

⑩ 原理图的绘制应布局合理，排列整齐，且水平排列垂直排列均可。线路垂直布置时，类似项目横向对齐；水平布置时，类似项目应纵向对齐。

⑪ 电气元件应按功能布置，并尽可能按工作顺序排列。

（2）接线图

接线图是线路配线安装或检修的工艺图纸，它是用标准规定的图形符号绘制的实际接线图。接线图清晰地表示了各电气元件的相对位置和它们之间的连接线路。图中同一电气元件的各个部件被画在一起，各个部件的位置也被尽可能按实际情况排列。但对电气元件的比例和尺寸不做严格要求。

绘制、识读接线图应遵循以下原则：

① 接线图中一般示出电气设备和电气元件的相对位置、文字符号、端子号、导线号、导线类型、导线截面积、屏蔽和导线绞合等。

② 同一电气元件各部分的标注与原理图一致，以便对照检查接线。

③ 接线图中的导线有单根导线、导线组、电缆等，可用连续线表示也可用中断线表示。走向相同的导线可以合并而用线束表示，但当其到达接线端子板或电气元件的连接点时应分别画出。图中线束一般用粗实线表示。另外，导线及穿管的型号、根数和规格应在其附近标注清楚。

（3）电气元件布置图

电气元件布置图主要用来表明电气设备上所有电气元件的实际位置，常为采用简化的外形符号（如正方形、矩形、圆形等）绘制的一种简图。布置图为电气控制设备的制造、安装提供工艺性资料，以便于电气元件的布置和安装。图中各电器的文字符号必须与线路图和接线图的标注相一致。

电工工程中，线路原理图、接线图和布置图常被结合使用。

8.1.4 故障检测方法

（1）故障分析

将控制线路按功能环节分为启动环节、电气联锁环节、保护环节、自动环节、调速环节等或将各电气回路分解成环节线路（即将一个或多个电气元件用导线连接起来，完成某种单一功能的线路）。根据通电试车的现象特征，结合控制线路各回路功能分析和细化了的功能环节线路，与故障特征相对照，估计故障发生的回路，将故障范围缩小到某一环节内。值得注意的是，在实际操作过程当中，同一故障现象可能由多种原因引起。所以需要在分析故障时应全面考虑，将有可能引起这一故障的所有原因都列举出来，并通过分析对比，按出现的概率进行排序，进而逐一排查。

（2）故障检测

寻找故障元件及故障点时在通电状态下或断电状态下进行均可。

① 断电状态下　断电状态下对线路进行故障点的检测常用电阻法，是用仪表测量线路的电阻值，通过电阻值的对比进行线路故障判断的一种方法。利用电阻法对线路中的断线、触点虚接等故障进行检查，一般可以迅速地找到故障点。但在使用电阻法测量检查故障时，一定要切断电源。若被测线路与其他线路并联，则必须将该线路与其他线路断开，否则得不到准确的结果，具体测量方法如下。

a. 分阶测量法。如图 8-4 所示，按下 SB_2，接触器 KM_1 不吸合，该电气回路有断路故障。

用万用表的电阻挡检测前，先断开电源，然后按下 SB_2 不放松，先测量 1-7 两点间的电阻，如果电阻值为无穷大，则说明 1-7 之间的线路断开。然后分阶测量 1-2、1-3、1-4、1-5、1-6 各点间的电阻值。若线路正常，上述各点间电阻值为 0，当测到某两点间电阻为无穷大时，则说明表笔刚刚跨过的触点或连接线断路。

b. 分段测量法。如图 8-5 所示，检查前先切断电源，按下启动按钮 SB_2 不松开，然后依此逐段测量相邻两点 1-2、2-3、3-4、4-5、5-6 间的电阻。如果测得某两点间的电阻为"∞"，说明这两点间的触点或连接导线断路。例如，当测得 2-3 两点间电阻值为"∞"时，说明停止按钮 SB_1 或连接 SB_1 的导线断路。

② 通电状态下　通电状态下对线路进行故障检测可以通过测量线路的电压或电流值来确定故障点的位置。其中，通过测量线路电压确定故障点位置时，有不需要拆卸元件及导线，即可进行测量的优点，同时机床处在实际使用条件下，提高了故障识别的准确性。这种方法又称电压法，在机床线路带电状态下进行，测量各接点之间的电压值，通过对测量的电

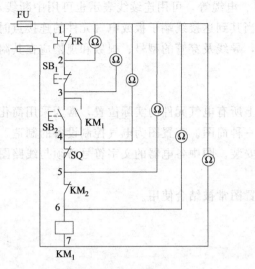

图 8-4 电阻分阶测量法   图 8-5 电阻分段测量法

压值与机床正常工作时应具有的电压值进行比较，以此来判断故障点及故障元件的位置。

采用电压法进行故障检测时常用的测量工具有：试电笔、万用表等。其中万用表在测量电压时，测量范围大，而且交直流电压均可测量，是使用最多的一种工具。

用电压法检测线路故障时应注意：

a. 检测前要熟悉可能存在故障的线路及各点的编号。弄清楚线路走向、元件部位，核对编号；

b. 了解线路各点间正常时应具有的电压值；

c. 记录各点间电压的测量值，并与正常值比较，做出分析判断以确定故障点及故障元件的位置。

如图 8-6 所示，先测量 1-8 之间的正常电压为 380V，对图 8-6 中的线路进行分段测量电压并记录测量的电压值，与正常电压相比较即可找出故障点。

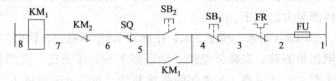

图 8-6 故障点电路分析举例

线路情况及所测线路电压、故障原因如表 8-1 所示。

表 8-1 电路情况及所测线路电压、故障原因

线路情况	线路电压/V							故障原因
	1-2	2-3	3-4	4-5	5-6	6-7	1-7	
按下 SB_2，KM_1 不吸合	0	0	0	0	0	0	0	FU 熔断
按下 SB_2，KM_1 不吸合	0	0	0	0	0	380	380	FR 跳闸
按下 SB_2，KM_1 不吸合	0	0	0	0	380	0	380	KM_1 线圈断线
按下 SB_2，KM_1 不吸合	0	0	0	380	0	0	380	KM_2 常闭触点接触不良
按下 SB_2，KM_1 不吸合	0	380	0	0	0	0	380	SB_2 常闭触点接触不良
按下 SB_2，KM_1 不吸合	0	0	380	0	0	0	380	SB_1 常开触点接触不良
按下 SB_2，KM_1 不吸合	380	0	0	0	0	0	380	SQ 常闭触点接触不良

8.1.5 电动机单向连续运转控制线路的常见故障及维修方法

电动机单向连续运转控制线路的常见故障及维修方法，如表 8-2 所示。

表 8-2 电动机单向连续运转控制线路的常见故障及维修方法

常见故障	故障原因	维修方法
电动机不启动	① 熔断器熔体熔断 ② 自锁触点和启动按钮串联 ③ 交流接触器不动作 ④ 热继电器未复位	① 查明原因排除后更换熔体 ② 改为并联 ③ 检查线圈或控制回路 ④ 手动复位
发出嗡嗡声，缺相	动、静触点接触不良	对动静触点进行修复
跳闸	① 电动机绕组烧毁 ② 线路或端子板绝缘击穿	① 更换电动机 ② 查清故障点排除
电动机不停车	① 触点烧损粘连 ② 停止按钮接点粘连	① 拆开修复 ② 更换按钮
电动机时通时断	① 自锁触点错接成常闭触点 ② 触点接触不良	① 改为常开 ② 检查触点接触情况
只能点动	① 自锁触点未接上 ② 并接到停止按钮上	① 检查自锁触点 ② 并接到启动按钮两侧

8.1.6 电气控制系统的保护环节

电动机在运行的过程中，除按生产机械的工艺要求完成各种正常运转外，还必须在线路出现短路、过载、欠压、失压等现象时，能自动切断电源停止转动，以防止和避免电气设备和机械设备的损坏事故，保证操作人员的人身安全。常用的电动机的保护有短路保护、过载保护、欠压保护、失压保护等。

（1）短路保护

当电动机绕组和导线的绝缘损坏时，或者控制电器及线路损坏发生故障时，线路将出现短路现象，产生很大的短路电流，使电动机、电器、导线等电气设备严重损坏。因此，在发生短路故障时，保护电器必须立即动作，迅速将电源切断。

常用的短路保护电器是熔断器和自动空气断路器。熔断器的熔体与被保护的线路串联，当线路正常工作时，熔断器的熔体不起作用，相当于一根导线，其上面的压降很小，可忽略不计。当线路短路时，很大的短路电流流过熔体，使熔体立即熔断，切断电动机电源，电动机停转。同样，若线路中接入自动空气断路器，当出现短路时，自动空气断路器会立即动作，切断电源使电动机停转。

（2）过载保护

当电动机负载过大，启动操作频繁或缺相运行时，会使电动机的工作电流长时间超过其额定电流，电动机绕组过热，温升超过其允许值，导致电动机的绝缘材料变脆，寿命缩短，严重时会使电动机损坏。因此，当电动机过载时，保护电器应动作切断电源，使电动机停转，避免电动机在过载下运行。

常用的过载保护的电器是热继电器。当电动机的工作电流等于额定电流时，热继电器不动作，电动机正常工作；当电动机短时过载或过载电流较小时，热继电器不动作，或经过较长时间才动作；当电动机过载电流较大时，串接在主线路中的热元件会在较短时间内发热弯曲，使串接在控制线路中的常闭触点断开，先后切断控制线路和主线路的电源，使电动机停转。

（3）欠压保护

当电网电压降低时，电动机便在欠压下运行。由于电动机负载没有改变，所以欠压下电动机转速下降，定子绕组中的电流增加。因此电流增加的幅度尚不足以使熔断器和热继电器动作，所以这两种电器起不到保护作用。如不采取保护措施，时间一长将会使电动机过热损坏。另外，欠压将引起一些电器释放，使线路不能正常工作，也可能导致人身伤害和设备损坏事故。因此，应避免电动机欠压下运行。

实现欠压保护的电器是接触器和电磁式电压继电器。在机床电气控制线路中，只有少数线路专门装设了电磁式电压继电器起欠压保护作用；而大多数控制线路，由于接触器已兼有欠压保护功能，所以不必再加设欠压保护电器。一般当电网电压降低到额定电压的85％以下时，接触器（电压继电器）线圈产生的电磁吸力将会减小到复位弹簧的拉力，动铁芯被释放，其主触点和自锁触点同时断开，切断主线路和控制线路电源，使电动机停转。

（4）失压保护（零压保护）

生产机械在工作时，由于某种原因发生电网突然停电，这时电源电压下降为零，电动机停转，生产机械的运动部件随之停止转动。一般情况下，操作人员不可能及时拉开电源开关，如不采取措施，当电源恢复正常时，电动机会自行启动运转，很可能造成人身伤害和设备损坏事故，并引起电网过电流和瞬间网络电压下降。因此，必须采取失压保护措施。

在电气控制线路中，起失压保护作用的电器是接触器和中间继电器。当电网停电时，接触器和中间继电器线圈中的电流消失，电磁吸力减小为零，动铁芯释放，触点复位，切断了主线路和控制线路电源。当电网恢复供电时，若不重新按下启动按钮，则电动机就不会自行启动，实现了失压保护。

8.1.7　电动机单向连续运转控制线路的安装

（1）配齐所需工具、仪表和连接导线

根据线路安装的要求配齐工具（如尖嘴钳、一字螺丝刀、十字螺丝刀、剥线钳、试电笔等），仪表（如万用表等）。根据控制对象选择合适的导线，主线路采用BV1.5mm²（红色、绿色、黄色）；控制线路采用BV0.75mm²（黑色）；按钮线采用BVR0.75mm²（红色）；接地线采用BVR1.5mm²（黄绿双色）。

（2）阅读分析电气原理图

读懂电动机单向连续运转控制线路电气原理图，如图8-7所示。明确线路安装所用元件及作用，并根据原理图画出布局合理的平面布置图和电气接线图。

（3）器件选择

根据原理图正确选择线路安装所需的低压电气元件，并明确其型号及规格、数量及用途，如表8-3所示。

（4）器件检测与安装

使用万用表对所选低压电气元件进行检测后，根据元件布置图将电气元件固定在安装板上，安装布置图如图8-8所示。

（5）电动机单向连续运转控制线路的连接

根据电气原理图和电气接线图，完成电动机单向连续运转控制线路的连接。

① 主线路连接　根据如图8-9所示主线路电气接线图完成主线路的连接。

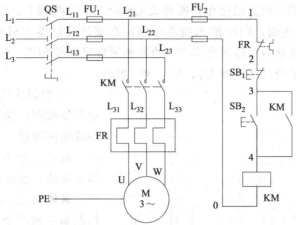

图 8-7　电动机单向连续运转控制线路电气原理图

表 8-3　电气元件明细表

符号	名称	型号及规格	数量	用途
QS	组合开关	HZ10-25/3	1	三相交流电源引入
SB$_2$	启动按钮	LAY7	1	启动
SB$_1$	停止按钮	LAY7	1	停止
FU$_1$	主线路熔断器	RT18-32　5A	3	主线路短路保护
FU$_2$	控制线路熔断器	RT18-32　1A	2	控制线路短路保护
KM	交流接触器	CJX2-1210	1	
FR	热继电器	JRS1-09308	1	过载保护
	导线若干	BV　1.5mm^2		主线路接线
	导线若干	BVR 0.75mm^2,1.5mm^2		控制线路接线,接地线
M	三相交流异步电动机	YS-5024W	1	
XT$_1$	端子排	主线路　TB-2512L	1	
XT$_2$	端子排	控制线路 TB-1512	1	

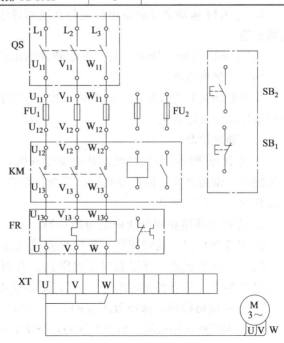

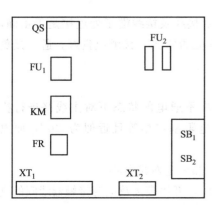

图 8-8　控制线路电气元件安装布置图

图 8-9　主线路电气接线图

将三相交流电源的三根火线接在转换开关 QS 的三个进线端上，QS 的出线端分别接在三个熔断器 FU₁ 的进线端，FU₁ 的出线端分别接在交流接触器 KM 的三对主触点的进线端，KM 主触点出线端分别与热继电器 FR 的发热元件进线端相连，FR 发热元件出线端通过端子排与电动机定子绕组接线端 U₁、V₁、W₁ 相连。

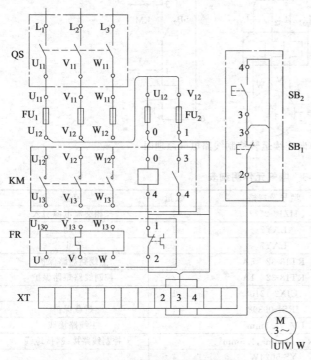

图 8-10　控制线路电气接线图

② 控制线路连接　根据控制线路电气接线图，如图 8-10 所示，完成控制线路的连接。

按从上至下、从左至右的原则，等电位法，逐点清，以防漏线。

具体接线：任取主线路短路保护熔断器中的两个，其出线端接在两个控制线路短路保护熔断器 FU₂ 的进线端。

1 点：任取一个控制线路短路保护熔断器，将其出线端通过端子排与热继电器 FR 常闭触点的进线端相连。

2 点：热继电器 FR 常闭触点的出线端通过端子排与停止按钮 SB₂ 常闭进线端相连。

3 点：停止按钮 SB₂ 常闭触点的出线端与启动按钮 SB₁ 常开触点进线端在按钮内部连接后，通过端子排与KM 辅助常开触点进线端相连。

4 点：KM 辅助常开触点出线端与其线圈进线端相连后，通过端子排与 SB₁ 常开触点出线端相连。

0 点：KM 线圈出线端与另一个熔断器的出线端相连。

(6) 安装电动机

安装电动机并完成电源、电动机（按要求接成星形或三角形）和电动机保护接地线等控制面板外部的线路连接。

(7) 静态检测

① 根据原理图或电气接线图从电源端开始，逐段核对接线及接线端子处连接是否正确，有无漏接、错接之处，检查导线接点是否符合要求，压接是否牢固。接触应良好，避免接负载运行时产生闪弧现象。

② 进行主线路和控制线路的通断检测。

a. 主线路检测。接线完毕，反复检查确认无误后，在不通电的状态下对主线路进行检查。按下 KM 主触点，万用表置于电阻挡，若测得各相电阻基本相等且近似为"0"；而放开 KM 主触点，测得各相电阻为"∞"，则接线正确。

b. 控制线路检测。选择万用表的 R×1 挡，然后红、黑表笔对接调零。

ⓐ 检测控制线路通断。断开主线路，按下启动按钮 SB₂，万用表读数应为接触器线圈的直流电阻值（如 CJX2 线圈直流电阻约为 15Ω），松开 SB₂ 或按下 SB₁，万用表读数为"∞"。

ⓑ 自锁控制检测。松开 SB$_1$，按下 KM 触点架，使其自锁触点闭合，将万用表红黑表笔分别放在图中的 1 点和 0 点上，万用表读数应为接触器的直流电阻值。

ⓒ 停车控制检测。按下 SB$_2$ 或 KM 触点架，将万用表红黑表笔分别放在图中的 1 点和 0 点上，万用表读数应为接触器的直流电阻值；然后同时再按下停止按钮 SB$_1$，万用表读数变为"∞"。

ⓓ 检查过载保护。检查热继电器的额定电流值是否与被保护的电动机额定电流相符，若不符，调整旋钮的刻度值，使热继电器的额定电流值与电动机额定电流相符；检查常闭触点是否动作，其机构是否正常可靠；复位按钮是否灵活。

(8) 通电试车

通电前必须征得教师同意，并由教师接通电源和现场监护，严格按安全规程的有关规定操作，防止安全事故的发生。

① 电源测试　合上电源开关 QS 后，用测电笔测 FU$_1$、三相电源。

② 控制线路试运行　断开电源开关 QS，确保电动机没有与端子排连接。合上开关 QS，按下按钮 SB$_2$，接触器主触点立即吸合，松开 SB$_2$，接触器主触点仍保持吸合。按下 SB$_1$，接触器触点立即复位。

③ 电动机带电试运行　断开电源开关 QS，接上电动机接线。再合上开关 QS，按下按钮 SB$_2$，电动机运转；按下 SB$_1$，电动机停转。操作过程中，观察各器件动作是否灵活，有无卡阻及噪声过大等现象，电动机运行有无异常。发现问题，应立即切断电源进行检查。

8.2　单向点动与连续运转混合控制线路的安装与调试

8.2.1　电动机单向点动与连续运转混合控制线路的工作过程

先合上电源开关 QS，引入三相交流电。电动机控制线路工作过程如图 8-12 所示。

(1) 点动控制

按下点动启动按钮 SB$_3$，SB$_3$ 常闭触点先分断，切断 KM 辅助触点线路；SB$_3$ 常开触点再闭合，KM 线圈得电，KM 主触点闭合，电动机 M 启动运转。同时，KM 辅助常开触点闭合，但因 SB$_3$ 常闭触点已分断，不能实现自保。

松开按钮 SB$_3$，KM 线圈失电，KM 主触点断开（KM 辅助触点也断开）后，SB$_3$ 常闭触点再恢复闭合，电动机 M 停止运转，点动控制实现。

(2) 连续运转控制

按下长动启动按钮 SB$_2$，KM 线圈得电，KM 主触点闭合，同时 KM 辅助触点也闭合，实现自保，电动机 M 启动并连续运行，长动控制实现。

(3) 停止

按下停止按钮 SB$_1$，KM 线圈失电，KM 主触点分断，电动机 M 停止运转。

8.2.2　电动机单向点动与连续运转混合控制线路方式

在生产实践过程中，机床设备正常工作需要电动机连续运行，而试车和调整刀具与工件的相对位置时，又要求"点动"控制。为此生产加工工艺要求控制线路既能实现"点动控制"又能实现"连续运行"工作，以用于试车、检修以及机床主轴的调整和连续运转等。

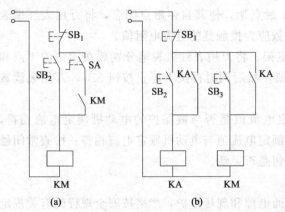

图 8-11　电动机单向点动与连续运转混合控制线路原理图

电动机单向点动与连续运转混合控制方式，除了上述使用复合按钮的控制方法外，还有两种常用的控制方法：使用开关控制，如图 8-11（a）所示；使用中间继电器控制，如图 8-11（b）所示。

8.2.3　常见故障分析

电动机单向点动与连续运转混合控制线路故障发生率比较高。常见故障主要有以下几方面原因。

① 接通电源后，按启动按钮（SB$_2$ 或 SB$_3$），接触器吸合，但电动机不转且发出"嗡嗡"声响；或者虽能启动，但转速很慢。

分析：这种故障大多是主回路一相断线或电源缺相造成的。

② 按下按钮 SB$_2$ 控制线路时通时断。

分析：自锁触点错接成常闭触点。

③ 接通电源后按下启动按钮，线路不动作。

分析：KM 线圈未接入控制回路。

8.2.4　单向点动与连续运转混合控制线路的安装

(1) 配齐需要的工具，仪表和合适的导线

根据线路安装的要求配齐工具（如尖嘴钳、一字螺丝刀、十字螺丝刀、剥线钳、试电笔等），仪表（如万用表等）。根据控制对象选择合适的导线，主线路采用 BV1.5mm²（红色、绿色、黄色）；控制线路采用 BV0.75mm²（黑色）；按钮线采用 BVR0.75mm²（红色）；接地线采用 BVR1.5mm²（黄绿双色）。

(2) 阅读分析电气原理图

读懂电动机单向点动与连续运转混合控制线路电气原理图，如图 8-12 所示。明确线路

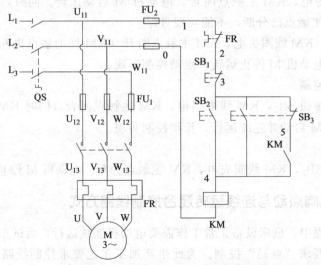

图 8-12　电动机单向点动与连续运转混合控制线路电气原理图

所用器件及作用，并根据原理图画出布局合理的平面布置图和电气接线图。

（3）器件选择

根据原理图正确选择线路安装所需要的低压电气元件，并明确其型号与规格、数量及用途，如表 8-4 所示。

表 8-4　电气元件明细表

符号	名称	型号与规格	数量	用途
QS	组合开关	HZ10-25/3	1	三相交流电源引入
M	电动机	YS-5024W	1	
SB$_1$	停止按钮	LAY7	1	停止
SB$_2$	长动启动按钮	LAY7	1	点动
SB$_3$	点动启动按钮	LAY7	1	长动
FU$_1$	主线路熔断器	RT18-32　5A	3	主线路短路保护
FU$_2$	控制线路熔断器	RT18-32　5A	2	控制线路短路保护
KM	交流接触器	CJX2-1210	1	控制电动机运行
FR	热继电器	JRS1 整定：2.5～4A	1	过载保护
	导线	BV　1.5mm^2		主线路接线
	导线	BVR 0.75mm^2，1.5mm^2		控制线路接线，接地线
XT	端子排	主线路 TB-2512L	1	
XT	端子排	控制线路 TB-1512	1	

（4）器件检测固定

使用万用表对所选低压电气元件进行检测后，根据元件布置图安装固定电气元件。安装布置图如图 8-13 所示。

（5）电动机单向点动与连续运转混合控制线路的连接

根据电气原理图和图 8-14 所示的电气接线图完成控制线路的连接。

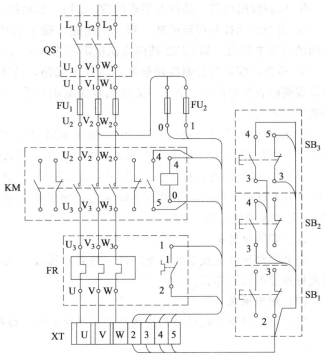

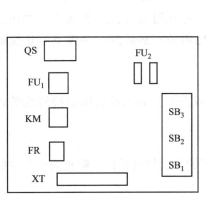

图 8-13　电动机单向点动与连续
运转混合控制线路元件布置图

图 8-14　电动机单向点动与连续运转混合控制线路电气接线图

① 主线路连接　将三相交流电源的三根相线接在转换开关 QS 的三个进线端上，QS 的出线端分别接在三个熔断器 FU_1 的进线端，FU_1 的出线端分别接在交流接触器 KM 的三对主触点的进线端，KM 主触点出线端分别与热继电器 FR 的发热元件进线端相连，FR 发热元件出线端通过端子排与电动机接线端子 U_{11}、V_{11}、W_{11} 相连。

② 控制线路连接　按从上至下、从左至右的原则，采用等电位法，逐点清，以防漏线。

具体接线：任取两个主线路短路保护熔断器，出线端接在两个熔断器 FU_2 的进线端。

1 点：任取一个熔断器，将其出线端与热继电器 FR 常闭触点的进线端相连。

2 点：热继电器 FR 常闭触点的出线端通过端子排与停止按钮 SB_1 常闭进线端相连。

3 点：停止按钮 SB_1 常闭触点的出线端与点动按钮 SB_3 和长动按钮 SB_2 的常开触点进线端及 SB_3 常闭触点的进线端在按钮内部连接。

4 点：KM 辅助常开触点出线端与其线圈进线端相连后，通过端子排与 SB_2 和 SB_3 常开触点出线端相连。

5 点：SB_3 常开触点进线端通过端子排与 KM 辅助常开触点进线端相连。

6 点：KM 线圈出线端与另一个熔断器的出线端相连。

(6) 静态检测

① 根据原理图和电气接线图从电源端开始，逐点核对接线及接线端子处连接是否正确，有无漏接、错接之处，检查导线接点是否符合要求，压接是否牢固。

② 进行主线路和控制线路的通断检测。

a. 主线路检测。接线完毕，反复检查确认无误后，在不通电的状态下对主线路进行检查。按下 KM 主触点，万用表置于电阻挡，若测得各相电阻基本相等且近似为"0"；而放开 KM 主触点，测得各相电阻为"∞"，则接线正确。

b. 控制线路检测。选择万用表的 R×1 挡，然后红、黑表笔对接调零。

ⓐ 检查点动控制线路通断：断开主线路，按下点动按钮 SB_3，万用表读数应为接触器线圈的直流电阻值（如 CJX2 线圈直流电阻约为 15Ω），松开 SB_3，万用表读数为"∞"。

ⓑ 检查连续运转控制线路通断：断开主线路，按下启动按钮 SB_2，万用表读数应为接触器线圈的直流电阻值（如 CJX2 线圈直流电阻约为 15Ω），松开 SB_2 或按下 SB_1，万用表读数为"∞"。

ⓒ 检查控制线路自锁：松开 SB_3，按下 KM 触点架，使其自锁触点闭合，将万用表红、黑表笔分别放在图 8-14 中的 1 点和 0 点上，万用表读数应为接触器的直流电阻值。

ⓓ 停车控制检查。按下 SB_2 或 SB_3 或 KM 触点架，将万用表红、黑表笔分别放在图 8-14 中的 1 点和 0 点上，万用表读数为接触器的直流电阻值；然后同时再按下停止按钮 SB_1，万用表读数变为"∞"。

(7) 安装电动机

安装电动机并完成电源、电动机（按要求接成 Y 形或 △ 形）和电动机保护接地线等控制面板外部的线路连接。

(8) 通电试车

通电试车必须在指导教师现场监护下严格按安全规程的有关规定操作，防止安全事故的发生。

通电时先接通三相交流电源，合上转换开关 QS。按下 SB_2，电动机应连续运转。按下 SB_1，电动机停止运转，电动机长动运行正常。按下 SB_3 电动机运转，松开 SB_3 电动机停止运转，电动机点动运行正常。操作过程中，观察各器件动作是否灵活，有无卡阻及噪声过大等现象，电动机运行有无异常。发现问题，应立即切断电源进行检查。

8.3　接触器联锁正反转控制线路的安装与调试

生产机械常常需要按上下、左右、前后等相反方向运动，这就要求拖动生产机械的电动机能够正反两个方向运转。正反转控制线路是指采用某种方式使电动机实现正反转向调换的控制线路。在工厂动力设备上，通常采用改变接入三相异步电动机绕组的电源相序来实现。

三相异步电动机的正反转控制线路有许多类型，如接触器联锁正反转控制线路、按钮联锁正反转控制线路、使用倒顺开关等。

8.3.1　倒顺开关控制的正反转控制线路

倒顺开关属于组合开关类型，不但能接通和分断电源，还能改变电源输入的相序，用来直接实现小容量电动机的正反转控制。如图 8-15 所示，当倒顺开关扳到"顺"的位置时电动机的输入电源相序为 U—V—W；倒顺开关扳到"停"的位置，使电动机停车之后，再把倒顺开关扳到"反"的位置，电动机的输入电源相序为 U—W—V，改变了电动机的旋转方向。

8.3.2　接触器联锁正反转控制线路

控制电动机正反两个方向运转的两个交流接触器不能同时闭合，否则主线路中将发生两相短路事故。因此，利用两个接触器进行相互制约，使它们在同一时间里只有一个工作，这种控制作用称为互锁或联锁。

将其中一个接触器的常闭辅助触点串入另一个接触器线圈线路中即可。接触器互锁又称为电气互锁。

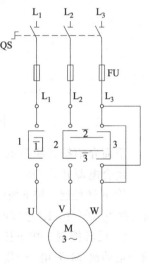

图 8-15　倒顺开关控制的
正反转主线路

接触器联锁正反转控制线路电气原理图如图 8-17 所示。

下面介绍接触器互锁正转控制、反转控制和停止的工作过程。

合上电源开关 QS。

① 正转控制　按下正转启动按钮 SB_2→KM_1 线圈得电→KM_1 主触点和自锁触点闭合（KM_1 常闭互锁触点断开）→电动机 M 启动连续正转。

② 反转控制　先按下停车按钮 SB_1→KM_1 线圈失电→KM_1 主触点分断（互锁触点闭合）→电动机 M 失电停转→再按下反转启动按钮 SB_3→KM_2 线圈得电→KM_2 主触点和自锁触点闭合→电动机 M 启动连续反转。

③ 停止　按停止按钮 SB_1→控制线路失电→KM_1（或 KM_2）主触点分断→电动机 M 失电停转。

注意：电动机从正转变为反转时，必须先按下停止按钮后，才能按反转启动按钮，否则由于接触器的联锁作用，不能实现反转。

想一想：电动机在正转时若按下反转启动按钮会怎么办？此线路需要改进哪些地方？

8.3.3　按钮联锁正反转控制线路

将正转启动按钮的常闭触点串接在反转控制线路中，将反转启动按钮的常闭触点串接在正转控制线路中，称为按钮联锁。按钮联锁又称机械联锁。

电动机按钮联锁正反转控制线路原理图，如图 8-16 所示。

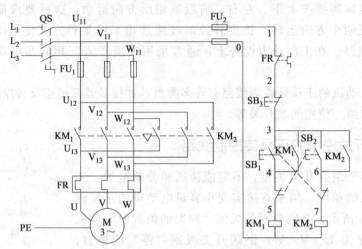

图 8-16　电动机按钮联锁正反转控制线路原理图

下面介绍按钮联锁正反转动作过程。

闭合电源开关 QS。

① 正转控制　按下按钮 SB_1→SB_1 常闭触点先分断对 KM_2 联锁（切断反转控制线路）→SB_1 常开触点后闭合→KM_1 线圈得电→KM_1 主触点和辅助触点闭合→电动机 M 启动连续正转。

② 反转控制　按下按钮 SB_2→SB_2 常闭触点先分断→KM_1 线圈失电→KM_1 主触点分断→电动机 M 失电→SB_2 常开触点后闭合→KM_2 线圈得电→KM_2 主触点和辅助触点闭合→电动机 M 启动连续反转。

③ 停止　按停止按钮 SB_3→整个控制线路失电→KM_1（或 KM_2）主触点和辅助触点分断→电动机 M 失电停转。

想一想：这种线路控制的可靠程度如何？需要改进哪些地方？

8.3.4　接触器联锁正反转控制线路的安装

(1) 配齐所需工具、仪表和连接导线

根据线路安装的要求配齐工具（如尖嘴钳、一字螺丝刀、十字螺丝刀、剥线钳、试电笔等），仪表（如万用表等）。根据控制对象选择合适的导线，主线路采用 $BV1.5mm^2$（红色、绿色、黄色）；控制线路采用 $BV0.75mm^2$（黑色）；按钮线采用 $BVR0.75mm^2$（红色）；接地线采用 $BVR1.5mm^2$（黄绿双色）。

(2) 阅读分析电气原理图

读懂电动机接触器联锁正反转控制线路电气原理图，如图 8-17 所示。明确线路安装所用元件及作用，并根据原理图画出布局合理的平面布置图和电气接线图。

(3) 器件选择

根据原理图正确选择线路安装所需的低压电气元件，并明确其型号及规格、数量及用

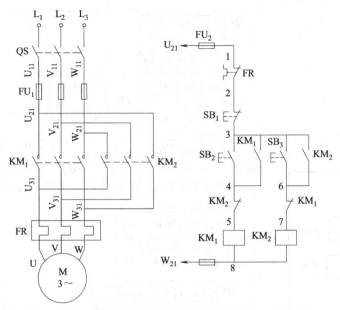

图 8-17 电动机接触器联锁正反转控制线路电气原理图

途，如表 8-5 所示。

表 8-5 电气元件明细表

符号	名称	型号及规格	数量	用途
M	交流电动机	YS-5024W	1	
QS	组合开关	HZ10-25/3	1	三相交流电源引入
SB₁	停止按钮	LAY7	1	停止
SB₂	正转启动按钮	LAY7	1	正转
SB₃	反转启动按钮	LAY7	1	反转
FU₁	主线路熔断器	RT18-32 5A	3	主线路短路保护
FU₂	控制线路熔断器	RT18-32 1A	2	控制线路短路保护
KM₁	交流接触器	CJX2-1210	1	控制 M 正转
KM₂	交流接触器	CJX2-1210	1	控制 M 反转
FR	热继电器	JRS1-09308	1	M 过载保护
	导线	BV 1.5mm²		主线路接线
	导线	BVR 0.75mm²,1.5mm²		控制线路接线
XT	端子排	主线路 TB-2512L	1	
XT	端子排	控制线路 TB-1512	1	

（4）低压电器检测安装

使用万用表对所选低压电气元件进行检测后，根据元件布置图安装固定电气元件。安装布置图如图 8-18 所示。

（5）接触器联锁正反转控制线路的连接

根据电气原理图和图 8-19 所示的电气接线图，完成电动机接触器联锁正反转控制线路的线路连接。

① 主线路接线　将三相交流电源分别接到转换开关的进线端，从转换开关的出线端接到主线路熔断器 FU₁ 的进线端；将 KM₁、KM₂ 主触点进线端对应相连后再与 FU₁ 出线端相连；KM₁、KM₂ 主触点出线端换相连接后与 FR 发热元件进线端相连；FR 发热元件出线端通过端子排分别接电动机接线盒中的 U₁、V₁、W₁ 接线柱。

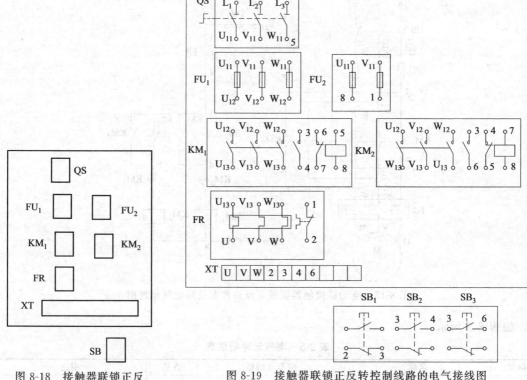

图 8-18　接触器联锁正反
转控制线路电气元件安装布置图

图 8-19　接触器联锁正反转控制线路的电气接线图

② 控制线路连接　按从上至下、从左至右的原则，逐点清，以防漏线。

具体接线：任取组合开关的两组触点，其出线端接在两个熔断器 FU_2 的进线端。

1 点：将一个 FU_2 的出线端通过端子排接在 FR 的常闭触点的进线端。

2 点：FR 的常闭触点的出线端通过端子排接在停止按钮 SB_1 常闭进线端。

3 点：在按钮内部将 SB_1 常闭触点出线端、SB_2 常开进线端、SB_3 常开进线端相连。将 KM_1 常开辅助触点进线端、KM_2 常开辅助触点进线端相连。然后再通过端子排与按钮相连。

4 点：SB_2 常开触点出线端通过端子排与 KM_1 常开辅助触点出线端和 KM_2 辅助常闭触点进线端相连。

5 点：KM_2 常闭辅助触点出线端与 KM_1 线圈进线端相连。

6 点：SB_3 常开触点出线端通过端子排与 KM_2 常开辅助触点出线端和 KM_1 辅助常闭触点进线端相连。

7 点：KM_1 常闭辅助触点出线端与 KM_2 线圈进线端相连接。

8 点：KM_1 与 KM_2 线圈出线端相连后，再与另一个 FU_2 的出线端相连。

(6) 安装电动机

安装电动机并完成电源、电动机（按要求接成星形或三角形）和电动机保护接地线等控制面板外部的线路连接。

(7) 静态检测

① 根据原理图和电气接线图从电源端开始，逐点核对接线及接线端子处连接是否正确，

有无漏接、错接之处，检查导线接点是否符合要求，压接是否牢固。

② 主线路和控制线路的通断检测如下。

a. 主线路检测。接线完毕，反复检查确认无误后，在不通电的状态下对主线路进行检查。分别按下 KM_1 和 KM_2 主触点，万用表置于电阻挡，若测得各相电阻基本相等且近似为 0；而放开 KM_1（KM_2）主触点，测得各相电阻为∞，则接线正确。

b. 控制线路检测。选择万用表的 R×1 挡，然后红、黑表笔对接调零。

ⓐ 检查正转控制。断开主线路，按下启动按钮 SB_2 或 KM_1 触点架，万用表读数应为接触器线圈的直流电阻值（如 CJX2 线圈直流电阻约为 15Ω），松开 SB_2、KM_1 触点架或按下 SB_1，万用表读数为"∞"。

ⓑ 检查反转控制。按下启动按钮 SB_3 或 KM_2 触点架，万用表读数应为接触器线圈的直流电阻值（如 CJX2 线圈直流电阻约为 15Ω），松开 SB_3、KM_2 触点架或按下 SB_1，万用表读数为"∞"。

(8) 通电试车

通电试车必须在指导教师现场监护下严格按安全规程的有关规定操作，防止安全事故的发生。

通电时先接通三相交流电源，合上转换开关 QS。按下 SB_2，电动机正转。按下 SB_1，电动机停止运转。按下 SB_3，电动机反转。按下 SB_1，电动机停止运转。操作过程中，观察各器件动作是否灵活，有无卡阻及噪声过大等现象，电动机运行有无异常。发现问题，应立即切断电源进行检查。

(9) 常见故障分析

① 接通电源后，按启动按钮（SB_2 或 SB_3），接触器吸合，但电动机不转且发出"嗡嗡"声响；或者虽能启动，但转速很慢。

分析：这种故障大多是主回路一相断线或电源缺相造成的。

② 控制线路时通时断，不起联锁作用。

分析：联锁触点接错，在正、反转控制回路中，均用自身接触器的常闭触点作联锁触点。

③ 电动机只能点动正转控制。

分析：自锁触点用的是另一接触器的常开辅助触点。

④ 在电动机正转或反转时，按下 SB_1 不能停车。

分析：原因可能是 SB_1 失效。

⑤ 合上 QS 后，熔断器 FU_2 马上熔断。

分析：原因可能是 KM_1 或 KM_2 线圈、触点短路。

⑥ 按下 SB_2 后电动机正常运行，再按下 SB_3，FU_1 马上熔断。

分析：原因是正、反转主线路换相线接错或 KM_1、KM_2 常闭辅助触点联锁不起作用。

8.4　双重联锁正反转控制线路的安装与调试

8.4.1　双重联锁正反转控制

(1) 过程分析

正转如下：

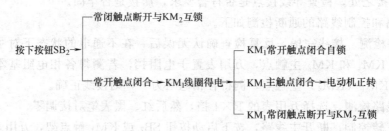

反转如下：

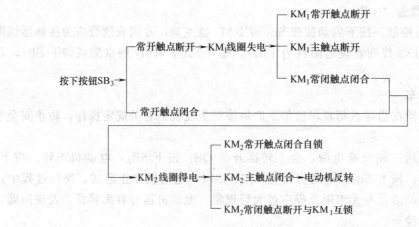

停止如下：

（2）优点

双重联锁正反转控制的优点是可靠性高，操作方便，能直接进行正转与反转的切换。

8.4.2　电气控制线路故障的检修步骤和检查、分析方法

电气控制线路的故障一般分为自然故障和人为故障两大类。电气故障轻者使电气设备不能工作而影响生产，重者酿成事故。因此，电气控制线路日常的维护检修尤为重要。

电气控制线路形式很多，复杂程度不一。要准确、迅速地找出故障并排除，必须弄懂线路原理，掌握正确的维修方法。

（1）电气控制线路故障的检修步骤

① 仔细观察故障现象。

② 依据线路原理找出故障发生的部位或故障发生的回路，且尽可能地缩小故障范围。

③ 查找故障点。

④ 排除故障。

⑤ 通电空载校验或局部空载校验。

⑥ 正常运行。

在以上检修步骤中，找出故障点是检修工作的难点和重点。在寻找故障点时，首先应该分清发生故障的原因是属于电气故障还是机械故障；对电气故障还要分清是电气线路故障还是电气元件的机械结构故障。

(2) 电气控制线路故障的检查和分析方法

常用的电气控制线路故障的分析检查方法有调查研究法、试验法、逻辑分析法和测量法等几种。通常要同时运用几种方法查找故障点。

① 调查研究法　调查研究法可归纳为四个字"问、看、听、摸"，能帮助我们找出故障现象。

问：询问设备操作工人。

看：看有无由于故障引起明显的外观征兆。

听：听设备各电气元件在运行时的声音与正常运行时有无明显差异。

摸：摸电气发热元件及线路的温度是否正常等。

② 试验法　试验法是在不损伤电气和机械设备的条件下通电进行试验的方法。一般先进行点动试验检验各控制环节的动作情况，若发现某一电器动作不符合要求，即说明故障范围在与此电器有关的线路中。然后在这部分线路中进一步检查，便可找出故障点。

还可以采用暂时切除部分线路（主线路）的试验方法，来检查各控制环节的动作是否正常。

不要随意用外力使接触器或继电器动作，以防引起事故。

③ 逻辑分析法　逻辑分析法是根据电气控制线路工作原理、控制环节的动作程序以及它们之间的联系，结合故障现象作具体分析，迅速地缩小检查范围，判断故障所在的方法。逻辑分析法适用于复杂线路的故障检查。

④ 测量法　测量法通常利用校验灯、试电笔、万用表、蜂鸣器、示波器等仪器仪表对线路进行带电或断电测量，找出故障点。这是线路故障查找的基本而有效的方法。

测量法注意事项：

a. 用万用表欧姆挡和蜂鸣器检测电气元件及线路是否断路或短路时，必须切断电源。

b. 在测量时，要看是否有并联支路或其他回路对被测线路有影响，以防产生误判断。

电气控制线路的故障千差万别，要根据不同的故障现象综合运用各种方法，以求迅速、准确地找出故障点，及时排除故障。

8.4.3　双重联锁正反转控制线路的安装

(1) 配齐需要的工具、仪表和合适的导线

根据线路安装的要求配齐工具（如尖嘴钳、一字螺丝刀、十字螺丝刀、剥线钳、试电笔等），仪表（如万用表等）。根据控制对象选择合适的导线，主线路采用 BV1.5mm²（红色、绿色、黄色）；控制线路采用 BV0.75mm²（黑色）；按钮线采用 BVR0.75mm²（红色）；接地线采用 BVR1.5mm²（黄绿双色）。

(2) 阅读分析电气原理图

读懂电动机双重联锁正反转控制线路电气原理图，如图 8-20 所示。明确线路安装所用元件及作用，并根据原理图画出布局合理的平面布置图和电气接线图。

(3) 器件选择

根据原理图正确选择线路安装所需要的低压电气元件，并明确其型号及规格、数量及用途，如表 8-6 所示。

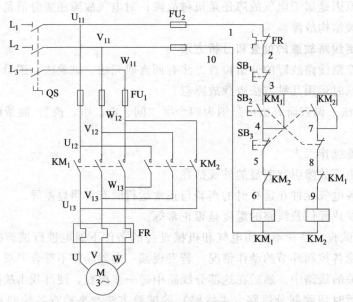

图 8-20   电动机双重联锁正反转控制线路电气原理图

表 8-6   电气元件明细表

符号	名称	型号及规格	数量	用途
M	交流电动机	YS-5024W	1	
QS	组合开关	HZ10-25/3	1	三相交流电源引入
SB₁	停止按钮	LAY7	1	停止
SB₂	正转按钮	LAY7	1	正转
SB₃	反转按钮	LAY7	1	反转
FU₁	主线路熔断器	RT18-32 5A	3	主线路短路保护
FU₂	控制线路熔断器	RT18-32 1A	2	控制线路短路保护
KM₁	交流接触器	CJX2-1210	1	控制 M 正转
KM₂	交流接触器	CJX2-1210	1	控制 M 反转
FR	热继电器	JRS1-09308	1	M 过载保护
	导线	BV 1.5mm²		主线路接线
	导线	BVR 0.75mm²,1.5mm²		控制线路接线,接地线
XT	端子排	主线路 TB-2512L	1	
XT	端子排	控制线路 TB-1512	1	

(4) 低压电器检测安装

使用万用表对所选低压电器进行检测后，根据元件布置图安装固定电气元件。安装布置图如图 8-21 所示。

(5) 双重联锁正反转控制线路的连接

根据电气原理图和如图 8-22 所示的电气接线图，完成电动机接触器联锁正反转控制线路的线路连接。

① 控制线路的连接   按从上至下、从左至右的原则，逐点清，以防漏线。

具体接线：任取组合开关的两组触点，其出线端接在两个熔断器 FU₂ 的进线端。

1 点：将一个 FU₂ 的出线端与热继电器 FR 常闭触点的进线端相连。

2 点：FR 的常闭触点的出线端通过端子排接在停止按钮 SB₁ 常闭进线端。

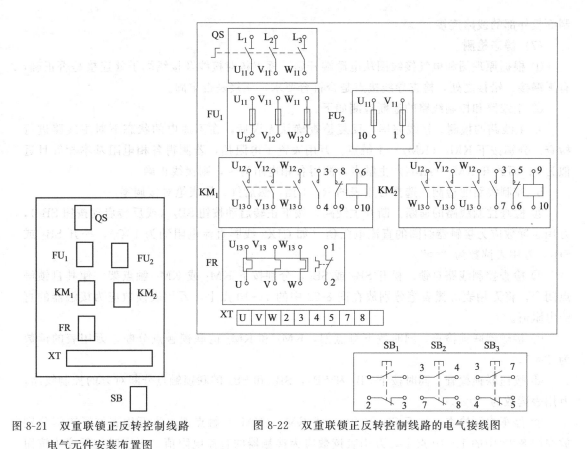

图 8-21 双重联锁正反转控制线路
电气元件安装布置图

图 8-22 双重联锁正反转控制线路的电气接线图

3 点：在按钮内部将 SB_1 常闭触点出线端、SB_2 常开进线端、SB_3 常开进线端相连。将 KM_1 常开辅助触点进线端、KM_2 常开辅助触点进线端相连。然后再通过端子排与按钮相连。

4 点：SB_2 常开触点出线端与 SB_3 常闭触点进线端相连，然后通过端子排与 KM_1 常开辅助触点出线端相连。

5 点：SB_3 常闭触点出线端通过端子排与 KM_2 常闭辅助触点进线端相连。

6 点：KM_2 常闭辅助触点出线端与 KM_1 线圈进线端相连。

7 点：SB_3 常开触点出线端与 SB_2 常闭触点进线端，再通过端子排与 KM_2 常开辅助出线端相连。

8 点：SB_2 常闭触点出线端通过端子排与 KM_1 常闭辅助触点进线端相连。

9 点：KM_1 常闭辅助触点出线端与 KM_2 线圈进线端相连接。

10 点：将其中一个 FU_2 的出线端接在 KM_1、KM_2 线圈的出线端。

② 主线路接线 将三相交流电源分别接到转换开关的进线端，从转换开关的出线端接到主线路熔断器 FU_1 的进线端；将 KM_1、KM_2 主触点进线端对应相连后再与 FU_1 出线端相连；KM_1、KM_2 主触点出线端换相连接后与 FR 发热元件进线端相连；FR 发热元件出线端通过端子排分别接电动机接线盒中的 U_1、V_1、W_1 接线柱。

(6) 安装电动机

安装电动机并完成电源、电动机（按要求接成星形或三角形）和电动机保护接地线等控制面板外部的线路连接。

(7) 静态检测

① 根据原理图和电气接线图从电源端开始，逐点核对接线及接线端子处连接是否正确，有无漏接、错接之处，检查导线接点是否符合要求，压接是否牢固。

② 主线路和控制线路的通断检测如下。

a. 主线路的检测。接线完毕，反复检查确认无误后，在不通电的状态下对主线路进行检查。分别按下 KM_1（KM_2）主触点，万用表置于电阻挡，若测得各相电阻基本相等且近似为 0；而放开 KM_1（KM_2）主触点，测得各相电阻为 ∞，则接线正确。

b. 控制线路的检测。选择万用表的 R×1 挡，然后红、黑表笔对接调零。

ⓐ 检查控制线路的通断。断开主线路，按下正转启动按钮 SB_2（或反转启动按钮 SB_3），万用表读数应为接触器线圈的直流电阻值（如 CJX2 线圈直流电阻约为 15Ω），松开 SB_2 或 SB_3，万用表读数为"∞"。

ⓑ 检查控制线路自锁。松开 SB_2 或 SB_3，分别按下 KM_1 或 KM_2 触点架，使其自锁触点闭合，将万用表红黑表笔分别放在图 8-22 中的 1～10 点上，万用表读数应为接触器的直流电阻值。

ⓒ 接触器联锁检查。同时按下触点架，KM_1 和 KM_2 的联锁触点分断，万用表的读数为"∞"。

ⓓ 按钮联锁检查。同时按下 SB_2 和 SB_3，SB_2 和 SB_3 的联锁触点分断对方的控制线路，万用表读数为"∞"。

ⓔ 停车控制检查。按下 SB_2（SB_3）或 KM_1（KM_2）触点架，将万用表红黑表笔分别放在图 8-22 中的 1～10 点上，万用表读数应为接触器的直流电阻值；再同时按下停止按钮 SB_1，万用表读数变为"∞"。

(8) 通电试车

通电试车必须在指导教师现场监护下严格按安全规程的有关规定操作，防止安全事故的发生。

接通三相交流电源，合上转换开关 QS。按下 SB_2，电动机应正转，按下 SB_3，电动机反转，然后再按下 SB_1，电动机停止运转。同时，还要观察各元器件动作是否灵活，有无卡阻及噪声过大等现象，并检查电动机运行是否正常。或有异常，应立即切断电源，停车检查。

(9) 常见故障分析

① 接通电源后，按启动按钮（SB_2 或 SB_3），接触器吸合，但电动机不转且发出"嗡嗡"声响；或者虽能启动，但转速很慢。

分析：这种故障大多是主回路一相断线或电源缺相造成的。

② 控制线路时通时断，不起联锁作用。

分析：联锁触点接错，在正、反转控制回路中均用自身接触器的常闭触点作联锁触点。

③ 按下启动按钮，线路不动作。

分析：联锁触点用的是接触器常开辅助触点。

④ 电动机只能点动正转控制。

分析：自锁触点用的是另一接触器的常开辅助触点。

⑤ 按下 SB_2，KM_1 剧烈振动，启动时接触器"吧嗒"就不吸合了。

分析：联锁触点接到自身线圈的回路中。接触器吸合后常闭接点断开，接触器线圈断电释放，释放常闭接点又接通，接触器又吸合，接点又断开，所以会出现"吧嗒"接触器不吸合的现象。

⑥ 在电动机正转或反转时，按下 SB_1 不能停车。

分析：原因可能是 SB_1 失效。

⑦ 合上 QS 后，熔断器 FU_2 马上熔断。

分析：原因可能是 KM_1 或 KM_2 线圈、触点短路。

⑧ 合上 QS 后，熔断器 FU_1 马上熔断。

分析：原因可能是 KM_1 或 KM_2 短路，或电动机相间短路，或正、反转主线路换相线接错。

⑨ 按下 SB_2 后电动机正常运行，再按下 SB_3，FU_1 马上熔断。

分析：原因是正、反转主线路换相线接错或 KM_1、KM_2 常闭辅助触点联锁不起作用。

8.5　自动往返控制线路的安装与调试

8.5.1　行程开关的基本使用

(1) 限位控制线路

限位控制线路是当生产机械的运动部件向某一方向运动到预定地点时，改变行程开关的触点状态，以控制电动机的运转状态，从而控制运动部件的运动状态的线路。

① 限位断电控制线路　如图 8-23 所示，按下按钮 SB，KM 线圈得电自保，电动机带动生产机械运动部件运动，到达预定地点时，行程开关 SQ 动作，KM 线圈失电，电动机停转，生产机械运动部件停止运动。

② 限位通电控制线路　当生产机械的运动部件运动到达预定地点时，行程开关 SQ 动作，使 KM 线圈得电，如图 8-24 所示。

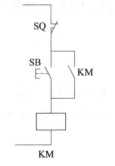

图 8-23　限位断电控制线路

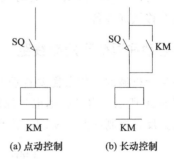

(a) 点动控制　　(b) 长动控制

图 8-24　限位通电控制线路

(2) 工作台的位置控制

生产机械的位置控制是将生产机械的运动限制在一定范围内，也称限位控制，利用位置开关（也称行程开关）和运动部件上的机械挡铁来实现，工作台位置控制电气原理图，如图 8-25 所示。

下面进行工作台位置控制工作原理分析。

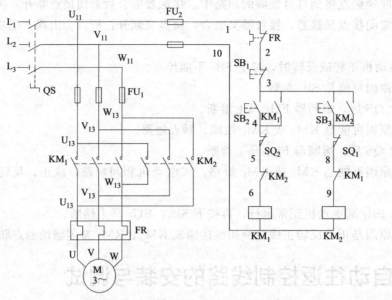

图 8-25 工作台的位置控制电气原理图

① 合上开关 QS，引入三相交流电源。

② 按下按钮 SB₂，KM₁ 线圈得电，KM₁ 主触点和自锁触点闭合，电动机正转，拖动工作台左移。

③ 工作台左移，当挡铁碰到行程开关 SQ₂ 时，SQ₂ 常闭触点分断，KM₁ 线圈失电，KM₁ 主触点和自锁触点分断，电动机停转，工作台停止左移。稍后，KM₁ 互锁触点闭合，为工作台右移做好准备。

④ 按下按钮 SB₃，KM₂ 线圈得电，KM₂ 主触点和自锁触点闭合，电动机反转，拖动工作台右移。

⑤ 工作台右移，当挡铁碰到行程开关 SQ₁ 时，SQ₁ 常闭触点分断，KM₂ 线圈失电，KM₂ 主触点和自锁触点分断，电动机停转，工作台停止右移。稍后，KM₂ 互锁触点闭合，为工作台左移做好准备。

8.5.2 自动往返循环控制线路

某些生产机械的工作台需要自动改变运动方向，即自动往返。工作台自动往返工作示意图，如图 8-26 所示，自动往返电气原理图如图 8-25 所示。行程开关 SQ₁、SQ₂ 用来自动切换电动机正反转控制线路，实现工作台的自动往返行程控制。

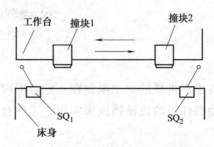

图 8-26 工作台自动往返工作示意图

下面是自动往返控制工作过程分析。

启动时：

电动机正转带动工作台向右移动，当移动到右端行程开关 SQ₂ 位置时：

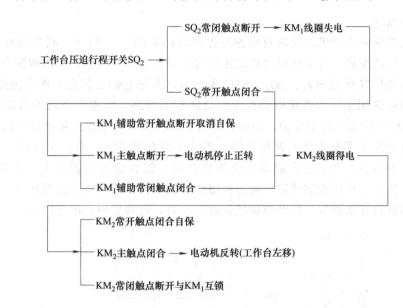

电动机反转带动工作台向左移动，当移动到左端行程开关 SQ₁ 位置时：

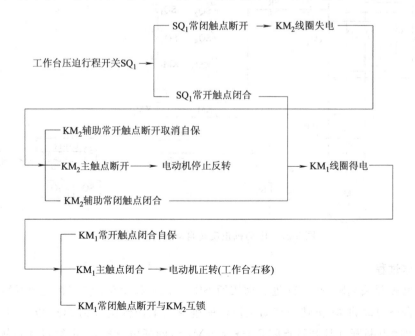

停止时：

8.5.3　带限位保护的自动往返控制线路

(1) 工作原理

行程开关控制的电动机正反转自动循环控制线路如图 8-27 所示。利用行程开关可以实现电动机正、反转循环。为了使电动机的正反转控制与工作台的左右运动相配合，在控制线路中设置了四个位置开关 SQ_1、SQ_2、SQ_3 和 SQ_4，并把它们安装在工作台需限位的地方。其中 SQ_1、SQ_2 被用来自动换接电动机正、反转控制线路，实现工作台的自动往返行程控制；SQ_3、SQ_4 被用来作终端保护，以防止 SQ_1、SQ_2 失灵，工作台越过限定位置而造成事故。在工作台边的 T 形槽中装有两块挡铁，挡铁 1 只能和 SQ_1、SQ_3 相碰撞，挡铁 2 只能和 SQ_2、SQ_4 相碰撞。当工作台运动到所限位置时，挡铁碰撞位置开关，使其触点动作，自动换接电动机正、反转控制线路，通过机械传动机构使工作台自动往返运动。工作台行程可通过移动挡铁位置来调节，拉开两块挡铁间的距离，行程就短，反之则长。

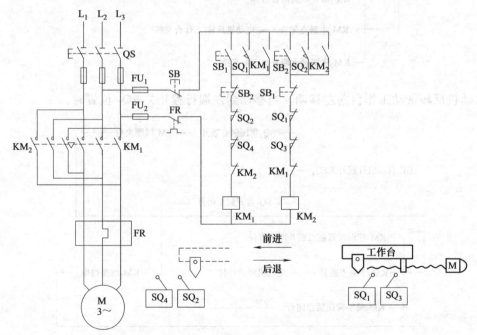

图 8-27　电动机正反转自动循环控制线路

(2) 工作过程

先合上电源开关 QS，按下前进启动按钮 SB_1→接触器 KM_1 线圈得电→KM_1 主触点和自锁触点闭合→电动机 M 正转→带动工作台前进→当工作台运行到 SQ_2 位置时→撞块压下 SQ_2→其常闭触点断开（常开触点闭合）→使 KM_1 线圈断电→KM_1 主触点和自锁触点断开，

KM₁ 常闭触点闭合→KM₂ 线圈得电→KM₂ 主触点和自锁触点闭合→电动机 M 因电源相序改变而变为反转→拖动工作台后退→当撞块又压下 SQ₁ 时→KM₂ 断电→KM₁ 又得电动作→电动机 M 正转→带动工作台前进，如此循环往复。按下停车按钮 SB，KM₁ 或 KM₂ 接触器断电释放，电动机停止转动，工作台停止。SQ₃、SQ₄ 为极限位置保护的限位开关，防止 SQ₁ 或 SQ₂ 失灵时，工作台超出运动的允许位置而产生事故。

8.5.4 自动往返控制线路的安装

（1）配齐需要的工具、仪表和合适的导线

根据线路安装的要求配齐工具（如尖嘴钳、一字螺丝刀、十字螺丝刀、剥线钳、试电笔等），仪表（如万用表等）。根据控制对象选择合适的导线，主线路采用 BV1.5mm² （红色、绿色、黄色）；控制线路采用 BV0.75mm² （黑色）；按钮线采用 BVR0.75mm² （红色）；接地线采用 BVR1.5mm² （黄绿双色）。

（2）阅读分析电气原理图

读懂工作台自动往返控制线路电气原理图，如图 8-28 所示。明确线路安装所用元件及作用，并根据原理图画出布局合理的平面布置图和电气接线图。

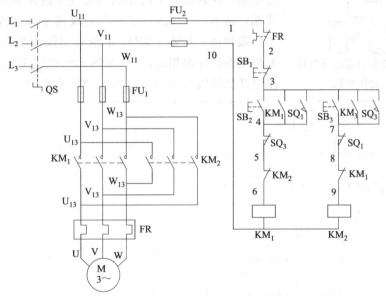

图 8-28　工作台自动往返控制线路电气原理图

（3）器件选择

根据原理图正确选择线路安装所需要的低压电气元件，并明确其型号及规格、数量及用途，如表 8-7 所示。

表 8-7　电气元件明细表

符号	名称	型号及规格	数量	用途
M	交流电动机	YS-5024W	1	
QS	组合开关	HZ10-25/3	1	三相交流电源引入
SB₁	停止按钮	LAY7	1	停止
SB₂	正转按钮	LAY7	1	正转
SB₃	反转按钮	LAY7	1	反转
FU₁	主线路熔断器	RT18-32　5A	3	主线路短路保护
FU₂	控制线路熔断器	RT18-32　1A	2	控制线路短路保护

续表

符号	名称	型号及规格	数量	用途
KM₁	交流接触器	CJX2-1210	1	控制 M 正转
KM₂	交流接触器	CJX2-1210	1	控制 M 反转
FR	热继电器	JRS1-09308	1	M 过载保护
SQ	行程开关	JLXK1-211	2	实现正反转自动转换
	导线	BV 1.5mm²		主线路接线
	导线	BVR 0.75mm²,1.5mm²		控制线路接线,接地线
XT	端子排	主线路 TB-2512L	1	
XT	端子排	控制线路 TB-1512	1	

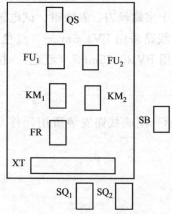

图 8-29　工作台自动往返控制
线路电气元件布置图

(4) 低压电器的检测安装

使用万用表对所选低压电气元件进行检测后,根据元件布置图安装固定电气元件。安装布置图如图 8-29 所示。

(5) 工作台自动往返控制线路的连接

根据电气原理图和图 8-30 所示的电气接线图,完成工作台自动往返控制线路的连接。

① 主线路接线　将三相交流电源分别接到转换开关的进线端,从转换开关的出线端接到主线路熔断器 FU₁ 的进线端;将 KM₁、KM₂ 主触点进线端对应相连后再与 FU₁ 出线端相连;KM₁、KM₂ 主触点出线端换相连接后与 FR 发热元件进线端相连;FR 发热元件出线端通过端子排分别接电动机接线盒中的 U₁、V₁、W₁ 接线柱。

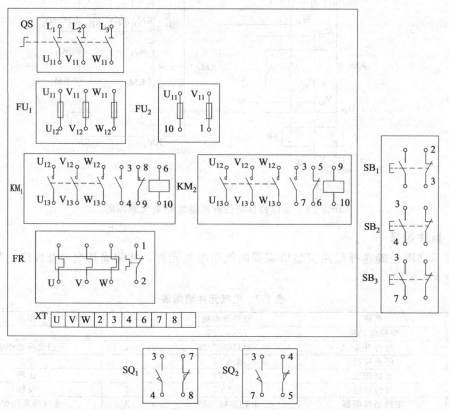

图 8-30　工作台自动往返控制线路的电气接线图

② 控制线路的连接 按从上至下、从左至右的原则，逐点清，以防漏线。

具体接线：任取组合开关的两组触点，其出线端接在两个熔断器 FU₂ 的进线端。

1 点：其中一个熔断器的出线端接热继电器常闭触点的进线端。

2 点：热继电器常闭触点的出线端通过端子排与按钮 SB₁ 常闭触点的进线端相连。

3 点：按钮 SB₁ 常闭触点出线端与按钮 SB₂、SB₃ 的常开触点的进线端相连，并通过端子排与交流接触器 KM₁ 和 KM₂ 辅助常开触点的进线端和行程开关 SQ₁、SQ₂ 常开触点的进线端相连。

4 点：按钮 SB₂ 常开触点的出线端通过端子排与接触器 KM₁ 辅助常开触点的出线端及行程开关 SQ₁ 常开触点的出线端和 SQ₂ 常闭触点的进线端相连。

7 点：按钮 SB₃ 常开触点的出线端通过端子排与接触器 KM₂ 辅助常开触点的出线端及行程开关 SQ₂ 常开触点的出线端和 SQ₁ 常闭触点的进线端相连。

5 点：行程开关 SQ₂ 常闭触点的出线端接接触器 KM₂ 辅助常闭触点的进线端。

8 点：行程开关 SQ₁ 常闭触点的出线端接接触器 KM₁ 辅助常闭触点的进线端。

6 点：接触器 KM₂ 辅助常闭触点的出线端接接触器 KM₁ 线圈的进线端。

9 点：接触器 KM₁ 辅助常闭触点的出线端接接触器 KM₂ 线圈的进线端。

10 点：接触器 KM₁ 和 KM₂ 线圈的出线端接到控制线路的熔断器。

(6) 安装电动机

安装电动机并完成电源、电动机（按要求接成星形或三角形）和电动机保护接地线等控制面板外部的线路连接。

(7) 静态检测

① 根据原理图和电气接线图从电源端开始，逐点核对接线及接线端子处连接是否正确，有无漏接、错接之处，检查导线接点是否符合要求，压接是否牢固。

② 主线路和控制线路的通断检测如下。

a. 主线路的检测 接线完毕，反复检查确认无误后，不通电，先强行按下 KM₁ 主触点，用万用表电阻挡测得各相电阻为"0"，电路导通；放开 KM₁ 主触点，各项电阻值为"∞"。松开和强行闭合 KM₂ 主触点，用万用表检查结果应与刚才检查结果一致，则接线正确。

b. 控制线路的检测 选择万用表的 R×1 挡位，然后红黑表笔对接调零。然后将万用表的红黑表笔分别放在图 8-30 中 1 和 10 的位置上对控制线路进行检查。

ⓐ 检查控制线路的通断。断开主线路，按下工作台左移按钮 SB₂（或工作台右移按钮 SB₃），万用表读数应为接触器线圈的直流电阻值（如 CJX2 线圈直流电阻约为 15Ω），松开 SB₂ 或 SB₃，万用表读数为"∞"。

ⓑ 检查控制线路自保。松开 SB₂ 或 SB₃，按下 KM₁ 或 KM₂ 触点架，使其自锁触点闭合，万用表读数应为接触器线圈的直流电阻值。

ⓒ 接触器互锁检查。按下 SB₂ 或 SB₃ 并同时按下触点架，KM₁ 和 KM₂ 的联锁触点分断，万用表的读数为"∞"。

ⓓ 行程开关接线检查。按下 SQ₁ 或 SQ₂，万用表读数应为接触器线圈的直流电阻值（如 CJX2 线圈直流电阻约为 15Ω）；同时按下 SQ₁ 和 SQ₂，万用表读数为"∞"。

ⓔ 停车控制检查。按下 SB₂（SB₃）、KM₁（KM₂）触点架或 SQ₁（SQ₂），万用表读数应为接触器线圈的直流电阻值；然后同时再按下停止按钮 SB₁，万用表读数变为"∞"。

(8) 通电试车

通电试车必须在指导教师现场监护下严格按安全规程的有关规定操作，防止安全事故的发生。

接通三相交流电源，合上转换开关 QS。按下 SB₂ 或 SQ₁，工作台左移（电动机应正转），按下 SB₃ 或 SQ₂，工作台右移（电动机反转），然后再按下 SB₁，工作台停止移动（电动机停止运转）。同时，还要观察各元器件动作是否灵活，有无卡阻及噪声过大等现象，并检查电动机运行是否正常。若有异常，应立即切断电源，停车检查。

注意：通电校验时，必须先手动操作位置开关，试验各行程控制是否正常可靠。若在电动机正转（工作台左移）时，扳动行程开关 SQ₂，电动机不反转，且继续正转，则可能是由于 KM₂ 的主触点接线不正确，需断电进行纠正后再试，以防止发生事故。

(9) 常见故障分析

① 接通电源后，按启动按钮（SB₂ 或 SB₃），接触器吸合，但电动机不转且发出"嗡嗡"声响；或者虽能启动，但转速很慢。

分析：这种故障大多是主回路一相断线或电源缺相引起的。

② 控制线路时通时断，不起联锁作用。

分析：联锁触点接错，在正、反转控制回路中均用自身接触器的常闭触点作联锁触点。

③ 按下启动按钮，电路不动作。

分析：启动按钮连接有误或联锁触点用的是接触器常开辅助触点。

④ 电动机只能点动正转控制。

分析：正转接触器的自锁触点连接有误。

⑤ 在电动机正转或反转时，按下 SB₁ 不能停车。

分析：原因可能是 SB₁ 失效。

⑥ 合上 QS 后，熔断器 FU₂ 马上熔断。

分析：原因可能是 KM₁ 或 KM₂ 线圈、触点短路。

⑦ 按下 SB₂ 后电动机正常运行，再按下 SB₃，FU₁ 马上熔断。

分析：原因是正、反转主线路换相线接错或 KM₁、KM₂ 常闭辅助触点联锁不起作用。

⑧ 工作台移动到右端后，不能直接左行。

分析：工作台右侧行程开关的常开触点连接有误。

8.6　顺序控制线路的安装与调试

实际生产中，有些设备常需要电动机按一定的顺序启动，如铣床工作台进给电动机必须在主轴电动机已启动的条件下才能启动工作。再如车床主轴转动时，要求油泵先给润滑油，主轴停止后，油泵方可停止润滑，即要求油泵电动机先启动，主轴电动机后启动，主轴电动机停止后，才允许油泵电动机停止。控制设备完成这样顺序启动电动机动作的电路，称为顺序控制或条件控制线路。在生产实践中，根据生产工艺的要求，经常要求各种运动部件之间或生产机械之间能够按顺序工作。

8.6.1　主线路实现顺序控制线路图

顺序控制线路中，除了以上介绍的通过控制线路来实现外，还可以通过主线路来实现顺序控制功能，如图 8-31 所示。

（1）线路特点

电动机 M_2 主线路的交流接触器 KM_2 接在接触器 KM_1 之后，只有 KM_1 的主触点闭合后，KM_2 才可能闭合，这样就保证了 M_1 启动后，M_2 才能启动的顺序控制要求。

（2）线路工作过程

合上电源开关 QS。按下 $SB_1 \to KM_1$ 线圈得电 $\to KM_1$ 主触点闭合 $\to$ 电动机 M_1 启动连续运转 $\to$ 再按下 $SB_2 \to KM_2$ 线圈得

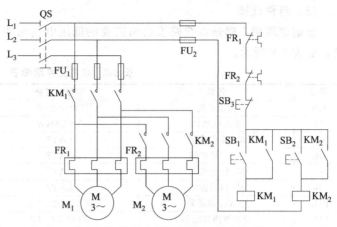

图 8-31 主线路实现顺序控制线路图

电 $\to KM_2$ 主触点闭合 $\to$ 电动机 M_2 启动连续运转。

按下 $SB_3 \to KM_1$ 和 KM_2 主触点分断 $\to$ 电动机 M_2 和 M_1 同时停转。

8.6.2 顺序控制线路的安装

（1）配齐所需工具、仪表和连接导线

根据线路安装的要求配齐工具（如尖嘴钳、一字螺丝刀、十字螺丝刀、剥线钳、试电笔等），仪表（如万用表等）。根据控制对象选择合适的导线，主线路采用 BV1.5mm²（红色、绿色、黄色）；控制线路采用 BV0.75mm²（黑色）；按钮线采用 BVR0.75mm²（红色）；接地线采用 BVR1.5mm²（黄绿双色）。

（2）阅读分析电气原理图

读懂两台电动机顺序启动逆序停止控制线路电气原理图，如图 8-32 所示。明确线路所用器件及作用，并画出布局合理的平面布置图和电气接线图。

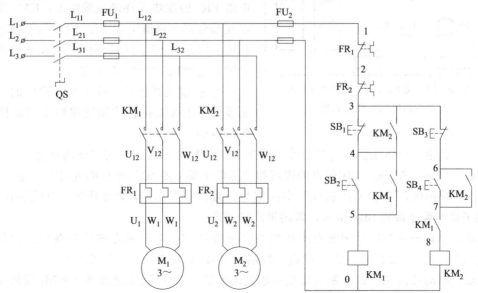

图 8-32 两台电动机顺序启动逆序停止控制线路电气原理图

（3）器件选择

根据原理图正确选择线路安装所需要的低压电气元件，并明确其型号及规格、数量及用途，如表 8-8 所示。

表 8-8 电气元件明细表

符号	名称	型号及规格	数量	用途
QS	组合开关	HZ10-25/3	1	三相交流电源引入
M	交流电动机	YS-5024W	2	
SB₁	M₁ 停止按钮	LAY7	1	停止
SB₂	M₁ 启动按钮	LAY7	1	启动
SB₃	M₂ 停止按钮	LAY7	1	停止
SB₄	M₂ 启动按钮	LAY7	1	启动
FU₁	主线路熔断器	RT18-32 5A	3	主线路短路保护
FU₂	控制线路熔断器	RT18-32 1A	2	控制线路短路保护
KM	交流接触器	CJX2-1210	2	控制电动机运行
FR	热继电器	JRS1-09308	2	过载保护
	导线	BV 1.5mm²		主线路接线
	导线	BVR 0.75mm²,1.5mm²		控制线路接线，接地线
XT₁	端子排	主线路 TB-2512L	1	
XT₂	端子排	控制线路 TB-1512	1	

（4）器件检测安装固定

使用万用表对所选低压电气元件进行检测后，根据元件布置图安装固定电气元件。安装布置图如图 8-33 所示。

（5）两台电动机顺序启动逆序停止控制线路的连接

根据电气原理图和图 8-34 所示的电气接线图完成控制线路的连接。

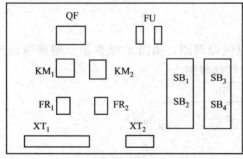

图 8-33 两台电动机顺序启动逆序停止
控制线路电气元件安装图

① 主线路连接 将三相交流电源的三根相线接在断路器 QF 的三个进线端上，QF 的出线端分别接在交流接触器 KM₁ 和 KM₂ 的三对主触点的进线端，KM₁ 主触点出线端分别与热继电器 FR₁ 的发热元件进线端相连，KM₂ 主触点出线端分别与热继电器 FR₂ 的发热元件进线端相连，FR₁ 和 FR₂ 发热元件出线端通过端子排分别与电动机 M₁ 和 M₂ 相连。

② 控制线路连接 任取主线路中的两个熔断器，其出线端接在控制线路两个熔断器 FU₂ 的进线端。

1 点：任取一个熔断器，将其出线端与热继电器 FR₁ 常闭触点的进线端相连。

2 点：热继电器 FR₁ 常闭触点的出线端与热继电器 FR₂ 常闭触点的进线端相连。

3 点：热继电器 FR₂ 常闭触点的出线端与交流接触器 KM₂ 的常开触点进线端相连后，通过端子排与停止按钮 SB₁ 和 SB₃ 常闭进线端相连。

4 点：停止按钮 SB₁ 常闭触点出线端与启动按钮 SB₂ 常开触点进线端在按钮内部连接后，通过端子排与 KM₂ 辅助常开触点出线端和 KM₁ 辅助常开触点进线端相连。

5 点：启动按钮 SB₂ 常开触点出线端通过端子排与 KM₁ 线圈进线端和 KM₁ 辅助常开触点出线端相连。

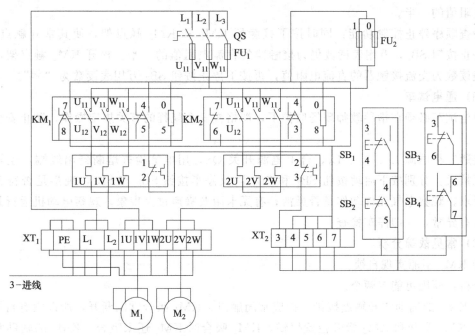

图 8-34 两台电动机顺序启动逆序停止控制线路的电气接线图

6 点：停止按钮 SB_3 常闭触点出线端与启动按钮 SB_4 常开触点进线端在按钮内部连接后，通过端子排与 KM_2 辅助常开触点进线端相连。

7 点：KM_2 辅助常开触点出线端与 KM_1 另一辅助常开触点的进线端相连后，通过端子排与启动按钮 SB_4 常开触点出线端相连。

8 点：KM_1 常开触点出线端与 KM_2 线圈进线端相连。

0 点：交流接触器 KM_1 和 KM_2 线圈出线端与另一个熔断器的出线端相连。

(6) 安装电动机

安装电动机并完成电源、电动机（按要求接成星形或三角形）和电动机保护接地线等控制面板外部的线路连接。

(7) 静态检测

① 根据原理图和电气接线图从电源端开始，逐点核对接线及接线端子处连接是否正确，有无漏接、错接之处，检查导线接点是否符合要求，压接是否牢固。

② 进行主线路和控制线路的通断检测。

a. 主线路的检测。接线完毕，反复检查确认无误后，在不通电的状态下对主线路进行检查。分别按下 KM_1 和 KM_2 主触点，万用表置于电阻挡，若测得各相电阻基本相等且近似为"0"；而放开 KM_1 和 KM_2 主触点，测得各相电阻为"∞"，则主线路接线正确。

b. 控制线路的检测。选择万用表的 R×1 挡，然后红、黑表笔对接调零。

检查 KM_1 支路通断：断开主线路，按下启动按钮 SB_2 或 KM_1 的触点架，万用表读数应为接触器线圈的直流电阻值（如 CJX2 线圈直流电阻约为 15Ω），松开 SB_2 或按下 SB_1，万用表读数为"∞"。

检查顺序启动控制功能：按下接触器 KM_1 触点架，使其常开触点闭合，按下启动按钮 SB_4，由于交流接触器 KM_1 和 KM_2 线圈回路均闭合，两者并联，万用表读数应为接触器的直流电阻值的一半。

检查顺序停止控制功能：同时按下接触器 KM_1 和 KM_2 触点架，使其常开触点闭合，按下停止按钮 SB_1，万用表读数仍为接触器的直流电阻值的一半。松开 KM_2 触点架，此时万用表读数为交流接触器的直流电阻值，再按下停止按钮 SB_3 万用表读数为"∞"。

（8）通电试车

通电试车必须在指导教师现场监护下，严格按安全规程的有关规定操作，防止安全事故的发生。

接通三相电源 L_1、L_2、L_3，合上电源开关 QS，用电笔检查熔断器出线端，氖管亮说明电源接通。分别按下启动按钮 SB_2 和 SB_4 以及停车按钮 SB_3 和 SB_1，观察是否符合线路功能要求，观察电气元件动作是否灵活，有无卡阻及噪声过大现象，观察电动机运行是否正常。若有异常，立即停车检查。

（9）常见故障分析

① KM_1 不能实现自锁。

分析：原因可能有两个。

a. KM_1 的辅助常开触点接错，接成常闭触点，KM_1 吸合常闭断开，所以没有自锁；

b. KM_1 常开和 KM_2 常开位置接错，KM_1 吸合时 KM_2 还未吸合，KM_2 的辅助常开触点是断开的，所以 KM_1 不能自锁。

② 不能实现顺序启动，可以先启动 M_2。

分析：M_2 可以先启动，说明 KM_2 的控制线路中的 KM_1 常开互锁辅助触点没起作用，KM_1 的互锁触点接错或没接，这就使得 KM_2 不受 KM_1 控制而可以直接启动。

③ 不能顺序停止，KM_1 能先停止。

分析：KM_1 能停止这说明 SB_1 起作用，并接的 KM_2 常开触点没起作用。原因可能在以下两处。

a. 并接在 SB_1 两端的 KM_2 辅助常开触点未接；

b. 并接在 SB_1 两端的 KM_2 辅助常开触点接成了常闭触点。

④ SB_1 不能停止。

分析：原因可能是 KM_1 接触器用了两对辅助常开触点，KM_2 只用了一对辅助常开触点，SB_1 两端并接的不是 KM_2 的常开触点而是 KM_1 的常开触点，由于 KM_1 自锁后常开触点闭合，所以 SB_1 不起作用。

8.7 两地启停控制线路的安装与维修

8.7.1 多地控制与多条件控制

（1）多地控制

有些生产设备为了操作方便，需要在两地或多地控制一台电动机，例如普通铣床的控制线路，就是一种多地控制线路。这种能在两地或多地控制一台电动机的控制方式，称为电动机的多地控制。在实际应用中，大多为两地控制。

（2）多条件控制

实际生产中，除了为操作方便，一台设备有几个操纵盘或按钮站，各处都可以进行操作控制的多地控制外，为了保证人员和设备的安全，往往要求两处或多处同时操作才能发出启动信号，设备才能工作，实现多信号控制。要实现多信号控制，只需在线路中将启动按钮（或其他电气元件的常开触点）串联连接即可。多条件启动电路只是在启动时要求各处达到安全要求设备才能工作，但运行中其他控制点发生了变化，设备不停止运行，这与多保护控制线路不一样。图 8-35 所示为两个信号为例的多条件控制线路电气原理图。

工作过程：启动时只有将 SB_2、SB_3 同时按下，交流接触器 KM 线圈才能通电吸合，主触点接通，电动机开始运行。而电动机需要停止时，可按下 SB_1，KM 线圈失电，主触点断开，电动机停止运行。

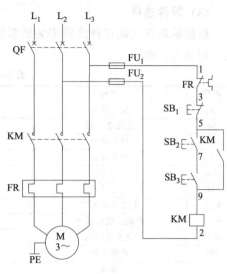

图 8-35　多条件控制线路电气原理图

8.7.2　两地启停控制线路的安装

(1) 配齐所需工具、仪表和连接导线

根据线路安装的要求配齐工具（如尖嘴钳、一字螺丝刀、十字螺丝刀、剥线钳、试电笔等），仪表（如万用表等）。根据控制对象选择合适的导线，主线路采用 BV1.5mm² （红色、绿色、黄色）；控制线路采用 BV0.75mm² （黑色）；按钮线采用 BVR0.75mm² （红色）；接地线采用 BVR1.5mm² （黄绿双色）。

(2) 阅读分析电气原理图

读懂电动机两地启停控制线路电气原理图，如图 8-36 所示。明确线路所用器件及作用，并画出布局合理的平面布置图和电气接线图。

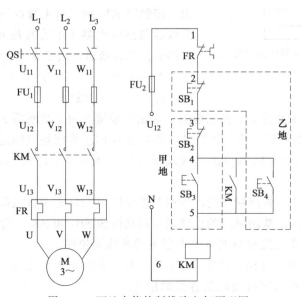

图 8-36　两地启停控制线路电气原理图

（3）器件选择

根据原理图正确选择线路安装所需要的低压电气元件，并明确其型号及规格、数量及用途，如表 8-9 所示。

表 8-9　电气元件明细表

符号	名称	型号及规格	数量	用途
QS	组合开关	HZ10-25/3	1	三相交流电源引入
M	交流电动机	YS-5024W	1	
SB_1	停止按钮	LAY7	1	乙地停止
SB_2	停止按钮	LAY7	1	甲地停止
SB_3	启动按钮	LAY7	1	甲地启动
SB_4	启动按钮	LAY7	1	乙地启动
FU_1	主线路熔断器	RT18-32　5A	3	主线路短路保护
FU_2	控制线路熔断器	RT18-32　1A	2	控制线路短路保护
KM	交流接触器	CJX2-1210	2	控制电动机运行
FR	热继电器	JRS1-09308	2	过载保护
	导线	BV 1.5mm²		主线路接线
	导线	BVR 0.75mm²,1.5mm²		控制线路接线，接地线
XT	端子排	主线路 TB-2512L	1	
XT	端子排	控制线路 TB-1512	1	

（4）器件检测安装固定

使用万用表对所选低压电气元件进行检测后，根据元件布置图安装固定电气元件。安装布置图如图 8-37 所示。

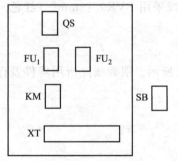

图 8-37　两地启停控制线路的电气
元件安装布置图

（5）两地启停控制线路的连接

根据电气原理图和如图 8-38 所示的电气接线图，完成电动机两地启停控制线路的线路连接。

① 主线路连接　将三相交流电源的三根相线接在转换开关 QS 的三个进线端上，QS 的出线端分别接在三个熔断器 FU_1 的进线端，FU_1 的出线端接在交流接触器 KM 的三对主触点的进线端，KM 主触点出线端与热继电器 FR 的发热元件进线端相连，FR 发热元件出线端通过端子排与电动机 M 相连。

② 控制线路连接　按从上至下、从左至右的原则，逐点清，以防漏线。

具体接线：任取组合开关的两组触点，其出线端接在两个熔断器 FU_2 的进线端。

1 点：任取一个熔断器，将其出线端与热继电器 FR_1 常闭触点的进线端相连。

2 点：热继电器 FR 常闭触点的出线端通过端子排与停止按钮 SB_1 常闭触点的进线端相连。

3 点：停止按钮 SB_1 常闭触点的出线端与停止按钮 SB_2 常闭进线端在按钮内部相连。

4 点：停止按钮 SB_2 常闭触点的出线端与启动按钮 SB_3 和 SB_4，常开进线端在按钮内部相连后通过端子排与交流接触器 KM 常开触点的进线端相连。

5 点：启动按钮 SB_3 和 SB_4 的常开触点的出线端在按钮内部连接后，通过端子排与 KM 辅助常开触点的出线端和 KM 线圈的进线端相连。

6 点：交流接触器 KM 线圈的出线端与另一个熔断器的出线端相连。

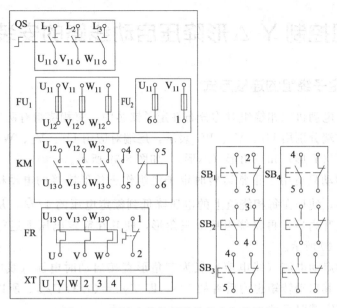

图 8-38　两地启停控制线路的电气接线图

(6) 安装电动机

安装电动机并完成电源、电动机（按要求接成星形或三角形）和电动机保护接地线等控制面板外部的线路连接。

(7) 静态检测

① 根据原理图和电气接线图从电源端开始，逐点核对接线及接线端子处连接是否正确，有无漏接、错接之处，检查导线接点是否符合要求，压接是否牢固。

② 进行主线路和控制线路通断检测。

a. 主线路的检测。接线完毕，反复检查确认无误后，在不通电的状态下对主线路进行检查。按下 KM 主触点，万用表置于电阻挡，若测得各相电阻基本相等且近似为 "0"；而放开 KM 主触点，测得各相电阻为 "∞"，则接线正确。

b. 控制线路的检测。选择万用表的 R×1 挡，然后红、黑表笔对接调零。

检查启动功能：断开主线路，按下启动按钮 SB₃ 或 SB₄，万用表读数应为接触器线圈的直流电阻值（如 CJX2 线圈直流电阻约为 15Ω），松开 SB₁ 或按下 SB₂，万用表读数为 "∞"。

检查自锁功能：按下接触器 KM 触点架，使其常开触点闭合，万用表读数应为接触器 KM 的直流电阻值。

检查停止功能：按下启动按钮 SB₃ 或 SB₄ 以及接触器 KM 触点架后，万用表读数应为接触器 KM 的直流电阻值。按下停止按钮 SB₁ 或 SB₂，万用表读数为 "∞"。

(8) 通电试车

通电试车必须在指导教师现场监护下，严格按安全规程的有关规定操作，防止安全事故的发生。

通电时先接通三相交流电源，合上转换开关 QS。按下 SB₂ 或 SB₄，电动机 M 运转，按下 SB₁ 或 SB₂，电动机 M 停止。操作过程中，观察各器件动作是否灵活，有无卡阻及噪声过大等现象，电动机运行有无异常。发现问题，<u>应立即切断电源进行检查</u>。

8.8 按钮控制 Y-△形降压启动线路的安装与维修

8.8.1 电动机定子绕组的连接方式

三相交流异步电动机三相绕组对称分布在定子铁芯中，每相绕组有两个引出头，三相共有 6 个引出头，首端分别用 U_1、V_1、W_1 表示，尾端对应用 U_2、V_2、W_2 表示。绕组有两种连接方法：星形（Y 形）和三角形（△形），如图 8-39 所示。

Y-△形降压启动只适用于正常运转时定子绕组作三角形连接的电动机。启动时，先将定子绕组接成星形，使加在每相绕组上的电压降低到额定电压的 $1/\sqrt{3}$，从而降低了启动电压；待电动机转速升高后，再将绕组接成三角形，使其在额定电压下运行。Y-△形启动主线路示意图如图 8-40 所示。

星形启动时的启动电流（线电流）仅为三角形直接启动时电流（线电流）的 1/3，即 $I_{Yst} = (1/3)I_{\triangle st}$；其启动转矩也为后者的 1/3，即 $T_{Yst} = (1/3)T_{\triangle st}$。所以，这种方法只适用于电动机轻载或空载时启动。

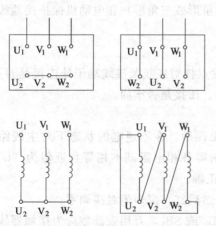

图 8-39 三相交流异步电动机定子绕组的连接

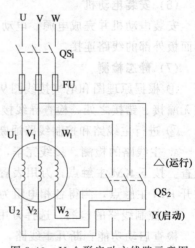

图 8-40 Y-△形启动主线路示意图

8.8.2 电动机按钮控制 Y-△形降压启动

(1) 按钮控制 Y-△形降压启动工作过程

① 电动机 Y 形降压启动。

② 当电动机转速上升并接近额定值时，△形连接全压运行。

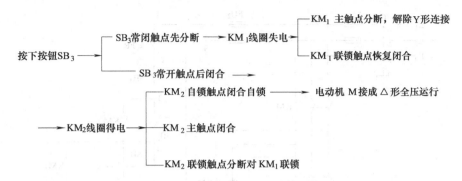

③ 停止　按下 SB$_1$→控制线路接触器线圈失电→主线路中的主触点分断→电动机 M 停转。

(2) 按钮控制 Y-△形降压启动控制线路常见故障

① 按下启动按钮 SB$_2$，电动机不能启动。

分析：主要原因可能是启动按钮或接触器接线有误，自锁、互锁没有实现。

② 按下按钮 SB$_3$ 无法由星形接法正常切换到三角形接法。

分析：主要原因是按钮 SB$_3$ 的常开或常闭触点连接有误。

③ 启动时主线路短路。

分析：主要原因是主线路接线错误。

④ Y 启动过程正常，但三角形运行时电动机发出异常声音转速也急剧下降。

分析：接触器切换动作正常，表明控制线路接线无误。问题出现在接上电动机后，从故障现象分析，很可能是电动机主回路接线有误，使电路由 Y 接法转到△接法时，送入电动机的电源顺序改变了，电动机由正常启动突然变成了反序电源制动，强大的反向制动电流造成了电动机转速急剧下降和异常声音。

处理故障：核查主回路接触器及电动机接线端子的接线顺序。

8.8.3　按钮控制 Y-△形降压启动线路的安装

(1) 配齐需要的工具、仪表和合适的导线

根据线路安装的要求配齐工具（如尖嘴钳、一字螺丝刀、十字螺丝刀、剥线钳、试电笔等），仪表（如万用表等）。根据控制对象选择合适的导线，主线路采用 BV1.5mm^2（红色、绿色、黄色）；控制线路采用 BV0.75mm^2（黑色）；按钮线采用 BVR0.75mm^2（红色）；接地线采用 BVR1.5mm^2（黄绿双色）。

(2) 阅读分析电气原理图

读懂按钮控制 Y-△形降压启动控制线路电气原理图，如图 8-41 所示。明确线路安装所用元件及作用，并根据原理图画出布局合理的平面布置图和电气接线图。

(3) 器件选择

根据原理图正确选择线路安装所需要的低压电气元件，并明确其型号及规格、数量及用途，如表 8-10 所示。

(4) 低压电器检测安装

使用万用表对所选低压电气元件进行检测后，根据元件布置图安装固定电气元件。安装布置图如图 8-42 所示。

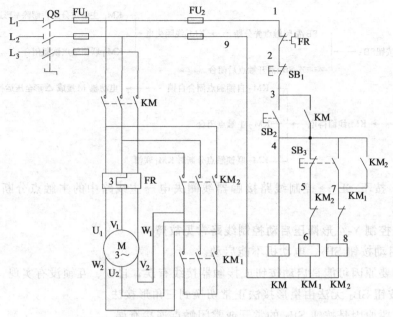

图 8-41　按钮控制 Y-△形降压启动控制线路电气原理图

表 8-10　电气元件明细表

符号	名称	型号及规格	数量	用途
M	交流电动机	YS-5025W	1	
QS	组合开关	HZ10-25/3	1	三相交流电源引入
SB$_1$	停止按钮	LAY7	1	停止
SB$_2$	启动按钮	LAY7	1	星形启动
SB$_3$	转换按钮	LAY7	1	三角形运转
FU$_1$	主线路熔断器	RT18-32　5A	3	主线路短路保护
FU$_2$	控制线路熔断器	RT18-32　1A	2	控制线路短路保护
KM	交流接触器	CJX2-1210	1	电源接触器
KM$_1$	交流接触器	CJX2-1210	1	星形接触器
KM$_2$	交流接触器	CJX2-1210	1	三角形接触器
FR	热继电器	JRS1-09308	1	M过载保护
	导线	BV 1.5mm^2		主线路接线
	导线	BVR 0.75mm^2，1.5mm^2		控制线路接线，接地线
XT	端子排	主线路 TB-2512L	1	
XT	端子排	控制线路 TB-1512	1	

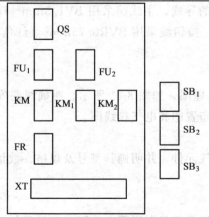

图 8-42　按钮控制 Y-△形降压启动线路的
电气元件安装布置图

（5）按钮控制 Y-△形降压启动控制线路的连接

根据电气原理图，完成电动机按钮控制 Y-△形降压启动控制线路的线路连接。

1）主线路接线

将接线端子排 XT 上左起 1、2、3 号接线柱分别定为 L$_1$、L$_2$、L$_3$，用导线连接至 QS，再由 QS 接至 FU$_1$ 进线端，FU$_1$ 出线端连接到 KM 主触点进线端，KM 主触点出线端与 KM$_2$ 主触点进线端相连后接到 FR 的热元件进线端，FR 的热元件出线端通过端子排接到

电动机定子绕组的 U_1、V_1、W_1；KM_2 主触点出线端与 KM_1 主触点的进线端相连后通过端子排接到电动机定子绕组的 U_2、V_2、W_2，将 KM_1 主触点出线端通过导线短接起来。

特别要注意以下两点：

① 接线时要保证电动机△形接法的正确性。即接触器 KM_2 主触点闭合时，应保证定子绕组的 U_1 与 W_2、V_1 与 U_2、W_1 与 V_2 相连接。

② 接触器 KM_1 的进线必须从三相定子绕组末端引入，若误将其首端引入，则在 KM_2 吸合时，会产生三相电源短路事故。

2）控制线路连接

具体接线：任取组合开关的两组触点，其出线端接在两个熔断器 FU_2 的进线端。

1 点：将其中一个 FU_2 的出线端与 FR 的常闭触点的进线端相连。

2 点：FR 的常闭触点的出线端通过端子排接在停止按钮 SB_1 常闭触点进线端。

3 点：在按钮内部将 SB_1 常闭触点出线端、SB_2 常开触点进线端相连；然后通过端子排与 KM 常开辅助触点进线端相连。

4 点：在按钮内部将 SB_2 常开触点出线端与 SB_3 常闭触点进线端、SB_3 常开触点进线端连接起来；通过端子排与 KM 辅助常开触点出线端、KM 线圈进线端、KM_2 辅助常开触点进线端相连。

5 点：KM_2 辅助常闭触点进线端通过端子排与 SB_3 常闭触点出线端相连。

6 点：KM_2 辅助常闭触点出线端与 KM_1 线圈进线端相连。

7 点：KM_2 辅助常开触点出线端与 KM_1 辅助常闭触点进线端相连后，通过端子排与 SB_3 常开触点出线端相连。

8 点：KM_1 辅助常闭触点出线端与 KM_2 线圈进线端相连。

9 点：将另一个 FU_2 的出线端与 KM、KM_1、KM_2 线圈的出线端相连。

(6) 安装电动机

安装电动机并完成电源和电动机保护接地线等控制面板外部的线路连接。

(7) 静态检测

① 根据原理图和电气接线图从电源端开始，逐点核对接线及接线端子处连接是否正确，有无漏接、错接之处，检查导线接点是否符合要求，压接是否牢固。

② 进行主线路和控制线路通断检测。

a. 主线路的检测。接线完毕，经反复检查确认接线无误后，不通电，用万用表电阻挡检查。先同时强行按下 KM、KM_1 主触点，用万用表表笔依次接 QS 各输出端至 KM_1 输出端，每次测量电阻值应基本相等，近似等于电动机一相电阻值；放开 KM_1 主触点，强行闭合 KM_2 主触点，用万用表分别测 QS 两出线端的电阻，应近似等于电动机每相绕组电阻的 2/3，则接线正确。

b. 控制线路的检测。选择万用表的 R×1 挡，然后红、黑表笔对接调零。

将万用表笔接控制线路的 1、9 两点，按下 SB_2 时，万用表读数应为一个接触器线圈的电阻值的一半（因为此时是两个同规格的接触器并联）。按住 SB_2 不放，再按下 SB_3，万用表读数不变，则接线正确。

(8) 通电试车

通电试车必须在指导教师现场监护下严格按安全规程的有关规定操作，防止安全事故的发生。

通电时先接通三相交流电源，合上转换开关 QS。按下 SB$_2$，电动机将以星形连接启动，用万用表检测每相绕组电压应为 220 V；按下 SB$_3$，电动机将以三角形连接正常运行，用万用表检测每相绕组电压应为 380 V；按下 SB$_1$，电动机停转；试车完毕，断开转换开关 QS。操作过程中，观察各器件动作是否灵活，有无卡阻及噪声过大等现象，电动机运行有无异常。发现问题，应立即切断电源进行检查。

注意事项：

① Y-△降压启动电路，只适用于△形接法的异步电动机。进行 Y-△启动接线时应先将电动机接线盒的连接片拆除，必须将电动机的 6 个出线端子全部引出。

② 接线时要注意电动机的三角形接法不能接错，应将电动机定子绕组的 U$_1$、V$_1$、W$_1$通过 KM$_2$ 接触器分别与 W$_2$、U$_2$、V$_2$ 相连，否则会产生短路现象。

③ KM$_1$ 接触器的进线必须从三相绕组的末端引入，若误将首端引入，则 KM$_3$ 接触器吸合时，会产生三相电源短路事故。

④ 接线时应特别注意电动机的首尾端接线相序不可有错，如果接线有错，在通电运行会出现启动时电动机正转，运行时电动机反转，导致电动机突然反转电流剧增烧毁电动机或造成掉闸事故。

8.9 时间继电器控制 Y-△形降压启动线路的安装与维修

8.9.1 时间继电器自动控制 Y-△形降压启动线路

(1) 工作原理

常见的 Y-△形降压启动自动控制线路如图 8-43 所示。图中主线路由 3 个接触器 KM$_1$、KM$_2$、KM$_3$ 主触点的通断配合，分别将电动机的定子绕组接成 Y 或△。当 KM$_1$、KM$_3$ 线圈通电吸合时，其主触点闭合，定子绕组接成 Y；当 KM$_1$、KM$_2$ 线圈通电吸合时，其主触点闭合，定子绕组接成△。两种接线方式的切换由控制线路中的时间继电器定时自动完成。

(2) 时间继电器自动控制动作过程

闭合电源开关 QS。

① Y 启动△运行。

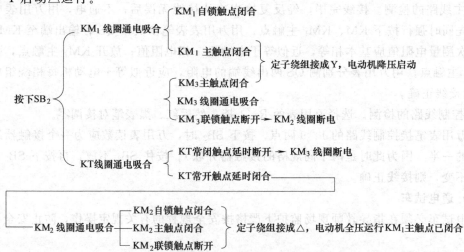

② 停止。按下 SB_1→控制线路断电→KM_1、KM_2、KM_3 线圈断电释放→电动机 M 断电停车。

8.9.2 时间继电器自动控制 Y-△形降压启动线路的安装

(1) 配齐所需工具、仪表和连接导线

根据线路安装的要求配齐工具（如尖嘴钳、一字螺丝刀、十字螺丝刀、剥线钳、试电笔等），仪表（如万用表等）。根据控制对象选择合适的导线，主线路采用 BV1.5mm² （红色、绿色、黄色）；控制线路采用 BV0.75mm² （黑色）；按钮线采用 BVR0.75mm² （红色）；接地线采用 BVR1.5mm² （黄绿双色）。

(2) 阅读分析电气原理图

读懂电动机时间继电器自动控制 Y-△形降压启动控制线路电气原理图，如图 8-43 所示。明确线路安装所用元件及作用，并根据原理图画出布局合理的平面布置图和电气接线图。

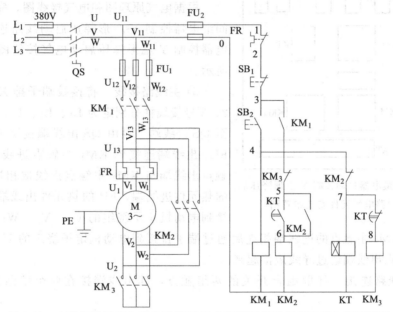

图 8-43 电动机时间继电器自动控制 Y-△形降压启动控制线路电气原理图

(3) 器件选择

根据原理图正确选择线路安装所需要的低压电气元件，并明确其型号及规格、数量及用途，如表 8-11 所示。

表 8-11 电气元件明细表

符号	名称	型号及规格	数量	用途
M	交流电动机	YS-5024W	1	
QS	组合开关	HZ10-25/3	1	三相交流电源引入
SB_1	停止按钮	LAY7	1	停止
SB_2	启动按钮	LAY7	1	启动
KT	时间继电器	ST6P-Z		启动过程控制
FU_1	主线路熔断器	RT18-32　5A	3	主线路短路保护
FU_2	控制线路熔断器	RT18-32　1A	2	控制线路短路保护
KM_1	交流接触器	CJX2-1210	1	电源接触器
KM_2	交流接触器	CJX2-1210	1	星形接触器

续表

符号	名称	型号及规格	数量	用途
KM₃	交流接触器	CJX2-1210	1	三角形接触器
FR	热继电器	JRS1-09308	1	M 过载保护
	导线	BV 1.5mm²		主线路接线
	导线	BVR 0.75mm²,1.5 mm²		控制线路接线,接地线
XT	端子排	主线路 TB-2512L	1	
XT	端子排	控制线路 TB-1512L	1	

（4）器件检测固定

使用万用表对所选低压电气元件进行检测后，根据元件布置图安装固定电气元件。安装布置图如图 8-44 所示。

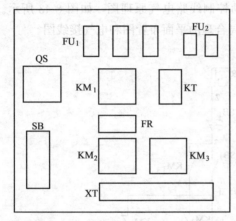

图 8-44　时间继电器自动控制 Y-△形降压启动控制线路电气元件安装布置图

（5）时间继电器自动控制 Y-△形降压启动控制线路的连接

根据电气原理图和电气接线图，完成电动机时间继电器控制 Y-△形降压启动线路连接。时间继电器控制 Y-△形降压启动电气接线图，如图 8-45 所示。

① 主线路接线　将接线端子排 XT 上左起 1、2、3 号接线柱分别定为 L₁、L₂、L₃，用导线连接至 QS 进线端，再由 QS 出线端接至 FU₁ 进线端，FU₁ 出线端连接到 KM₁ 主触点进线端，KM₁ 主触点出线端与 KM₂ 主触点进线端相连后接到 FR 的热元件进线端，FR 的热元件出线端通过端子排接到电动机定子绕组的 U₁、V₁、W₁；KM₂ 主触点出线端与 KM₃ 主触点的进线端相连后通过端子排接到电动机定子绕组的 U₂、V₂、W₂，将 KM₃ 主触点出线端通过导线短接起来。

② 控制线路连接　任取组合开关的两组触点，其出线端接在两个熔断器 FU₂ 的进线端。

1 点：任意 FU₂ 出线端与 FR 常闭触点进线端相连。

2 点：FR 常闭触点出线端与停止按钮 SB₁ 常闭触点进线端相连。

3 点：SB₁ 常闭触点出线端与 SB₂ 常开进线端相连后，通过端子排与 KM₁ 常开辅助触点进线端相连。

4 点：SB₂ 常开触点出线端通过端子排与 KM₃、KM₂ 常闭辅助触点进线端，KM₁ 线圈进线端及 KM₁ 常开辅助触点出线端相连。

5 点：KM₃ 常闭辅助触点出线端与 KT 延时闭合的常开触点进线端、KM₂ 常开辅助触点进线端相连。

6 点：KT 延时闭合的常开触点出线端与 KM₂ 常开辅助触点出线端、KM₂ 线圈进线端相连。

7 点：KM₂ 常闭辅助触点出线端与 KT 延时断开的常闭触点进线端、KT 线圈进线端相连。

8 点：KT 延时断开的常闭触点出线端与 KM₃ 线圈的进线端相连。

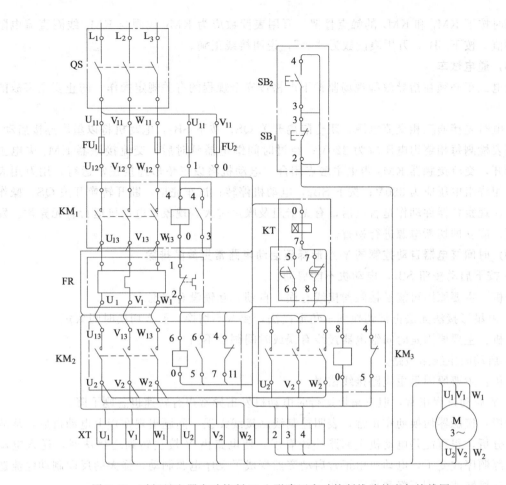

图 8-45　时间继电器自动控制 Y-△形降压启动控制线路的电气接线图

0 点：KM$_1$、KM$_2$、KT、KM$_3$ 线圈出线端相连后与另一个 FU$_2$ 出线端相连。

(6) 安装电动机

安装电动机并完成电源和电动机保护接地线等控制面板外部的线路连接。

(7) 静态检测

① 根据原理图和电气接线图从电源端开始，逐点核对接线及接线端子处连接是否正确，有无漏接、错接之处，检查导线接点是否符合要求，压接是否牢固。

② 进行主线路和控制线路通断检测。

a. 主线路的检测。接线完毕，反复检查确认接线无误后，不通电，用万用表电阻挡检查。先同时强行按下 KM$_1$ 和 KM$_3$ 主触点，用万用表表笔依次接 QS 各输出端至 KM$_3$ 输出端，每次测量电阻值应基本相等，近似等于电动机一相电阻值；放开 KM$_3$ 主触点，强行闭合 KM$_2$ 主触点，用万用表分别测 QS 两出线端的电阻，应近似等于电动机每相绕组电阻的 2/3，则接线正确。

b. 控制线路的检测。选择万用表的 R×1 挡，然后红、黑表笔对接调零。

将万用表笔接控制线路的 0、1 两点，按下 SB$_2$ 时，万用表读数应为 KM$_1$ 线圈、KT 线圈、KM$_3$ 线圈直流电阻的并联值。松开 SB$_2$，强行闭合交流接触器 KM$_1$，万用表读数不变。

同时按下 KM$_1$ 和 KM$_2$ 的触点骨架，万用表读数应为 KM$_1$ 线圈与 KM$_2$ 线圈直流电阻的并联值。按下 SB$_1$，万用表读数为"∞"，说明接线正确。

（8）通电试车

通电试车必须在指导教师现场监护下严格按安全规程的有关规定操作，防止安全事故的发生。

通电时先接通三相交流电源，闭合隔离开关 QS；按下 SB$_2$，电动机将以星形连接启动，用万用表检测每相绕组电压应为 220V；经过时间继电器延时后，交流接触器 KM$_3$ 失电主触点断开，交流接触器 KM$_2$ 得电主触点闭合，电动机将以三角形连接正常运行，用万用表检测每相绕组电压应为 380V；按下 SB$_1$，电动机停转；试车完毕，断开转换开关 QS。操作过程中，观察各器件动作是否灵活，有无卡阻及噪声过大等现象，电动机运行有无异常。发现问题，应立即切断电源进行检查。

（9）时间继电器自动控制的 Y-△ 形降压启动电路常见故障排除

① 按下启动按钮 SB$_2$，电动机不能启动。

分析：主要原因可能是接触器接线有误，自锁、互锁没有实现。

② 由星形接法无法正常切换到三角形接法，要么不切换，要么切换时间太短。

分析：主要原因是时间继电器接线有误或时间调整不当。

③ 启动时主线路短路。

分析：主要原因是主线路接线错误。

④ Y 启动过程正常，但三角形运行时电动机发出异常声音转速也急剧下降。

分析：接触器切换动作正常，表明控制线路接线无误。问题出现在接上电动机后，从故障现象分析，很可能是电动机主回路接线有误，使电路由 Y 接法转到△接法时，送入电动机的电源顺序改变了，电动机由正常启动突然变成了反序电源制动，强大的反向制动电流造成了电动机转速急剧下降和异常声音。

处理故障：核查主回路接触器及电动机接线端子的接线顺序。

8.10 电动机制动控制线路的安装与调试

8.10.1 电动机制动线路

反接制动，是以改变电动机定子绕组的电源相序，定子绕组产生反向的旋转磁场，从而使转子受到与原旋转方向相反的制动力矩，利用产生的这个和电动机实际旋转方向相反的电磁力矩（制动力矩），使三相笼型异步电动机迅速准确地停车的制动方式。反接制动的关键是电动机电源相序的改变，且当转速下降接近于零时，能自动将反向电源切除，防止反向再启动。

反接制动控制线路分为时间原则控制线路和速度原则控制线路。由于时间原则控制线路在制动过程的时间设定上存在一定缺陷，时间设定过长，电动机会反转；设定时间过短，起不到制动效果。所以在实际反接制动中为了较准确地实现制动效果，通常采用速度原则的反接制动。

（1）速度原则反接制动

速度原则反接制动采用速度继电器控制制动过程。

控制过程分析如下。

合上电源开关 QS，单向启动：

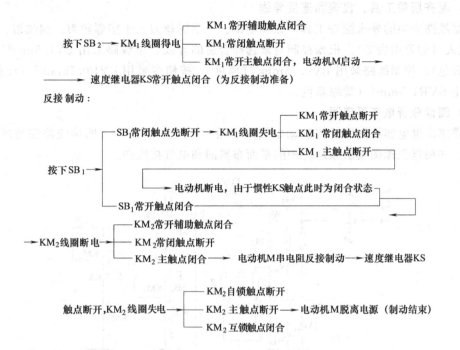

（2）时间原则反接制动

时间原则反接制动采用时间继电器代替速度继电器控制制动过程，电气原理图如图 8-46 所示。

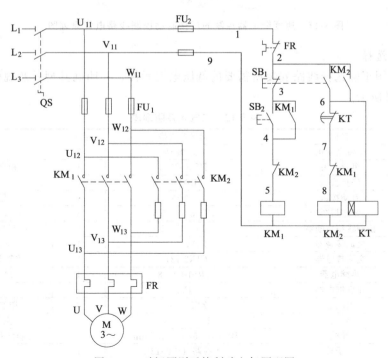

图 8-46 时间原则反接制动电气原理图

8.10.2   电动机制动控制线路的安装

(1) 配齐所需工具、仪表和连接导线

根据线路安装的要求配齐工具（如尖嘴钳、一字螺丝刀、十字螺丝刀、剥线钳、试电笔等），仪表（如万用表等）。根据控制对象选择合适的导线，主线路采用 BV1.5mm² （红色、绿色、黄色）；控制线路采用 BV0.75mm² （黑色）；按钮线采用 BVR0.75mm² （红色）；接地线采用 BVR1.5mm² （黄绿双色）。

(2) 阅读分析电气原理图

读懂速度继电器控制的反接制动电气原理图，如图 8-47 所示。明确线路安装所用元件及作用。并根据原理图画出布局合理的平面布置图和电气接线图。

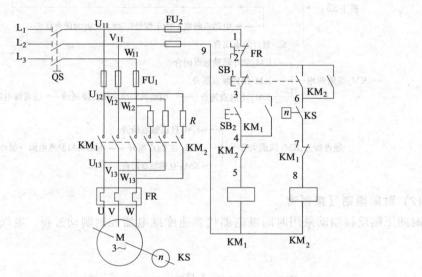

图 8-47   速度继电器控制的反接制动控制线路电气原理图

(3) 器件选择

根据原理图正确选择线路安装所需要的低压电气元件，并明确其型号及规格、数量及用途，如表 8-12 所示。

表 8-12   电气元件明细表

符号	名称	型号及规格	数量	用途
M	交流电动机	YS-5025W	1	
QS	组合开关	HZ10-25/3	1	三相交流电源引入
SB₁	停止按钮	LAY7	1	停止
SB₂	启动按钮	LAY7	1	星形启动
FU₁	主线路熔断器	RT18-32 5A	3	主线路短路保护
FU₂	控制线路熔断器	RT18-32 1A	2	控制线路短路保护
KM₁	交流接触器	CJX2-1210	1	控制 M 正转
KM₂	交流接触器	CJX2-1210	1	控制 M 反转制动
FR	热继电器	JRS1-09308	1	M 过载保护
KS	速度继电器	JY1	1	制动
R	电阻器	ZX2-2/0.7	3	限制制动电流
	导线	BV 1.5mm²		主线路接线
	导线	BVR 0.75mm²，1.5mm²		控制线路接线，接地线
XT	端子排	主线路 TB-2512L	1	
XT	端子排	控制线路 TB-1512	1	

（4）器件检测与安装

使用万用表对所选低压电气元件进行检测后，根据元件布置图安装固定电气元件。安装布置图如图 8-48 所示。

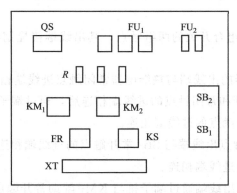

图 8-48　速度继电器控制的反接制动电气元件安装布置图

（5）速度继电器控制的反接制动控制线路的连接

根据电气原理图和电气接线图，如图 8-49 所示，完成速度继电器控制的反接制动控制线路的连接。

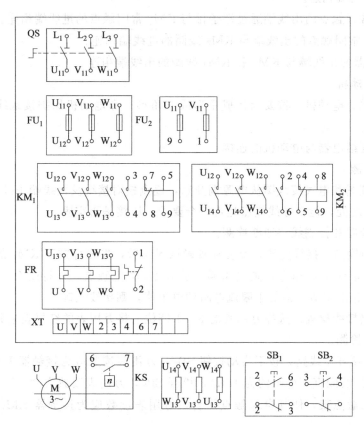

图 8-49　速度继电器控制的反接制动控制线路电气接线图

① 主线路接线　将三相交流电源的三根相线接在转换开关 QS 的三个进线端上，QS 的出线端分别接在 3 个熔断器 FU_1 的进线端，FU_1 的出线端分别接在交流接触器 KM_1 三对主

触点的进线端和三个制动电阻 R 的进线端（注意 KM₁ 和 KM₂ 换相），三个制动电阻的出线端分别与 KM₂ 的三对主触点进线端相连，KM₁ 与 KM₂ 主触点出线端相连后再与热继电器 FR 热元件进线端相接，热继电器 FR 发热元件出线端通过端子排与电动机接线端子 U₁、V₁、W₁ 相连。

② 控制线路接线　取组合开关的两组触点，其出线端接控制线路短路保护熔断器 FU₂ 的进线端。

1 点：其中一个熔断器的出线端与热继电器常闭触点进线端相连。

2 点：按钮 SB₁ 的常开和常闭触点的进线端相连后，通过端子排与热继电器 FR 常闭触点出线端和 KM₂ 辅助常开触点的进线端相连。

3 点：按钮 SB₁ 常闭触点出线端与 SB₂ 常开触点的进线端相连后，通过端子排与交流接触器 KM₁ 辅助常开触点的进线端相连。

4 点：SB₂ 常开触点的出线端通过端子排与 KM₁ 辅助常开触点的出线端和 KM₂ 辅助常闭触点的进线端相连。

5 点：KM₂ 辅助常闭触点的出线端与 KM₁ 线圈的进线端相连。

6 点：SB₁ 常开触点的出线端和速度继电器 KS 常开触点的进线端通过端子排与 KM₂ 辅助常开触点的出线端相连。

7 点：KS 常开触点的出线端通过端子排与 KM₁ 常闭触点的进线端相连。

8 点：KM₁ 常闭触点的出线端与 KM₂ 线圈的进线端相连。

9 点：熔断器的出线端与 KM₁ 和 KM₂ 线圈的出线端相连。

(6) 安装电动机

① 完成电源、电动机（按要求接成星形或三角形）和电动机保护接地线等控制面板外部的线路连接。

② 完成速度继电器与电动机的连接。

(7) 静态检测

① 根据原理图和电气接线图从电源端开始，逐点核对接线及接线端子处连接是否正确，有无漏接、错接之处，检查导线接点是否符合要求，压接是否牢固。

② 进行主线路和控制线路通断检测。

a. 主线路的检测。接线完毕，反复检查确认无误后，先强行按下 KM₁ 的主触点，用万用表检查各相电阻应基本相等，则电路通；放开 KM₁ 主触点，强行闭合 KM₂ 的主触点，用万用表测得各相电阻值近似等于限流电阻的电阻值，则接线正确。

b. 控制线路接线检查。选择万用表的 R×1 挡位，将万用表的红黑表笔分别放在图 8-49 中的 1 和 9 位置检测。

启动检测：断开主线路，按下启动按钮 SB₂，万用表读数应为接触器 KM₁ 线圈的直流电阻值（如 CJX₂ 线圈直流电阻约为 15Ω），松开 SB₂，万用表读数为 "∞"。松开启动按钮 SB₂，按下 KM₁ 触点架，使其自保触点闭合，万用表读数应为接触器 KM₁ 线圈的直流电阻值。

制动停止检测：按下停止按钮 SB₁ 或强行闭合 KM₂ 常开辅助触点并使速度继电器常开触点闭合，万用表读数应为交流接触器 KM₂ 线圈的直流电阻值，松开 SB₁ 或 KM₂ 常开辅助触点或使速度继电器常开触点断开，万用表读数为 "∞"。

（8）通电试车

通电试车必须在指导教师现场监护下严格按安全规程的有关规定操作，防止安全事故的发生。

通电时先接通三相交流电源，合上转换开关 QS。按下 SB$_2$，电动机运转。按下 SB$_1$，电动机迅速停止运转。操作过程中，观察各器件动作是否灵活，有无卡阻及噪声过大等现象，电动机运行有无异常。发现问题，应立即切断电源进行检查。

技能训练 **电动机正反转控制线路**

一、训练器材与工具

交流接触器、三相闸刀开关、复合按钮、热继电器、熔断器、三相异步电动机、工具箱。

二、训练内容与步骤

1. 接触器联锁的正反转控制

自行设计线路，画出线路，并按一定规则编号。先接主线路，后接控制线路。主线路用导线从电源端开始逐渐接到负载端，并且先接好正转接触器的主触点，然后再并联上反转接触器的主触点。控制线路则可以先接正转控制线路，然后再接反转控制线路。线路接好，经教师检查后，开始启动操作。

2. 接触器和复合按钮双重互锁的正反转控制

主线路不变，控制线路的其他部分接线不变，仅将按钮部分的接线改接成复合按钮，画出线路，然后将线路接好，经指导教师检查确认无误后，便可通电操作。

三、实训参考线路

图 8-50 所示线路可作为本次技能训练的主线路和控制线路的参考线路。控制线路为接触器互锁。

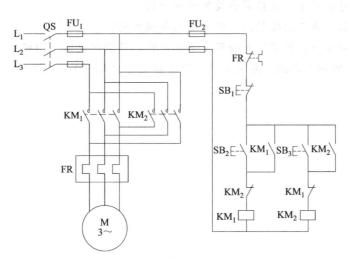

图 8-50 主线路和控制线路

四、注意事项

① 不允许带电接、拆线。合闸后，不要用手触摸裸露的接线端。

② 线路连接完毕，请指导教师检查后才能合闸通电。

③ 任何人不允许用手触摸电动机的旋转部分。

 **知识拓展**

一、填空题

1. 低压断路器又称_____，它的功能相当于_____、_____、_____和欠电压继电器等电器部分或全部的功能总和。

2. 低压断路器中的热脱扣器的作用是_____。

3. DW 型框式断路器，又称_____，主要用作_____的保护开关。

4. 交流接触器使用过程中，触点磨损有_____、_____两种。

5. 熔断器主要由_____、_____和_____组成。

6. 三相交流异步电动机能耗制动时，电动机处于_____运行状态。

7. 三角形接法的三相异步电动机，应选用三相的热继电器作_____保护和_____保护。

8. 电磁铁的结构主要由_____、_____、_____和_____四部分组成。

9. 按钮开关作为主令电器，当作为停止按钮时，其前面颜色应选_____色。

10. 三相异步电动机的正反转控制关键是改变_____。

二、判断题

1. 三相异步电动机的额定电压是指加于定子绕组上的相电压。　　　　　　（　　）

2. 三相电动机接在同一电源中，作△形连接时的总功率是作 Y 连接时的 3 倍。（　　）

3. 若因电动机过载导致直流电动机不能启动时，应将负载降到额定值。　　（　　）

4. 接触器触点为了保持良好接触，允许涂以质地优良的润滑油。　　　　　（　　）

5. 电动机的各种故障最终大多引起电流增大，温升过高。　　　　　　　　（　　）

6. 三相异步电动机串电阻降压启动的目的是提高功率因数。　　　　　　　（　　）

7. 三相异步电动机用电抗器调速性能十分优越。　　　　　　　　　　　　（　　）

8. 磁力启动器是由交流接触器和热继电器等组成的。　　　　　　　　　　（　　）

9. 三相交流异步电动机铭牌上的频率是电动机转子绕组电动势的频率。　　（　　）

10. 若电动机的额定电流不超过 10A，可用中间继电器代替接触器使用。　　（　　）

第9章

机床电气控制线路的分析与检修

9.1 CA6140 型车床电气控制线路的分析与检修

9.1.1 CA6140 型卧式车床结构

CA6140 型卧式车床为我国自行设计制造的普通车床，与 C620-1 型车床比较，具有性能优越、结构先进、操作方便和外形美观等优点。CA6140 型卧式车床的外形图如图 9-1 所示。

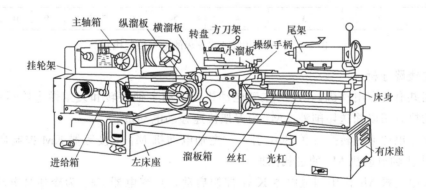

图 9-1　CA6140 型卧式车床的外形图

CA6140 型卧式车床主要由床身、主轴箱、进给箱、溜板箱、刀架、丝杠、光杠、尾架等部分组成。车床的切削运动包括工件旋转的主运动和刀具的直线进给运动。

车削速度是指工件与刀具接触点的相对速度。根据工件的材料性质、车刀材料及几何形状、工件直径、加工方式、冷却条件的不同，要求主轴有不同的切削速度。主轴变速是由主轴电动机经 V 带传递到主轴变速箱来实现的。CA6140 型车床的主轴正转速度有 24 种(10～1400r/min)，反转速度有 12 种（14～1580r/min）。

车床的进给运动是刀架带动刀具的直线运动。溜板箱把丝杠或光杠的转动传递给刀架部分，变换溜板箱外的手柄位置，经刀架部分使车刀做纵向或横向进给。

车床的辅助运动为车床上除切削运动以外的其他一切必需的运动，如尾架的纵向移动、工件的夹紧与放松等。

9.1.2 CA6140 型卧式车床原理

CA6140 型卧式车床的电气控制线路如图 9-2 所示。

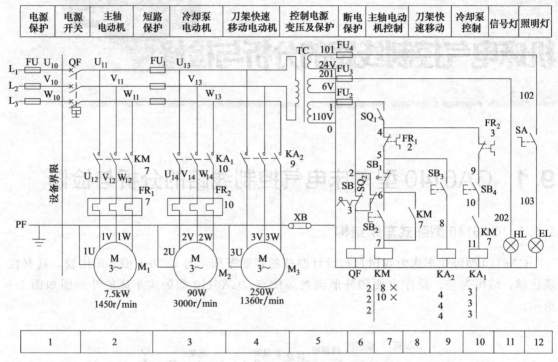

图 9-2 CA6140 型卧式车床的电气控制线路

(1) 主线路分析

主线路共有 3 台电动机。M_1 为主轴电动机，带动主轴旋转和刀架做进给运动；M_2 为冷却泵电动机，用以输送切削液；M_3 为刀架快速移动电动机。

三相交流电源通过转换开关 SQ_1 引入，主轴电动机 M_1 由接触器 KM 控制启动，热继电器 FR_1 为主轴电动机 M_1 的过载保护。

冷却泵电动机 M_2 由中间继电器 KA_1 控制启动，热继电器 FR_2 为冷却泵电动机 M_2 的过载保护。

刀架快速移动电动机 M_3 由中间继电器 KA_2 控制启动，因此快速移动电动机 M_3 是短期工作，故可不设过载保护。

(2) 控制线路分析

控制变压器 TC 二次侧输出 110V 电压为控制线路的电源。

① 主轴电动机 M_1 的控制。按下启动按钮 SB_2，接触器 KM 的线圈获电吸合，KM 主触点闭合，主轴电动机 M_1 启动。按下停止按钮 SB_1，电动机 M_1 停转。

② 冷却泵电动机 M_2 的控制。在接触器 KM 获电吸合、主轴电动机 M_1 启动后，合上开关 SB_4 使中间继电器 KA_1 线圈获电吸合，冷却泵电动机 M_2 才能启动。

③ 刀架快速移动电动机 M_3 的控制。刀架快速移动电动机 M_3 的启动是由安装在进给操纵手柄顶端的按钮 SB_3 来控制的，它与交流中间继电器 KA_2 组成点动控制环节。将操纵手柄扳到所需的方向，压下按钮 SB_3，中间继电器 KA_2 获电吸合，电动机 M_3 获电启动，刀架

就向指定方向快速移动。

（3）照明、信号灯电路分析

控制变压器 TC 的二次侧分别输出 24V 和 6V 电压，作为车床低压照明灯和信号灯的电源。EL 为机床的低压照明灯，由开关 SA 控制；HL 为电源的信号灯。

9.1.3　CA6140 型车床常见电气故障的检修

当需要打开配电盘壁门进行带电检修时，将 SQ_2 开关的传动杆拉出，断路器 QF 仍可合上。关上壁门后，SQ_2 复原恢复保护作用。CA6140 型车床常见电气故障的检修见表 9-1。用电压分段测量法检修故障的方法见表 9-2。

表 9-1　CA6140 型车床常见电气故障的检修

故障现象	故障原因	处理方法
主轴电动机 M_1 启动后不能自锁，即按下 SB_2，M_1 启动运转，松开 SB_2，M_1 随之停止	接触器 KM 的自锁触点接触不良或连接导线松脱	合上 QF，测 KM 自锁触点（6—7）两端的电压，若电压正常，故障是自锁触点接触不良，若无电压，故障是连线（6—7）断线或松脱
主轴电动机 M_1 不能停止	KM 主触点熔焊；停止按钮 SB_1 被击穿或线路中 5、6 两点连接导线短路；KM 铁芯端面被油垢粘牢不能脱开	断开 QF，若 KM 释放，说明故障是停止按钮 SB_1 被击穿或导线短路；若 KM 过一段时间释放，则故障为铁芯端面被油垢粘牢；若 KM 不释放，则故障为 KM 主触点熔焊。可根据情况采取相应的措施修复
主轴电动机运行中停车	热继电器 FR_1 动作，动作原因可能是：电源电压不平衡或过低；整定值偏小；负载过重，连接导线接触不良等	找出 FR_1 动作的原因，排除使其复位
照明灯 EL 不亮	灯泡损坏；FU_4 熔断；SA 触点接触不良；TC 二次绕组断线或接头松脱；灯泡和灯头接触不良等	根据具体情况采取相应的措施修复

表 9-2　用电压分段测量法检测故障点并排除

故障现象	测量状态	5-6	5-7	7-0	故障点	排除
按下 SB_2 时，KM 不吸合，按下 SB_3 时，KA_2 吸合	按下 SB_2 不放	110V	0	0	SB_1 接触不良或接线脱落	更换按钮 SB_1 或将脱落线接好
		0	110V	0	SB_2 接触不良或接线脱落	更换按钮 SB_2 或将脱落线接好
		0	0	110V	KM 线圈开路或接线脱落	更换同型号线圈或将脱落线接好

9.1.4　电气设备常见故障的检修方法

（1）电气设备维修的一般要求

① 采取的维修步骤与方法必须正确、可行。

② 不得损坏完好的电气元件。

③ 不得随意更换电气元件及连接导线的型号规格。

④ 不得擅自更改线路。

⑤ 损坏的电气装置应该尽量修复使用，但不得降低其固有性能。

⑥ 电气设备的保护性能必须满足使用要求。

⑦ 绝缘电阻合格，通电试车能够满足电路的各种功能，控制环节的动作顺序符合要求。

⑧ 修理后的电气装置必须满足其质量标准要求。

(2) 电气设备检修的一般方法

1) 检修方法

① 故障调查

a. 问：机床发生故障后，首先应向操作者了解故障发生的前后情况，有利于根据电气设备的工作原理来分析发生故障的原因。一般询问的内容有：故障发生在开车前、开车后，还是发生在运行中，是运行中自行停车，还是发现异常情况后由操作者停下来的；发生故障时，机床工作在什么工作顺序，按动了哪个按钮，扳动了哪个开关；故障发生前后，设备有无异常现象（如响声、气味、冒烟或冒火等）；以前是否发生过类似的故障，是怎样处理的等。

b. 看：熔断器内熔丝是否熔断，其他电气元件有无烧坏、发热、断线，导线连接螺钉有否松动，电动机的转速是否正常。

c. 听：电动机、变压器和电气元件在运行时声音是否正常，这可以帮助寻找故障的部位。

d. 摸：电动机、变压器和电气元件的线圈发生故障时，温度显著上升，可切断电源后用手去触摸。

② 电路分析　根据调查结果，参考该电气设备的电气原理图进行分析，初步判断出故障产生的部位，然后逐步缩小故障范围，直至找到故障点并加以消除。

分析故障时应有针对性，如接地故障一般先考虑电气柜外的电气装置，后考虑电气柜内的电气元件。断路和短路故障，应先考虑动作频繁的元件，后考虑其余元件。

③ 断电检查　检查前先断开机床总电源，然后根据故障可能产生的部位，逐步找出故障点。检查时应先检查电源线进线处有无碰伤而引起的电源接地、短路等现象，螺旋式熔断器的熔断指示器是否跳出，热继电器是否动作。然后检查电器外部有无损坏，连接导线有无断路、松动，绝缘有无过热或烧焦。

④ 通电检查　做断电检查仍未找到故障时，可对电气设备做通电检查。

在通电检查时要尽量使电动机和其所传动的机械部分脱开，将控制器和转换开关置于零位，行程开关还原到正常位置。然后用万用表检查电源电压是否正常，有否缺相或严重不平衡。再进行通电检查，检查的顺序为：先检查控制线路，后检查主线路；先检查辅助系统，后检查主传动系统；先检查交流系统，后检查直流系统；合上开关，观察各电气元件是否按要求动作，有无冒火、冒烟、熔断器熔断的现象，直至查到发生故障的部位。

2) 机床电气设备故障测量诊断方法

机床电气故障的检修方法较多，常用的有电压法、电阻法和短接法等。

① 电压测量法　指利用万用表测量机床电气线路上某两点间的电压值来判断故障点的范围或故障元件的方法。电压的分段测量法如图 9-3 所示。

先用万用表测试 1、7 两点，电压值为 380V，说明电源电压正常。

电压的分段测试法是将红、黑两表笔逐段测量相邻两标号点 1—2、2—3、3—4、4—5、5—6、5—7 间的电压。

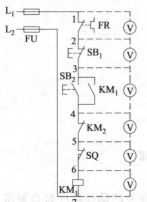

图 9-3　电压的分段测量法

如电路正常，按 SB$_2$ 后，除 5—7 两点间的电压等于 380V 之外，其他任何相邻两点间的电压值均为零。

如按下启动按钮 SB$_2$，接触器 KM$_1$ 不吸合，说明发生断路故障，此时可用电压表逐段测试各相邻两点间的电压。如测量到某相邻两点间的电压为 380V 时，说明这两点间所包含的触点、连接导线接触不良或有断路故障。例如，标号 4—5 两点间的电压为 380V，说明接触器 KM$_2$ 的常闭触点接触不良。

② 电阻测量法　指利用万用表测量机床电气线路上某两点间的电阻值来判断故障点的范围或故障元件的方法。电阻的分段测量法如图 9-4 所示。

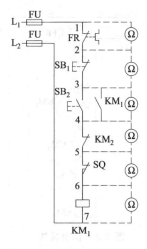

图 9-4　电阻的分段测量法

检查时，先切断电源，按下启动按钮 SB$_2$，然后依次逐段测量相邻两标号点 1—2、2—3、3—4、4—5、5—6 间的电阻。如测得某两点间的电阻为无穷大，说明这两点间的触点或连接导线断路。例如，当测得 2—3 两点间电阻值为无穷大时，说明停止按钮 SB$_1$ 或连接 SB$_1$ 的导线断路。

电阻测量法要注意以下几点：

a. 用电阻测量法检查故障时一定要断开电源。

b. 如被测的电路与其他电路并联时，必须将该电路与其他电路断开，否则所测得的电阻值是不准确的。

c. 测量高电阻值的电气元件时，把万用表的选择开关旋转至适合电阻挡。

③ 短接法　指用导线将机床线路中两等电位点短接，以缩小故障范围，从而确定故障范围或故障点。

a. 局部短接法。局部短接法如图 9-5 所示。

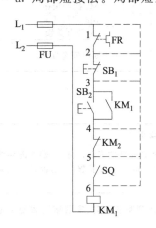

图 9-5　局部短接法

按下启动按钮 SB$_2$ 时，接触器 KM$_1$ 不吸合，说明该电路有故障。检查前先用万用表测量 1—7 两点间的电压值，若电压正常，可按下启动按钮 SB$_2$ 不放，然后用一根绝缘良好的导线，分别短接标号相邻的两点，如短接 1—2、2—3、3—4、4—5、5—6。当短接到某两点时，接触器 KM$_1$ 吸合，说明断路故障就在这两点之间。

b. 长短接法。长短接法检查断路故障如图 9-6 所示。

长短接法是指一次短接两个或多个触点来检查故障的方法。

当 FR 的常闭触点和 SB$_1$ 的常闭触点同时接触不良时，如用上述局部短接法短接 1—2 点，按下启动按钮 SB$_2$，KM$_1$ 仍然不会吸合，故可能会造成判断错误。而采用长短接法将 1—6 短接，如 KM$_1$ 吸合，说明 1—6 这段电路中有断路故障，然后再短接 1—3 和 3—6，若短接 1—3 时 KM$_1$ 吸合，则说明故障在 1—3 段范围内。再用局部短接法短接 1—2 和 2—3，能很快地排除电路的断路故障。

短接法检查注意点：

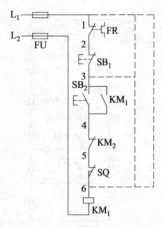

图 9-6 长短接法

ⓐ 短接法是用手拿绝缘导线带电操作的,所以一定要注意安全,避免触电事故发生。

ⓑ 短接法只适用于检查压降极小的导线和触点之类的断路故障。对于压降较大的电器,如电阻、线圈、绕组等断路故障,不能采用短接法,否则会出现短路故障。

ⓒ 对于机床的某些要害部位,必须在保障电气设备或机械部位不会出现事故的情况下才能使用短接法。

9.1.5 CA6140 型车床电气控制线路的安装与调试

(1) 安装步骤及工艺要求

① 按照表 9-3 所列配齐电气设备和元件,并逐个检验其规格和质量是否合格。

表 9-3 CA6140 型车床电气设备和元件

序号	符号	名称	型号	规格	数量	用途
1	M₁	主轴电动机	Y132M-4-B3	7.5kW、15.4A 1450r/min	1	主运动和进给运动力
2	M₂	冷却泵电动机	AOB-25	90W、3000r/min	1	驱动冷却液泵
3	M₃	刀架快速移动电机	AOS5634	250W、1360r/min	1	刀架快速移动
4	FR₁	热继电器	JR16-20/3D	整定电流 15.4 A	1	M₁ 的过载保护
5	FR₂	热继电器	JR16-20/3D	整定电流 0.32 A	1	M₂ 的过载保护
6	KM	交流接触器	CJ10-40	40A 线圈电压 110V	1	控制 M₁
7	KA₁	中间继电器	JZ7-44	线圈电压 110V	1	控制 M₂
8	KA₂	中间继电器	JZ7-44	线圈电压 110V	1	控制 M₃
9	FU₁	熔断器	RL1-15	380V、15A 配 1A 熔体	3	M₂、M₃ 及控制线路的短路保护
10	FU₂	熔断器	RL1-15	380V、15A 配 4A 熔体	3	控制线路的短路保护
11	FU₃	熔断器	RL1-15	380V15A 配 1A 熔体	1	电源信号灯短路保护
12	FU₄	熔断器	RL1-15	380V15A 配 2A 熔体	1	车床照明电路短路保护
13	SB₁	按钮	LAY3-10/2	绿色	1	M₁ 启动按钮
14	SB₂	按钮	LAY3-01ZS/1	红色	1	M₁ 停止按钮
15	SB₃	按钮	LA19-11	500V、5A	1	M₃ 控制按钮
16	SB₄	旋钮开关	LAY3-10X/2		1	M2 控制开关
17	SB	旋钮开关	LAY3-01Y/2	带锁匙	1	电源开关锁
18	SQ₁	挂轮箱行程开关	JWM6-11		1	断电安全保护
19	SQ₂	电气箱行程开关	JWM6-11		1	

② 安装步骤及工艺要求见表 9-4。

表 9-4 安装步骤及工艺要求

安装步骤	工艺要求
第一步:选配并检验元件和电气设备	根据电动机容量、线路走向及要求和各元件的安装尺寸,正确选配导线的规格、导线通道类型和数量、接线端子板型号及节数、控制板、管夹、束节、紧固体等
第二步:在控制板上安装电气元件,并在各电气元件附近做好与电路图上相同代号的标记	安装走线槽时,应做到横平竖直、排列整齐均匀、安装牢固和便于走线等
第三步:在控制板上进行板前线槽配线,并在导线端部套编码管	按照控制板内布线的工艺要求进行布线和套编码套管
第四步:进行控制板外的元件固定和布线	① 选择合理的导线走向,做好导线通道的支持准备,并安装控制板外部的所有电器 ② 进行控制板外部布线,并在导线线头上套装与电路图相同线号的编码套管。对于可移动的导线通道应留适当的余量,使金属软管在运动时不承受拉力,并按规定在通道内放好备用导线

续表

安装步骤	工艺要求
第五步:自检	①检查电路的接线是否正确和接地通道是否具有连续性 ②检查热继电器的整定值是否符合要求。各级熔断器的熔体是否符合要求,如不符合要求应予以更换 ③检测电动机的安装是否牢固,与生产机械传动装置的连接是否可靠 ④检测电动机及线路的绝缘电阻,清理安装场地
第六步:通电试车	①接通电源开关,点动控制各电动机启动,以检查各电动机的转向是否符合要求 ②通电空转试验时,应认真观察各电气元件、线路、电动机及传动装置的工作情况是否正常。如不正常,应立即切断电源进行检查,在调整或修复后方能再次通电试车

(2) 注意事项

① 不要漏接接地线。严禁采用金属软管作为接地通道。

② 在控制箱外部进行布线时,导线必须穿在导线通道内或敷设在机床底座内的导线通道里。所有的导线不允许有接头。

③ 在导线通道内敷设的导线进行接线时,必须集中思想,做到查出一根导线,立即套上编码套管,接上后再进行复验。

④ 在进行快速进给时,要注意使运动部件处于行程的中间位置,以防止运动部件与车头或尾架相撞产生设备事故。

⑤ 在安装、调试过程中,工具、仪表的使用应符合要求。

⑥ 通电操作时,必须严格遵守安全操作规程。

9.1.6　CA6140 型车床电气控制线路的检修

(1) 检修步骤及工艺要求

① 在操作人员的指导下对车床进行操作,了解车床的各种工作状态及操作方法。

② 在教师的指导下,参照图 9-7 和图 9-8 所示的 CA6140 型车床电气元件的位置图和接

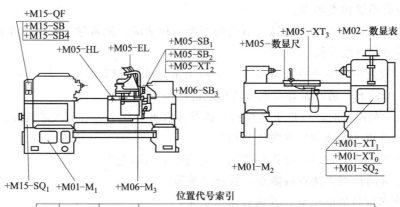

位置代号索引

序号	部件名称	代号	安装的元件
1	床身底座	+M01	$-M_1$、$-M_2$、$-XT_0$、$-XT_1$、$-SQ_2$
2	床鞍	+M05	$-HL$、$-EL$、$-SB_1$、$-SB_2$、$-XT_2$、$-XT_3$、**数显尺**
3	溜板	+M06	$-M_3$、$-SB_3$
4	传动带罩	+M15	$-QF$、$-SB$、$-SB_4$、$-SQ_1$
5	床头	+M02	**数显表**

图 9-7　CA6140 型车床电气元件的位置图

线图，熟悉车床电气元件的分布位置和走线情况。

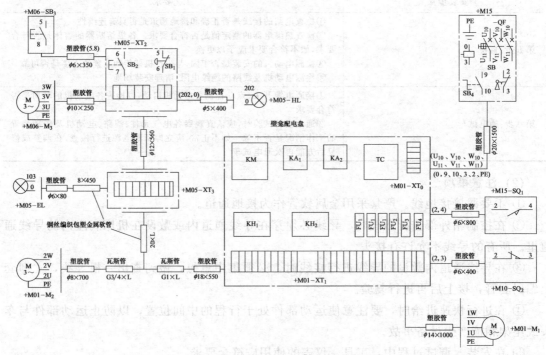

图 9-8　CA6140 型车床电气元件的接线图

③ 在 CA6140 型车床上人为设置自然故障点。故障设置时应注意以下几点。

a. 人为设置的故障点必须是模拟车床在使用中，由于受外界因素影响而造成的自然故障。

b. 切忌通过更改线路或更换电气元件等由于人为原因而造成的非自然故障。

c. 对于设置一个以上故障点的线路，故障现象尽可能不要相互掩盖。如果故障相互掩盖，按要求应有明显检查顺序。

d. 设置的故障必须与学生应该具有的修复能力相适应。随着学生检修水平的逐步提高，再相应提高故障的难度等级。

e. 应尽量设置不容易造成人身或设备事故的故障点，如有必要，教师必须在现场密切注意学生的检修动态，随时做好采取应急措施的准备。

教师进行示范检修时，可把下述检修步骤及要求贯穿其中，直至故障排除。

a. 用通电试验法引导学生观察故障现象。

b. 根据故障现象，依据电路图用逻辑分析法确定故障范围。

c. 采取正确的检查方法找故障点，并排除故障。

d. 检修完毕进行通电试验，并做好维修记录。

e. 教师设置让学生事先知道故障点，指导学生如何从故障现象着手进行分析，引导学生采用正确的检修步骤和检修方法。

f. 教师设置故障点，由学生检修。

(2) 注意事项

① 熟悉 CA6140 型车床电气控制线路的基本环节及控制要求，认真观摩教师示范检修。

② 检修所用工具、仪表应符合使用要求。

③ 排除故障时，必须修复故障点，但不得采用元件代换法。

④ 检修时，严禁扩大故障范围或产生新的故障。

⑤ 带电检修时，必须有指导教师监护，以确保安全。

9.2 X62W 型万能铣床电气控制线路的分析与检修

9.2.1 X62W 型万能铣床的主要结构

X62W 型万能铣床的外形结构如图 9-9 所示。它主要由床身、主轴、刀杆、悬梁、刀杆支架、工作台、回转盘、横向溜板、升降台、底座等几部分组成。箱形的床身固定在底座上，床身内装有主轴的传动机构和变速操纵机构。在床身的顶部有水平导轨，上面装着带有一个或两个刀杆支架的悬梁。

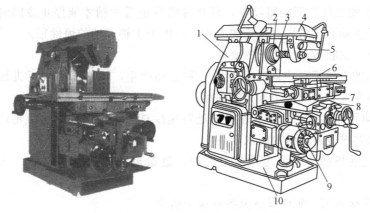

图 9-9 X62W 型万能铣床的外形结构

1—床身；2—主轴；3—刀杆；4—悬梁；5—刀杆支架；6—工作台；

7—回转盘；8—横向溜板；9—升降台；10—底座

刀杆支架用来支撑铣刀心轴的一端，心轴的另一端则固定在主轴上，由主轴带动铣刀铣削。刀杆支架在悬梁上以及悬梁在床身顶部的水平导轨上都可以做水平移动，以便安装不同的心轴。在床身的前面有垂直导轨，升降台可沿着它上下移动。在升降台上面的水平导轨上，装有可在平行主轴轴线方向移动（前后移动）的溜板。溜板上部有可转动的回转盘，工作台就在溜板上部回转盘上的导轨上做垂直于主轴轴线方向的移动（左右移动）。工作台上有 T 形槽用来固定工件。这样，安装在工作台上的工件就可以在三个坐标上的六个方向调整位置或进给了。

铣削是一种高效率的加工方式。铣床主轴带动铣刀的旋转运动是主运动；铣床工作台的前后（横向）、左右（纵向）和上下（垂直）6 个方向的运动是进给运动；铣床其他的运动，如工作台的旋转运动则属于辅助运动。

9.2.2 X62W 型万能铣床电力拖动的特点及控制要求

该铣床共用 3 台异步电动机拖动，它们分别是主轴电动机 M_1、进给电动机 M_2 和冷却泵电动机 M_3。

（1）电力拖动的特点

铣削加工有顺铣和逆铣两种加工方式，所以要求主轴电动机能正反转，但考虑到正反转操作并不频繁（批量顺铣或逆铣），因此在铣床床身下侧电器箱上设置一个组合开关，来改变电源相序实现主轴电动机的正反转。由于主轴传动系统中装有避免振动的惯性轮，使主轴停车困难，故主轴电动机采用电磁离合器制动以实现准确停车。

铣床的工作台要求有前后、左右、上下6个方向的进给运动和快速移动，所以也要求进给电动机能正反转，并通过操纵手柄和机械离合器相配合来实现。进给的快速移动是通过电磁铁和机械挂挡来完成的。为了扩大其加工能力，在工作台上可加装圆形工作台，圆形工作台的回转运动是由进给电动机经传动机构驱动的。

（2）控制要求

根据加工工艺的要求，该铣床应具有以下电气联锁措施。

① 为防止刀具和铣床的损坏，要求只有主轴旋转后才允许有进给运动和进给方向的快速移动。

② 为了减小加工件表面的粗糙度，只有进给停止后主轴才能停止或同时停止。该铣床在电气上采用了主轴和进给同时停止的方式，但由于主轴运动的惯性很大，实际上就保证了进给运动先停止，主轴运动后停止的要求。

③ 6个方向的进给运动中同时只能有一种运动产生，该铣床采用了机械操纵手柄和位置开关相配合的方式来实现6个方向的联锁。

④ 主轴运动和进给运动采用变速盘来进行速度选择，为保证变速齿轮进入良好啮合状态，两种运动都要求变速后做瞬时点动。

⑤ 当主轴电动机或冷却泵电动机过载时，进给运动必须立即停止，以免损坏刀具和铣床。

⑥ 要求有冷却系统、照明设备及各种保护措施。

9.2.3　X62W 型万能铣床电气控制线路分析

X62W 型万能铣床电气原理如图 9-10 所示。

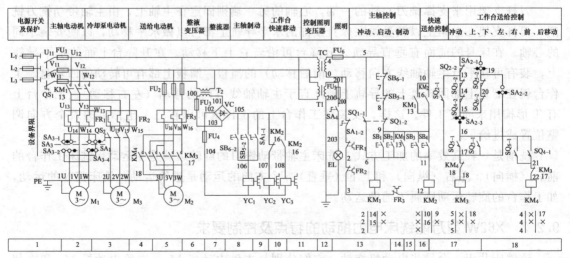

图 9-10　X62W 型万能铣床电气原理图

X62W 型万能铣床电气控制线路底边按顺序分成 18 个区。其中 1 区为电源开关及全线路短路保护，2～5 区为主线路部分，5～18 区为控制线路部分，11～12 区为照明线路部分。

(1) 主线路 (2～5 区)

三相电源 L_1、L_2、L_3 由电源开关 QS_1 控制，熔断器 FU_1 实现对全线路的短路保护（1 区）。从 2 区开始就是主线路，主线路有 3 台电动机。

① M_1（2 区）是主轴电动机，带动主轴旋转对工件进行加工，是主运动电动机。它由 KM_1 的主触点控制，其控制线圈在 13 区。因其正/反转不频繁，在启动前用组合开关 SA_3 预先选择。热继电器 FR_1 作过载保护，其常闭触点在 13 区。M_1 作直接启动，单向旋转。

② M_3（3 区）是冷却泵电动机，带动冷却泵供给铣刀和工件冷却液，用冷却液带走铁屑。M_3 由组合开关 QS_2 作控制开关，在需要提供冷却液时才接通。M_1、M_3 采用主线路顺序控制，所以 M_1 启动后，M_3 才能启动。M_2 由 KM_2 的主触点控制，其控制线圈在 9 区。热继电器 FR_2 作过载保护，其常闭触点在 13 区。M_3 作直接启动，单向旋转。

③ M_3（4～5 区）是进给电动机，带动工作台做进给运动。它由 KM_3、KM_4 的主触点做正/反转控制，其控制线圈在 17 区、18 区。热继电器 FR_3 作过载保护，其常闭触点在 14 区。熔断器 FU_2 作短路保护。M_2 作直接启动，双向旋转。

(2) 控制线路 (5～8 区)

控制线路包括交流控制线路和直流控制线路。交流控制线路由控制变压器 TC 提供 110V 的工作电压，熔断器 FU_6 作交流控制线路的短路保护（12 区）。直流控制线路的主轴制动、工作台工作进给和快速进给分别由电磁离合器 YC_1（8 区）、YC_2（9～10 区）、YC_3（11 区）实现。电磁离合器的直流工作电压由整流变压器降压为 36V 后桥式整流器 VC 提供，熔断器 FU_3、FU_4 分别作整流器和直流控制线路的短路保护（6 区）。

① 主轴电动机 M_1 的控制（5 区、8 区）。主轴电动机 M_1 的控制包括主轴的启动、主轴制动和换刀制动及变速冲动。

a. 主轴的启动（13 区）。主轴电动机 M_1 由交流接触器 KM_1 控制，为两地控制单向控制线路。为方便操作，两组按钮安装在铣床的不同位置：SB_1 和 SB_5 安装在升降台上，SB_2 和 SB_6 安装在床身上。启动按钮 SB_1、SB_2（9—6）并联连接，停止按钮 SB_5、SB_6 的常开触点 SB_{5-1}、SB_{6-1}（5—7—8）串联连接，常闭触点 SB_{5-2}、SB_{6-2}（105—106）并联连接。

启动前，先按照顺铣或逆铣的工艺要求，用组合开关 SA_3 预先确定 M_1 的转向。

b. 主轴制动和换刀制动（8 区、13 区）。主轴制动由电磁离合器 YC_1 实现。YC_1 装在主轴传动与 M_1 转轴相连的第一根传动轴上，当 YC_1 通电时，将摩擦片压紧，对 M_1 进行制动。为了使主轴在换刀时不随意转动，换刀前应该将主轴制动，以免发生事故。主轴的换刀制动由组合开关 SA_1 控制。

换刀结束后，将 SA_1 拨回工作位置，SA_1 复位。

c. 主轴的变速冲动（13 区）。变速冲动是为了使主轴变速时变换后的齿轮能顺利啮合，主轴变速时主轴的电动机应能点动一下，进给变速时进给电动机也能点动一下。

主轴的变速冲动由行程开关 SQ_1 实现。变速时，将变速手柄拉出，转动变速盘调节所需转速，然后再将变速手柄复位。在手柄复位的过程中，瞬时压动了行程开关 QS_1，手柄复位后，SQ_1 也随之复位。

② 进给电动机 M_2 的控制（9～11 区、15～18 区）。工作台的进给运动分为工作（正常）进给和快速进给。工作进给必须在主轴电动机 M_1 启动运行后才能进行，快速进给属于

辅助运动，可以在 M_1 不启动的情况下进行。因此，进给电动机 M_2 须在主轴电动机 M_1 或冷却泵电动机 M_3 启动后才能启动，KM_1、KM_2 的辅助常开触点（9—10）并联接在进给线路中，属控制线路顺序控制。它们分别由两个电磁离合器 YC_2 和 YC_3 来实现。YC_2、YC_3 均安装在进给传动链中的第 4 根传动轴上。当 YC_2 吸合而 YC_3 断开时，为工作进给；当 YC_3 吸合而 YC_2 断开时，为快速进给。

工作台在 6 个方向上的进给运动（17～18 区）由机械操作手柄带动相关的行程开关 SQ_3～SQ_6，通过接触器 KM_3、KM_4 控制进给电动机 M_2 正/反转来实现的。行程开关 SQ_3 和 SQ_4 分别控制工作台的向前、向下和向后、向上运动，SQ_5 和 SQ_6 分别控制工作台的向右和向左运动。

③ 照明线路（11～12 区）。照明线路由照明变压器 TC 提供 24V 的安全工作电压，照明灯开关 SA_4 控制照明灯 EL，熔断器 FU_5 作照明线路的短路保护。

9.2.4　铣床电气线路常见故障分析与检修

(1) 主轴电动机 M_1 不能启动

这种故障分析和前面有关的机床故障分析类似，首先检查各开关是否处于正常工作位置。然后检查三相电源、熔断器、热继电器的常闭触点、两地启停按钮以及接触器 KM_1 的情况，看有无电器损坏、接线脱落、接触不良、线圈断路等现象。另外，还应检查主轴变速冲动开关 SQ_1，因为由于开关位置移动甚至撞坏，或常闭触点 SQ_{1-2} 接触不良而引起线路的故障也不少见。

(2) 工作台各个方向都不能进给

铣床工作台的进给运动是通过进给电动机 M_2 的正反转配合机械传动来实现的。若各个方向都不能进给，多是因为进给电动机 M_2 不能启动所引起的。检修故障时，首先检查圆工作台的控制开关 SA_2 是否在"断开"位置。若没问题，接着检查控制主轴电动机的接触器 KM_1 是否已吸合动作。因为只有接触器 KM_1 吸合后，控制进给电动机 M_2 的接触器 KM_3、KM_4 才能得电。

如果接触器 KM_1 不能得电，则表明控制回路电源有故障，可检测控制变压器 TC 一次侧、二次侧线圈和电源电压是否正常，熔断器是否熔断。待电压正常，接触器 KM_1 吸合，主轴旋转后，若各个方向仍无进给运动，可扳动进给手柄至各个运动方向，观察其相关的接触器是否吸合，若吸合，则表明故障发生在主回路和进给电动机上，常见的故障有接触器主触点接触不良、主触点脱落、机械卡死、电动机接线脱落和电动机绕组断路等。除此以外，由于经常扳动操作手柄，开关受到冲击，使位置开关 SQ_3、SQ_4、SQ_5、SQ_6 的位置发生变动或被撞坏，使线路处于断开状态。变速冲动开关 SQ_{2-2} 在复位时不能闭合接通，或接触不良，也会使工作台没有进给。

(3) 工作台能向左、右进给，不能向前、后、上、下进给

铣床控制工作台各个方向的开关是互相联锁的，使之只有一个方向的运动。因此这种故障的原因可能是控制左右进给的位置开关 SQ_5 或 SQ_6 由于经常被压合，使螺钉松动、开关移位、触点接触不良、开关机构卡住等，使线路断开或开关不能复位闭合，电路 19—20 或 15—20 断开。这样当操作工作台向前、后、上、下运动时，位置开关 SQ_{3-2} 或 SQ_{4-2} 也被压开，切断了进给接触器 KM_3、KM_4 的通路，造成工作台只能左、右运动，而不能前、后、上、下运动。

（4）工作台能向前、后、上、下进给，不能向左、右进给

出现这种故障的原因及排除方法可参照上例说明进行分析，不过故障元件可能是位置开关的常闭触点 SQ_{3-2} 或 SQ_{4-2}。

（5）工作台不能快速移动，主轴制动失灵

这种故障往往是电磁离合器工作不正常所致。首先应检查接线有无松脱，整流变压器 T_2、熔断器 FU_3、FU_6 的工作是否正常，整流器中的 4 个整流二极管是否损坏。若有二极管损坏，将导致输出直流电压偏低，吸力不够。其次，电磁离合器线圈是用环氧树脂黏合在电磁离合器的套筒内的，散热条件差，易发热而烧毁。另外，由于离合器的动摩擦片和静摩擦片经常摩擦，因此它们是易损件，检修时也不可忽视这些问题。

（6）变速时不能冲动控制

这种故障多数是由于冲动位置开关 SQ_1 或 SQ_2 经常受到频繁冲击，使开关位置改变（压不上开关），甚至开关底座被撞坏或接触不良，使线路断开，从而造成主轴电动机 M_1 或进给电动机 M_2 不能瞬时点动。

出现这种故障时，修理或更换开关，并调整好开关的动作距离，即可恢复冲动控制。

9.2.5 X62W 型万能铣床的电气检修

（1）检修步骤及工艺要求

① 熟悉铣床的主要结构和运动形式，对铣床进行实际操作，了解铣床的各种工作状态及操作手柄的作用。

② 参照图 9-11 所示的 X62W 型万能铣床电气元件的位置和图 9-12 所示的电箱内电气元件的布置，熟悉铣床电气元件的安装位置、走线情况以及操作手柄处于不同位置时，行程开关的工作状态及运动部件的工作情况。

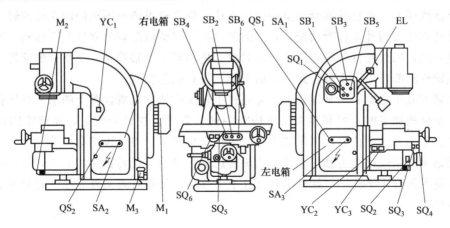

图 9-11 X62W 型万能铣床电气元件的位置

③ 在有故障的铣床上或人为设置自然故障点的铣床上，由教师示范检修。边分析边检查，直至故障排除。

④ 由教师设置让学生知道的故障点，指导学生如何从故障现象着手进行分析，如何用正确的检查步骤和检修方法进行检修。

⑤ 教师设置人为的自然故障点，由学生按照检查步骤和检修方法进行检修。其具体要求如下。

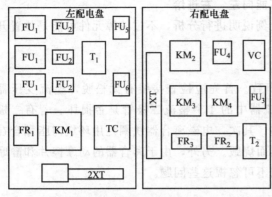

图 9-12　X62W 型万能铣床电箱内电气元件的布置

a. 根据故障现象，先在电路图上用虚线正确标出故障电路的最小范围，然后采用正确的检查排除方法，在规定时间内查出并排除故障。

b. 排除故障的过程中，不得采用更换电气元件、借用触点或改动线路的方法修复故障点。

c. 检修时严禁扩大故障范围或产生新的故障，不得损坏电气元件或设备。

(2) 注意事项

① 检修前要认真阅读电路图，熟练掌握各个控制环节的原理及作用，并认真听取和仔细观察教师的示范检修。

② 由于该机床的电气控制与机械结构的配合十分密切，因此在出现故障时，应首先判明是机械故障还是电气故障。

③ 停电要验电。带电检修时，必须有指导教师在现场监护，以确保用电安全。同时要做好检修记录。

9.3　Z35 型摇臂钻床电气控制线路的分析与检修

9.3.1　Z35 型摇臂钻床的结构

Z35 型摇臂钻床主要由底座、内立柱、外立柱、摇臂、主轴箱、工作台等部分组成。内立柱固定在底座上，在它外面套着空心的外立柱，外立柱可绕着不动的内立柱回转一周。摇臂一端的套筒部分与外立柱滑动配合，借助于丝杠，摇臂可沿着外立柱上下移动，但两者不能做相对转动，因此摇臂与外立柱一起相对内立柱回转。主轴箱是一个复合的部件，它包括主轴、主轴旋转部件以及主轴进给运动的全部变速和操作机构。

主轴箱安装于摇臂的水平导轨上，可通过手轮操作使它沿着摇臂上的水平导轨做径向移动。当需要钻削加工时，可利用夹紧机构将主轴箱紧固在摇臂导轨上，摇臂紧固在外立柱上，外立柱紧固在内立柱上，以保证加工时主轴不会移动，刀具也不会振动。

摇臂钻床的主运动是主轴带动钻头的旋转运动；进给运动是钻头的上下运动；辅助运动是指主轴箱沿摇臂水平移动、摇臂沿外立柱上下移动以及摇臂连同外立柱一起相对于内立柱的回转运动。

9.3.2　电力拖动特点及控制要求

① 由于摇臂钻床的相对运动部件较多，故采用多台电动机拖动，以简化传动装置。

主轴电动机 M_2 承担钻削及进给任务，只要求单向旋转。主轴的正反转一般通过正反转摩擦离合器来实现，主轴转速和进刀量用变速机构调节。摇臂的升降和立柱的夹紧放松由电动机 M_3 和 M_4 拖动，要求双向旋转。冷却泵用电动机 M_1 拖动。

② 该钻床的各种工作状态都是通过十字开关 SA 操作的，为防止十字开关手柄停在任何工作位置时，因接通电源而产生误动作，本控制线路设有零压保护环节。

③ 摇臂的升降要求有限位保护。

④ 摇臂的夹紧与放松是由机械和电气联合控制的。外立柱和主轴箱的夹紧与放松是由电动机配合液压装置来完成的。

⑤ 钻削加工时，需要对刀具及工件进行冷却。由电动机 M_1 拖动冷却泵输送冷却液。

9.3.3 Z35 型摇臂钻床的工作原理

Z35 型摇臂钻床电气控制线路如图 9-13 所示。

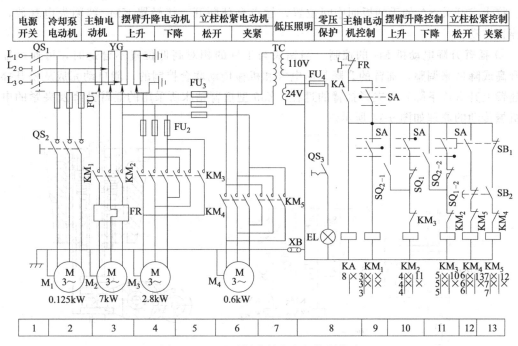

图 9-13 Z35 型摇臂钻床电气控制线路

（1）主线路分析

Z35 型摇臂钻床有 4 台电动机。即冷却泵电动机 M_1、主轴电动机 M_2、摇臂升降电动机 M_3、立柱夹紧与松开电动机 M_4。为满足攻螺纹工序，要求主轴能实现正/反转，而主轴电动机 M_2 只能正转，主轴的正/反转是采用摩擦离合器来实现的。

摇臂升降电动机能正/反转控制，当摇臂上升（或下降）到达预定的位置时，摇臂能在电气和机械夹紧装置的控制下，自动夹紧在外立柱上。

摇臂的套筒部分与外立柱是滑动配合，通过传动丝杠，摇臂可沿着外立柱上下移动，但不能做相对回转运动，而摇臂与外立柱可以一起相对内立柱做 360°的回转运动。外立柱的夹紧、放松是由立柱夹紧放松电动机 M_4 的正/反转并通过液压装置来进行的。

冷却泵电动机 M_1 供给钻削时所需的冷却液。

（2）控制线路分析

主轴电动机 M_2 和摇臂升降电动机 M_3 采用十字开关 SA 进行操作，十字开关的塑料盖板上有一个十字形的孔槽。根据工作需要可将操作手柄分别扳在孔槽内 5 个不同的位置上，即左、右、上、下和中间 5 个位置。在盖板槽孔的左、右、上、下 4 个位置的后面分别装有一个微动开关，当操作手柄分别扳到这 4 个位置时，便相应压下后面的微动开关，其动合触

点闭合而接通所需的电路。操作手柄每次只能扳在一个位置上，亦即 4 个微动开关只能有一个被压而接通，其余仍处于断开状态。当手柄处于中间位置时，4 个微动开关都不受压，全部处于断开状态。图 9-13 中用小黑圆点分别表示十字开关 SA 的 4 个位置。

① 主轴电动机 M_2 的控制　将十字开关 SA 扳在左边的位置，这时 SA 仅有左面的触点闭合，使零压继电器 KA 的线圈得电吸合，KA 的动断触点闭合自锁。再将十字开关 SA 扳到右边位置，仅使 SA 右面的触点闭合，接触器 KM_1 的线圈得电吸合，KM_1 主触点闭合，主轴电动机 M_2 通电运转，钻床主轴的旋转方向由主轴箱上的摩擦离合器手柄所扳的位置决定。将十字开关 SA 的手柄扳回中间位置，触点全部断开，接触器 KM_1 线圈失电释放，主轴停止转动。

② 摇臂升降电动机 M_3 的控制　当钻头与工件的相对高低位置不合适时，可通过摇臂的升高或降低来调整，摇臂的升降是由电气和机械传动联合控制的，能自动完成从松开摇臂到摇臂上升（或下降）再夹紧摇臂的过程。Z35 型摇臂钻床所采用的摇臂升降及夹紧的电气和机械传动的原理如图 9-14 所示。

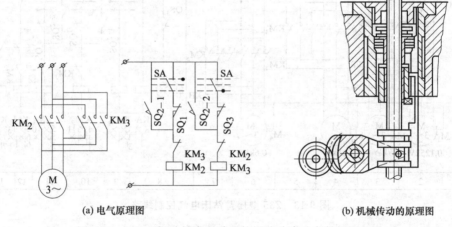

(a) 电气原理图　　　　　　　　　　　　　　　　(b) 机械传动的原理图

图 9-14　Z35 型摇臂钻床所采用的摇臂升降及夹紧的原理图

要求摇臂上升时，就将十字开关 SA 扳到"上"的位置，压下 SA 上面的动合触点闭合，接触器 KM_2 线圈得电吸合，KM_2 的主触点闭合，电动机 M_3 通电正转。由于摇臂上升前还被夹紧在外立柱上，所以电动机 M_3 刚启动时，摇臂不会立即上升，而是通过两对减速齿轮带动升降丝杆转动；开始时由于螺母未被键锁住，因此丝杆只带动螺母一起空转，摇臂不能上升，只是辅助螺母带着键沿丝杆向上移动，推动拨叉，带动扇形压紧板，使夹紧杠杆把摇臂松开。在拨叉转动的同时，齿条带动齿轮转动，使连接在齿轮上的鼓形转换开关 SQ_{2-2} 闭合，鼓形转换开关如图 9-15 所示，为摇臂上升后的夹紧做好准备。当辅助螺母带着键上升到螺母与摇臂锁紧的位置时，螺母带动摇臂上升，当摇臂上升到所需的位置时，将十字开关 SA 扳到中间位置，SA 上面触点复位断开电路，接触器 KM_2 线圈失电释放，电动机 M_3 断电停转，摇臂也停止上升。由于摇臂松开时，鼓形转换开关上的动合触点 SQ_{2-2} 已闭合，所以当接触器 KM_2 的动断联锁触点恢复闭合时，接触器 KM_3 的线圈立即得电吸合，KM_3 的主触点闭合，电动机 M_3 通电反转，升降丝杆也反转，辅助螺母便带动键沿丝杆向下移动，辅助螺母又推动拨叉，并带动扇形压紧板使夹紧杠杆把摇臂夹紧；与此同时，齿条带动齿轮恢复到原来的位置，鼓形转换开关上的动合触点 QS_{2-2} 断开，使接触器 KM_3 线圈失电释放、电动机 M_3 停转。

要求摇臂下降，可将十字开关 SA 扳到"下"的位置，于是 SA 下面的动合触点闭合，接触器 KM_3 线圈得电吸合，电动机 M_3 通电启动反转，丝杆也反向旋转，辅助螺母带着键沿丝杆向下移动，同时推动拨叉并带动扇形压紧板使夹紧杠杆把摇臂放松，同时扇形齿条带动齿轮使鼓形转换开关上的 SB_2 的另一副动合触点 KM_{2-1} 闭合，为摇臂下降后的夹紧动作做好准备。当键下降至螺母与摇臂锁紧的位置时，螺母带动摇臂下降，当摇臂下降到所需位置时，将十字开关扳回到中间位置，其他动作与上升的动作相似。要求摇臂上升或下降时不致超出允许的终端极限位置，故在摇臂上升或下降的控制线路中分别串入行程开关 SQ_1 和 SQ_3 作为终端保护。

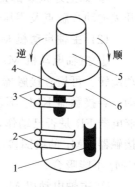

图 9-15 鼓形转换开关
1,4—动触点；
2—动合静触点 SQ_{2-2}；
3—动合静触点 SQ_{2-1}；
5—转鼓；6—转轴

③ 立柱的夹紧与松开电动机 M_4 的控制　当需要摇臂绕内立柱转动时，应先按下 SB_1，使接触器 KM_4 线圈得电吸合，电动机 M_4 启动运转，并通过齿式离合器带动齿式液压泵旋转，送出高压油，经油路系统和机械传动机构将外立柱松开；然后松开按钮 SB_1，接触器 KM_4 线圈失电释放，电动机 M_4 断电停转。此时可用人力推动摇臂和外立柱绕内立柱做所需的转动；当转到预定的位置时，再按下按钮 SB_2，接触器 KM_5 线圈得电吸合，KM_5 主触点闭合，电动机 M_4 启动反转，在液压系统的推动下，将外立柱夹紧；然后松开 SB_2，接触器 KM_5 线圈失电释放，电动机 M_4 断电停转，整个摇臂放松—绕外立柱转动—夹紧过程结束。

线路中零压继电器 KA 的作用是当供电线路断电时，KA 线圈失电释放，KA 的动合触点断开，使整个控制线路断电；当电路恢复供电时，控制线路仍然断开，必须再次将十字开关 SA 扳至"左"的位置，使 KA 线圈重新得电，KA 动合触点闭合，然后才能操作控制线路，也就是说零压保护继电器的动合触点起到接触器的自锁触点的作用。

④ 冷却泵电动机 M_1 的控制　冷却泵电动机由转换开关 QS_2 直接控制。

⑤ 照明线路分析　变压器将 380V 电压降到 110V，供给控制线路并输出 24V 电压供低压照明灯使用。

9.3.4　Z35 型摇臂钻床常见故障

(1) 所有电动机都不能启动

当发现该机床的所有电动机都不能正常启动时，一般可以断定故障发生在电气线路的公共部分。可按下述步骤来检查。

① 在电气箱内检查从汇流环 YG 引入电气箱的三相电源是否正常，如发现三相电源有缺相或其他故障现象，则应在立柱下端配电盘处，检查引入机床电源隔离开关 QS_1 处的电源是否正常，并查看汇流环 YG 的接触点是否良好。

② 检查熔断器 FU_1 并确定 FU_1 的熔体是否熔断。

③ 控制变压器 TC 的一次侧、二次侧绕组的电压是否正常，如一次侧绕组的电压不正常，则应检查变压器的接线有否松动；如果一次侧绕组两端的电压正常，而二次侧绕组电压不正常，则应检查变压器输出 110V 端绕组是否断路或短路，同时应检查熔断器 FU_4 是否熔断。

④ 如上述检查都正常，则可依次检查热继电器 FR 的动断触点、十字开关 SA 内的微动开关的动合触点及零压继电器 KA 线圈连接线的接触是否良好，有无断路故障等。

（2）主轴电动机 M₂ 的故障

① 主轴电动机 M₂ 不能启动。若接触器 KM₁ 已得电吸合，但主轴电动机 M₂ 仍不能启动旋转。可检查接触器 KM₁ 的 3 个主触点接触是否正常，连接电动机的导线是否脱落或松动。若接触器 KM₁ 不动作，则首先检查熔断器 FU₂ 和 FU₄ 的熔体是否熔断，然后检查热继电器 FR 是否已动作，其动断触点的接触是否良好，十字开关 SA 的触点接触是否良好，接触器 KM₁ 的线圈接线头有否松脱；有时由于供电电压过低，使零压继电器 KA 或接触器 KM₁ 不能吸合。

② 主轴电动机 M₂ 不能停转。当把十字开关 SA 扳到"中间"停止位置时，主轴电动机 M₂ 仍不能停转，这种故障多数是接触器 KM₁ 的主触点发生熔焊所造成的。这时应立即断开电源隔离开关 Q₁，使电动机 M₂ 停转，然后更换已熔焊的主触点；同时必须找出发生触点熔焊的原因，彻底排除故障后才能重新启动电动机 M₂。

（3）Z35 型摇臂钻床的升降运动的故障

Z35 型摇臂钻床的升降运动是借助电气、机械传动的紧密配合来实现的。因此在检修时既要注意电气控制部分，又要注意机械部分的协调。

① 摇臂升降电动机 M₃ 某个方向不能启动：电动机 M₃ 只有一个方向能正常运转，这一故障一般出在该故障方向的控制线路或供给电动机 M₃ 电源的接触器上。例如电动机 M₃ 带动摇臂上升方向有故障时，接触器 KM₂ 不吸合，此时可依次检查十字开关 SA 上面的触点、行程开关 SB₁ 的动断触点、接触器 KM₃ 的动断联锁触点以及接触器 KM₂ 的线圈和连接导线等有否断路故障；如接触器 KM₂ 能动作吸合，则应检查其主触点的接触是否良好。

② 摇臂上升（或下降）夹紧后，电动机 M₃ 仍正反转重复不停：这种故障的原因是鼓形转换开关上 SQ₂ 的两个动合静触点的位置调整不当，使它们不能及时分断引起的。鼓形转换开关的结构及工作原理如图 9-15 所示。图中 1 和 4 是两个随转鼓 5 一起转动的动触点，当摇臂不做升降运动时，要求两个动合静触点 3 和 2 正好处于两个动触点 1 和 4 之间的位置，使 SQ₂₋₁ 和 SQ₂₋₂ 都处于断开状态 0，如转轴受外力的作用使转鼓沿顺时针方向转过一个角度，则下面的一个动合静触点 SQ₂₋₂ 接通；若鼓形转换开关沿逆时针方向转过一个角度，则上面的一个动合静触点 SQ₂₋₁ 接通。由于动触点 1 和 4 的相对位置，决定了转动到两个动合静触点接通的角度值，所以鼓形转换开关 SQ₂ 的分断是使摇臂升降与松紧的关键，如果动触点 1 和 4 的位置调整得太近，就会出现上述故障。当摇臂上升到预定位置时，将十字开关 SA 扳回中间位置，接触器 KM₂ 线圈就失电释放，由于 SQ₂₋₂ 在摇臂松开时已接通，故接触器 KM₃ 线圈得电吸合，电动机 M₃ 反转，通过夹紧机构把摇臂夹紧；同时齿条带动齿轮复原，齿轮带动鼓形转换开关逆时针旋转一个角度，使 SQ₂₋₂ 离开动触点 4 处于断开状态，而电动机 M₃ 及机械部分装置因惯性仍在继续转动，此时由于动触点 1 和 4 间调整得太近，鼓形转换开关转过中间的切断位置，使动触点又同 SQ₂₋₁ 接通，导致接触器 KM₂ 再次得电吸合，使电动机 M₃ 又正转启动。如此循环，造成电动机 M₃ 正反转重复运转，使摇臂夹紧和放松动作也重复不停。

③ 摇臂升降后不能充分夹紧：原因之一是鼓形转换开关上压紧动触点的螺钉松动，造成动触点 1 或 4 的位置偏移。在正常情况下，当摇臂放松后，上升到所需的位置，将十字开关 SA 扳到中间位置时，SQ₂₋₂ 应早已接通，使接触器 KM₃ 得电吸合，使摇臂夹紧。现因动

触点 4 位置偏移，使 SQ_{2-2} 未按规定位置闭合，造成 KM_3 不能按时动作，电动机 M_3 也就不启动反转进行夹紧，故摇臂仍处于放松状态。

若摇臂上升完毕没有夹紧作用，而下降完毕却有夹紧作用，则这是动触点 4 和静触点 SQ_{2-2} 的故障，反之是动触点 1 和静触点 SQ_{2-1} 的故障。另外鼓形转换开关上的动静触点发生弯扭、磨损、接触不良或两个动合静触点过早分断，也会使摇臂不能充分夹紧。另一个原因是当鼓形转换开关和连同它的传动齿轮在检修安装时，没有注意到鼓形转换开关上的两个动合触点的原始位置与夹紧装置的协调配合。例如在安装带动鼓形开关的齿轮时，由于把它与扇形齿条的啮合偏移了 3 个齿，造成了摇臂夹紧机构无法运动到夹紧位置（或超过夹紧位置），即在离夹紧位置尚有 3 个齿距处便停止运动。

摇臂若不完全夹紧，会造成钻削的工件精度达不到规定。

④ 摇臂上升（或下降）后不能按需要停止。这种故障也是由于鼓形转换开关的动触点 1 或 4 的位置调整不当而造成的。例如当把十字开关 SA 扳到上面位置时，接触器 KM_2 得电动作，电动机 M_3 启动正转，摇臂的夹紧装置放松，摇臂上升，这时 SQ_{2-1} 应该接通，但由于鼓形转换开关的起始位置未调整好，反而将 SQ_{2-1} 接通，结果当把十字开关 SA 扳到中间位置时，不能切断接触器 KM_2 线圈电路，上升运动就不能停止，甚至上升到极限位置，终端位置开关 SB_1 也不能将该电路切断。发生这种故障是很危险的，可能引起机床运动部件与已装夹的工件相撞，此时必须立即切断电源总开关 QS_1，使摇臂的上升移动立即停止。由此可见，检修时在对机械部分调整好之后，应对行程开关间的位置进行仔细的调整和检查。检修中还要注意三相电源的进线相序应符合升降运动的规定，不可接反，否则会发生上升和下降方向颠倒，电动机开停失灵，限位开关不起作用等后果。

(4) 立柱夹紧与松开电路的故障

① 立柱松紧电动机 M_4 不能启动。这主要是由于按钮 SB_1 或 SB_2 触点接触不良，或是接触器 KM_4 或 KM_5 的联锁动断触点及主触点的接触不良所致。可根据故障现象，判断和检查故障原因，予以排除。

② 立柱在放松或夹紧后不能切除电动机 M_4 的电源。此故障大都是接触器 KM_4 或 KM_5 的主触点发生熔焊所造成的，应及时切断总电源，予以更换。

9.3.5 摇臂钻床电气控制线路的安装与调试

(1) 安装步骤及工艺要求

① 按照表 9-5 所列配齐电气设备和元件，并逐个检验其规格和质量是否合格。

表 9-5 摇臂钻床电气设备和元件

代 号	名 称	型 号	规 格	数 量
M_1	冷却泵电动机	JCB-22-2	0.125kW、2790r/min	1
M_2	主轴电动机	Y132M-4	7.5kW、1440r/min	1
M_3	摇臂升降电动机	Y100L2-4	3kW、1440r/min	1
M_4	立柱夹紧、松开电动机	Y802-4	0.75kW、1390r/min	1
KM_1	交流接触器	CJ10-20	20A、线圈电压 110V	1
$KM_2 \sim KM_5$	交流接触器	CJ10-40	40A、线圈电压 110V	1
FU_1、FU_4	熔断器	RL1-15/2	15A、熔体 2A	3
FU_2	熔断器	RL1-15/15	15A、熔体 15A	3
FU_3	熔断器	RL1-15/5	15A、熔体 5A	1
QS_1	组合开关	HZ2-25/3	25A	1

续表

代　号	名　称	型　号	规　格	数　量
QS$_2$	组合开关	HZ2-10/3	19A	1
SA	十字开关	定制		
KA	中间继电器	JZ7-44	线圈电压110V	1
FR	热继电器	JR36-20/3	整定电流14.1A	1
SQ$_1$、SQ$_2$	行程开关	LX5-11		
SQ$_3$	行程开关	LX5-11		
TC	控制变压器	BK-150	150V·A、380V/110V、24V	1
EL	照明灯	KZ 型	24V、40W	1
YG	汇流排			

② 安装步骤及工艺要求。摇臂钻床电气控制线路安装步骤及工艺要求见表9-6。

表 9-6　摇臂钻床电气控制线路安装步骤及工艺要求

安 装 步 骤	工 艺 要 求
第一步：选配并检验元件和电气设备	根据电动机容量、线路走向及要求和各元件的安装尺寸，正确选配导线的规格、导线通道类型和数量、接线端子板型号及节数、控制板、管夹、紧固体等
第二步：在控制板上安装电气元件，并在各电气元件附近做好与电路图上相同代号的标记	安装走线槽时，应做到横平竖直、排列整齐均匀、安装牢固和便于走线等
第三步：在控制板上进行板前线槽配线，并在导线端部套编码管	按照控制板内布线的工艺要求进行布线和套编码套管
第四步：进行控制板外的元件固定和布线	①选择合理的导线走向，做好导线通道的支持准备，并安装控制板外部的所有电器 ②进行控制板外部布线，并在导线线头上套装与电路图相同线号的编码套管。对于可移动的导线通道应留适当的余量，使金属软管在运动时不承受拉力，并按规定在通道内放好备用导线
第五步：自检	①检查电路的接线是否正确和接地通道是否具有连续性 ②检查热继电器的整定值是否符合要求。各级熔断器的熔体是否符合要求，如不符合要求应予以更换 ③检测电动机的安装是否牢固，与生产机械传动装置的连接是否可靠 ④检查位置开关 SQ$_1$、SQ$_2$、SQ$_3$ 的安装位置是否符合机械要求 ⑤检测电动机及线路的绝缘电阻，清理安装场地
第六步：通电试车	①接通电源开关，点动控制各电动机启动，以检查各电动机的转向是否符合要求 ②通电空转试验时，应认真观察各电气元件、线路、电动机及传动装置的工作情况是否正常。如不正常，应立即切断电源进行检查，在调整或修复后方能再次通电试车

(2) 注意事项

① 不要漏接接地线。严禁采用金属软管作为接地通道。

② 在控制箱外部进行布线时，导线必须穿在导线通道内或敷设在机床底座内的导线通道里。所有的导线不允许有接头。

③ 在导线通道内敷设的导线进行接线时，必须集中思想，做到查出一根导线，立即套上编码套管，接上后再进行复验。

④ 不能随意改变升降电动机原来的电源相序；否则将使摇臂升降失控，不接受开关 SA 的指令；也不接受位置开关 SQ$_1$、SQ$_2$ 的线路保护。此时应立即切断总电源开关 QS$_1$，以免造成严重的机损事故。

⑤ 发生电源缺相时，不要忽视汇流环的检查。

⑥ 在安装、调试过程中，工具、仪表的使用应符合要求。

⑦ 通电操作时必须严格遵守安全操作规程。

9.3.6 Z35 型摇臂钻床电气控制线路的故障检修

(1) 检修步骤及工艺要求

① 在操作人员的指导下，对钻床进行操作，了解钻床的各种工作状态及操作方法。

② 在教师指导下，弄清钻床电气元件安装位置及走线情况；结合机械、电气、液压方面的知识，搞清钻床电气控制的特殊环节。

③ 在 Z35 型摇臂钻床上人为设置自然故障。

④ 教师示范检修。步骤如下。

a. 用通电试验法引导学生观察故障现象。

b. 根据故障现象，依据电路图的逻辑分析法确定故障范围。

c. 采取正确的检查方法，查找故障点并排除故障。

d. 检修完毕，进行通电试验，并做好维修记录。

⑤ 由教师设置让学生事先知道的故障点，指导学生如何从故障现象着手进行分析，逐步引导学生采用正确的检修步骤和检修方法。

⑥ 教师设置故障，由学生检修。

(2) 注意事项

① 熟悉 Z35 型摇臂钻床电气线路的基本环节及控制要求，弄清电气与执行部件如何配合实现某种运动方式，认真观摩教师示范检修。

② 检修所用工具、仪表应符合使用要求。

③ 不能随意改变升降电动机原来的电源相序。

④ 排除故障时，必须修复故障点，但不能采用元件代换法。

⑤ 检修时，严禁扩大故障范围或产生新的故障。

⑥ 带电检修时，必须有指导教师监护，以确保安全。

9.3.7 摇臂钻床电气控制线路常见故障分析与检修

(1) 常见电气故障分析与检修

① 主轴电动机 M_2 不能启动　首先检查电源开关 QS_1、汇流环 YG 是否正常。其次，检查十字开关 SA 的触点、接触器 KM_1 和中间继电器 KA 的触点接触是否良好。若中间继电器 KA 的自锁触点接触不良，则将十字开关 SA 扳到左边位置时，中间继电器 KA 吸合，然后再扳到右边位置时，KA 线圈将断电释放；若十字开关 SA 的触点（3-4）接触不良，当将十字开关 SA 手柄扳到左面位置时，中间继电器 KA 吸合，然后再扳到右面位置时，继电器 KA 仍吸合，但接触器 KM_1 不动作；若十字开关 SA 触点接触良好，而接触器 KM_1 的主触点接触不良，当扳动十字开关手柄后，接触器 KM_1 线圈获电吸合，但主轴电动机 M_2 仍然不能启动。此外，连接各电气元件的导线开路或脱落，也会使主轴电动机 M_2 不能启动。

② 主轴电动机 M_2 不能停止　当把十字开关 SA 的手柄扳到中间位置时，主轴电动机 M_2 仍不能停止运转，其故障原因是接触器 KM_1 主触点熔焊或十字开关 SA 的右边位置开关失控。出现这种情况，应立即切断电源开关 QS_1，这样电动机才能停转。若触点熔焊需更换同规格的触点或接触器时，必须在查明触点熔焊的原因并排除故障后进行；若十字开关 SA

的触点（3—4）失控，应重新调整或更换开关，同时查明失控原因。

③ Z35 型摇臂钻床的升降、松紧线路的故障　Z35 型摇臂钻床的升降和松紧装置由电气和机械机构相互配合，实现放松-上升（下降）-夹紧的半自动工作顺序控制。在维修时不但要检查电气部分，还必须检查机械部分是否正常。

④ 主轴箱和立柱的松紧故障　由于主轴箱和立柱的夹紧与放松是通过电动机 M_4 配合液压装置来完成的，所以若电动机 M_4 不能启动或不能停止，应检查接触器 KM_4 和 KM_5 以及位置开关 SQ_3 的接线是否可靠，有无接触不良或脱落等现象，触点接触是否良好，有无移位或熔焊现象。同时还要配合机械液压协调处理。

（2）检修步骤及工艺要求

① 在教师的指导下，对钻床进行操作，了解钻床的各种工作状态及操作方法。

② 在教师指导下，弄清钻床电气元件安装位置及走线情况；结合机械、电气、液压几方面相关的知识，搞清钻床电气控制的特殊环节。

③ 在 Z35 型摇臂钻床上人为设置两个自然电气故障。

④ 教师示范检修。

9.4　M7130 型平面磨床电气控制线路的分析与检修

9.4.1　M7130 型平面磨床的结构

M7130 型平面磨床的结构如图 9-16 所示，它由床身、工作台、电磁吸盘、砂轮箱、滑座、立柱、撞块等部分组成。

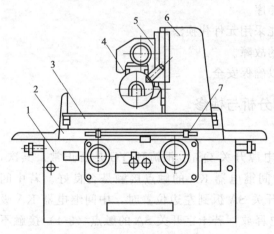

图 9-16　M7130 型平面磨床的结构

1—床身；2—工作台；3—电磁吸盘；4—砂轮箱；
5—滑座；6—立柱；7—撞块

工作台上装有电磁吸盘，用以吸持工件，工作台在床身的导轨上做往返（纵向）运动，主轴可在床身的横向导轨上做横向进给运动，砂轮箱可在立柱导轨上做垂直运动。

平面磨床的主运动是砂轮的旋转运动。工作台的纵向往返移动为进给运动，砂轮箱升降运动为辅助运动。工作台每完成一次纵向进给时，砂轮自动做一次横向进给，当加工完整个平面以后，砂轮由手动做垂直进给。

9.4.2　M7130 型平面磨床的工作原理

M7130 型平面磨床的电气控制线路如图 9-17 所示。

（1）主线路分析

QS_1 为电源开关，主线路中有 3 台电动机，M_1 为砂轮电动机，M_1 为冷却泵电动机，M_3 为液压泵电动机，它们共用一组熔断器 FU_1 作为短路保护。砂轮电动机 M_1 用接触器 KM_1 控制，用热继电器 FR_1 进行过载保护；由于冷却泵电动机 M_2 是工作于砂轮机 M_1 之后，所以 M_2 的控制电路接在接触器 KM_1 主触点下方，通过接插件 X_1 将冷却泵电动机 M_2

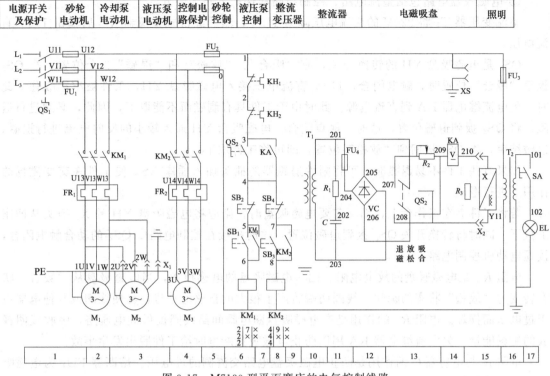

电源开关及保护	砂轮电动机	冷却泵电动机	液压泵电动机	控制电路保护	砂轮控制	液压泵控制	整流变压器	整流器	电磁吸盘	照明

图 9-17　M7130 型平面磨床的电气控制线路

和砂轮电动机 M_1 电源线相连，并且 M_2 和 M_1 电动机在主电路实现顺序控制。冷却泵电动机的容量较小，没有单独设置过载保护，与砂轮电动机 M_1 共用 FR_1；液压泵电动机 M_3 由接触器 KM_2 控制，由热继电器 FR_2 作过载保护。

（2）控制线路分析

控制线路采用交流 380V 电压供电，由熔断器 FU_2 作短路保护。

在电动机的控制电路中，串接着转换开关 QS_2 的动合触电和欠电流继电器 KA 的动合触电，因此，3 台电动机启动的条件使 QS_2 或 KA 的动合触电闭合，欠电流继电器 KA 线圈串接在电磁吸盘 YH 工作电路中，所以当电磁吸盘得电工作时，久电流继电器 KA 线圈得电吸合，接通砂轮电动机 M_1 和液压泵继电器 M_3 的控制电路，这样就保证了加工工件被 YH 吸住的情况下，砂轮和工作台才能进行磨削加工，保证了人身及设备的安全。

砂轮电动机 M_1 和液压泵电动机 M_3 都采用了接触器自锁单方向旋转控制线路，SB_1，SB_3 分别是它们的启动按钮，SB_2、SB_4 分别是它们的停止按钮。

（3）电磁吸盘电路分析

① 电磁吸盘是用来固定加工工件的一种夹具。它与机械夹具比较，具有夹紧迅速，操作快速简便，不损伤工件，一次能吸牢多个小工件，以及磨削中发热工件可自由伸缩，不会变形等优点。不足之处是只能吸住铁磁材料的工件，不能吸牢非磁性材料的工件。

② 电磁吸盘 YH 的外壳由钢制箱体和盖板组成。在箱体内部均匀排列的多个凸起的芯体上绕有线圈，盖板则用非磁性材料隔离成若干钢条。当线圈通入直流电后，凸起的芯体和隔离的刚体均被磁化形成磁极。当工件放在电磁吸盘上时，也将被磁化而产生的与吸盘相异的磁极并被牢牢地吸住。

③ 电磁吸盘电路包括整流电路、控制线路和保护电路 3 部分。

整流变压器 T_1 将 220V 的交流电压降为 145V，然后经桥式整流器 VC 后输出 110V 直流电压。

QS_2 是电磁吸盘 YH 的转换开关，有"吸合"、"放松"和"退磁" 3 个位置。当 QS_2 扳至"吸合"位置时，触电闭合，110V 直流电压接入电磁吸盘 YH，工件被牢牢吸住。此时，欠电流继电器 KA 到直流电源。此时由于工件具有剩磁而不能取下，因此，必须进行退磁。将 QS_2 扳到退磁位置，这时，触点闭合，电磁吸盘 YH 通入较小的反向电流进行退磁。退磁结束，将 QS_2 扳回到"放松"位置，即可将工件取下。

如果有些工件不易退磁时，可将附件退磁器的插头插入插座 XS，使工件在交变磁场的作用下进行退磁。

若将工件夹在工作台上，而不需要电磁吸盘时，则应将电磁吸盘 YH 的 X_2 插头从插座上拔下，同时将转换开关 QS_2 扳到退磁位置，这时把接在控制电路中 QS_2 的动合触电闭合，接通电动机控制电路。

电阻 R_3 是电磁吸盘的放电电阻。因为电磁吸盘的电感很大，当电磁吸盘从"吸合"状态转变为"放松"状态的瞬间，线圈两端将产生很大的自感电动势，易使线圈或其他电器由于过电压而损坏。电阻 R_3 的作用是在电磁吸盘断电瞬间给线圈提供放电通路，吸收线圈释放的磁场能量。欠电流继电器 KA 用以防止电磁吸盘断电时给工件脱出发生事故。

电阻 R 与电容器 C 的作用是防止电磁吸盘电路交流侧的过电压。熔断器 FU_4 为电磁吸盘提供短路保护。

④ 照明电路分析。照明变压器 T_2 将 380V 的交流电压降为 36V 的安全电压，它提供照明电路。EL 为照明灯，一端接地，另一端由开关 SA 控制。熔断器 FU_3 做照明电路的短路保护。

9.4.3 M7130 型平面磨床的检修

(1) M7130 型平面磨床电气控制线路的检修步骤及工艺要求

① 在教师的指导下对磨床进行操作，熟悉磨床的主要结构和运动形式，了解磨床的各种工作状态和操作方法。

② 参照图 9-18 所示的 M7130 型平面磨床电气元件位置图和图 9-19 所示的接线图，熟悉磨床电气元件的实际位置和走线情况，并通过测量等方法找出实际走线路径。

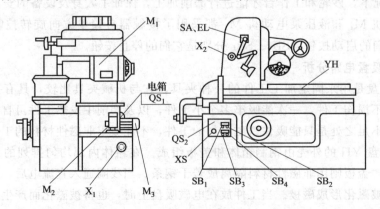

图 9-18 M7130 型平面磨床电气元件位置图

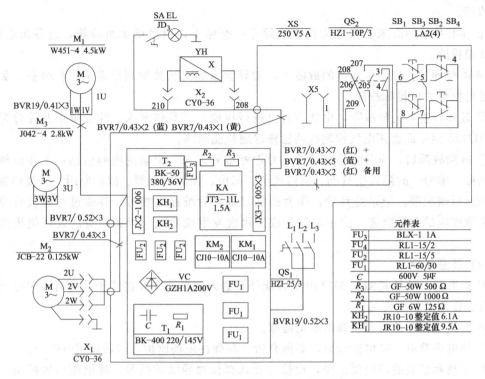

图 9-19 M7130 型平面磨床电气元件的接线图

③ 学生观摩检修。在 M7130 型平面磨床上人为设置自然故障点，由教师示范检修，边分析边检查，直至故障排除。教师示范检修时，应将检修步骤及要求贯穿其中，边操作边讲解。

④ 教师在线路中设置两处人为的自然故障点，由学生按照检查步骤和检修方法进行检修。

(2) 注意事项

① 检修前要认真阅读电路图，熟练掌握各个控制环节的元件的原理及作用，并认真观摩教师的示范检修。

② 电磁吸盘的工作环境恶劣，容易发生故障，检修时应特别注意电磁吸盘及其线路。

③ 停电要验电。带电检修时，必须有指导教师在现场监护，以确保用电安全。同时要做好训练记录。

9.4.4 M7130 型平面磨床的安装与调试

(1) 安装步骤及工艺要求

安装前逐个检验电气设备和元件的质量是否合格。

① 熟悉 M7130 型万能外圆磨床的结构及运动形式，对磨床进行操作，充分了解磨床的各种工作状态及各种操作手柄、按钮的作用。

② 结合如图 9-18 和图 9-19 所示的电气元件位置图和接线图，观察熟悉机床各电器组件的安装位置和布线情况。

③ 认真阅读如图 9-17 所示的电路图，掌握该磨床电气控制线路的构成、原理及电气元

件的作用。

④ 在有故障的磨床上或人为设置故障点的磨床上，由教师示范检修，边分析边检查，直至故障排除。

⑤ 由教师设置让学生知道的故障点，指导学生如何从故障现象着手进行分析，如何采用正确的检修方法排除故障。

⑥ 教师设置人为的故障，由学生自己进行检修，其具体要求、注意事项及评分标准可参照 M7130 型平面磨床电气控制线路检修课题技能训练。

⑦ 排除故障后，应及时总结经验，并做好维修记录。记录的内容包括：工业机械的型号、名称、编号、故障发生日期、故障现象、部位、损坏的电器、故障原因、修复措施及修复后的运行情况等。记录的目的：作为档案以备日后维修时参考，并通过对历次故障的分析，采取相应的有效措施，防止类似事故的再次发生或对电气设备本身的设计提出改进意见等。

(2) 注意事项

① 检修前，要认真阅读 M7130 型万能外圆磨床的电路图和接线图，弄清有关电气组件的位置、作用及走线情况。

② 要认真仔细地观察教师的示范检修。

③ 停电要验电。带电检查时，必须有指导教师在现场监护，以确保用电安全。

④ 工具和仪表的使用要正确，检修时要认真核对导线的线号，谨慎使用短接法，以免出错。

 **技能训练**　　CA6140 型车床电气控制线路的安装与调试

一、训练器材与工具

万用表、兆欧表、钳形表、尖嘴钳、斜口钳、剥线钳、电工刀、螺丝刀、软线。

二、训练内容与步骤

按表 9-7 所示的实训步骤完成技能训练。

表 9-7　实训步骤

步　骤	要　　求
选配并检验元件和电气设备	①按表 9-1 配齐电气设备和元件，并逐个检验其规格和质量 ②根据电动机的容量、电路走向及要求和各元件的安装尺寸，正确选配导线的规格、导线通道类型和数量、接线端子板、控制板和紧固体等
在控制板上固定电气元件和走线槽，并在电气元件附近做好与电路图上相同代号的标记	安装走线槽时，应做到横平竖直、排列整齐匀称、安装牢固和便于走线
在控制板上进行板前线槽配线，并在导线端部套编码套管	按板前线槽配线的工艺要求进行
进行控制板外的元件固定和布线	①选择合理的导线走向，做好导线通道的支持准备 ②控制箱外部导线的线头上要套装与电路图相同线号的编码套管；可移动的导线通道应留适当的余量 ③按规定在通道内放好备用导线

续表

步　骤	要　求
自检	①根据电路图检查电路的接线是否正确和接地通道是否具有连续性 ②检查热继电器的整定值和熔断器中熔体的规格是否符合要求 ③检查电动机及电路的绝缘电阻 ④检查电动机的安装是否牢固，与生产机械传动装置的连接是否可靠 ⑤清理安装现场 注意： ①电动机和电路的接地要符合要求，严禁采用金属软管作为接地通道 ②在控制箱外部进行布线时，导线必须穿在导线通道或敷设在机床底座内的导线通道里，导线的中间不允许有接头
通电试车	①接通电源，点动控制各电动机的启动，以检查各电动机的转向是否符合要求 ②先空载试车，正常后方可接上电动机试车。空载试车时，应认真观察各电气元件、电路、电动机及传动装置的工作是否正常。若发现异常，应立即切断电源进行检查，待调整或修复后方可再次通电试车 注意： ①在进行快速进给时，要注意将运动部件置于行程的中间位置，以防止运动部件与车头或尾架相撞 ②试车时，要先合上电源开关，后按启动按钮；停车时，要先按停止按钮，后断电源开关 ③通电试车必须在教师的监护下进行，必须严格遵守安全操作规程

 知识拓展

一、填空题

1. CA6140 型车床的电气保护措施有 ＿＿＿＿＿＿、＿＿＿＿＿＿、＿＿＿＿＿＿和 ＿＿＿＿＿＿。

2. X62W 型万能铣床是 ＿＿＿＿＿＿铣床，它的铣头 ＿＿＿＿＿＿方向放置。

3. 铣床的主轴带动铣刀的旋转运动是 ＿＿＿＿＿＿；铣床工作台前、后、左、右、上、下 6 个方向的运动是 ＿＿＿＿＿＿；工作台的旋转运动是 ＿＿＿＿＿＿。

4. CA6140 型车床电动机没有反转控制，而主轴有反转要求，是靠 ＿＿＿＿＿＿实现的。

5. X62W 型铣床电路中，若冷却泵电动机过载会使 ＿＿＿＿＿＿、＿＿＿＿＿＿电动机停转。

6. CA6140 型车床主轴电动机是 ＿＿＿＿＿＿＿＿＿＿。

7. 在 M7130 型平面磨床控制线路中，为防止砂轮升降电动机的正、反转线路同时接通，故需进行 ＿＿＿＿＿＿控制。

8. X62W 型万能铣床的主轴运动和进给运动是通过 ＿＿＿＿＿＿来进行变速的，为保证变速齿轮进入良好啮合状态，要求铣床变速后做 ＿＿＿＿＿＿。

9. M7130 平面磨床的控制线路，当具备可靠的 ＿＿＿＿＿＿后，才允许启动砂轮和液压系统，以保证安全。

10. X62W 型万能铣床主轴电动机 M_1 的制动是 ＿＿＿＿＿＿。

二、选择题

1. CA6140 型车床调速是（　　）。

A. 电气无级调速　B. 齿轮箱进行机械有级调速　C. 电气与机械配合调速

2. CA6140 型车床主轴电动机是（　　）。

A. 三相笼型异步电动机

B. 三相绕线转子异步电动机

C. 直流电动机

3. 安装在 X62W 型万能铣床工作台上的工件可以在（   ）方向调整位置或进给。

A. 2 个　　　　　　　　B. 4 个　　　　　　　　C. 6 个

4. X62W 型万能铣床主轴 M_1 要求正反转，不用接触器控制而用组合开关控制，是因为（   ）。

A. 接触器易损坏　　B. 改变转向不频繁　　　C. 操作安全方便

5. X62W 型万能铣床上，由于主轴传动系统中装有（   ），为减小停车时间，必须采取制动措施。

A. 摩擦轮　　　　　　B. 惯性轮　　　　　　　C. 电磁离合器

6. X62W 型万能铣床主轴电动机 M_1 的制动是（   ）。

A. 能耗制动　　　　B. 反接制动　　　　　C. 电磁抱闸制动　　D. 电磁离合器制动

7. 主轴电动机的正反转是由（   ）控制的。

A. 按钮 SB_3 和 SB_4　　　　　　　　　　B. 组合开关 SA_3

C. 接触器 KM_3 和 KM_4

8. 摇臂钻床的摇臂夹紧与放松是由（   ）控制的。

A. 机械　　　　　　　B. 电气　　　　　　　　C. 机械和电气联合

9. X62W 型万能铣床的主轴未启动，工作台（   ）。

A. 不能进给和快速移动　　　　　　　　　　B. 可以快速进给

C. 可以快速移动

10. 钻床的外立柱可绕着不动的内立柱回转（   ）。

A. 90°　　　　　　　B. 180°　　　　　　　　C. 360°

三、判断题

1. CA6140 型车床主轴的正反转是由主轴电动机 M_1 的正反转来实现的。　　　　（   ）

2. 车床车削螺纹是靠刀架移动和主轴转动（按固定比例）来完成的。　　　　　（   ）

3. X62W 型万能铣床圆工作台的运动与否，对工作台在 6 个方向的进给运动无影响。

（   ）

4. 在操作 CA6140 型车床时，按下 SB_2，发现接触器 KM 得电动作，但主轴电动机 M_1 不能启动，则故障原因可能是热继电器 FR_1 动作后未复位。　　　　　　　（   ）

5. CA6140 型车床的主轴电动机 M_1 因过载而停转，热继电器 FR_1 的常闭触点是否复位，对冷却泵电动机 M_2 和刀架快速移动电动机 M_3 的运转无任何影响。　　　（   ）

6. X62W 型万能铣床的顺铣和逆铣加工是由主轴电动机 M_1 的正反转来实现的。（   ）

7. 对于 X62W 型万能铣床为了避免损坏刀具和机床，要求只要电动机 M_1、M_2、M_3 有一台过载，三台电动机都必须停止运转。　　　　　　　　　　　　　　（   ）

8. 圆工作台的运动与否，对工作台在 6 个方向的进给运动无影响。　　　　　（   ）

9. 在 X62W 型万能铣床电气线路中采用了两地控制方式，控制按钮按串联规律连接。

（   ）

10. 电动机采用制动措施的目的是迅速停车。　　　　　　　　　　　　　　（   ）

中级维修电工模拟试题（一）

一、选择题（每题 1 分，满分 60 分）

1. 一电流源的内阻为 2Ω，当把它等效变换成 10V 的电压源时，电流源的电流是（　　）。

    A. 5A   B. 2A   C. 10A   D. 2.5A

2. 一正弦交流电的有效值为 10A，频率为 50Hz，初相位 $-30°$，它的解析式为（　　）。

    A. $i = 10\sin(314t + 30°)\text{A}$ B. $i = 10\sin(314t - 30°)\text{A}$

    C. $i = 10\sqrt{2}\sin(314t - 30°)\text{A}$ D. $i = 10\sqrt{2}\sin(50t + 30°)\text{A}$

3. 三相对称负载接成三角形时，线电流的大小为相电流的（　　）倍。

    A. 3   B. $\sqrt{3}/3$ C. $\sqrt{3}$ D. $\sqrt{2}$

4. 正弦交流电压 $u = 100\sin(628 + 60°)\text{V}$，它的频率为（　　）。

    A. 100Hz   B. 50Hz   C. 60Hz   D. 628Hz

5. 三相对称负载作三角形连接时，相电流是 10A，线电流与相电流最接近的值是（　　）。

    A. 14   B. 17   C. 7   D. 20

6. 低频信号发生器的低频振荡信号由（　　）振荡器发生。

    A. LC B. 电感三点式   C. 电容三点式   D. RC

7. 低频信号发生器开机后（　　）即可使用。

    A. 很快   B. 加热 1min 后   C. 加热 20min 后   D. 加热 1min 后

8. 用单臂直流电桥测量电感线圈直流电阻时，应（　　）。

    A. 先按下电源按钮，再按下检流计按钮

    B. 先按下检流计按钮，再按下电源按钮

    C. 同时按下电源按钮和检流计按钮

    D. 无需考虑按下电源按钮和检流计按钮的先后顺序

9. 发现示波管的光点太亮时，应调节（　　）。

    A. 聚焦旋钮   B. 辉度旋钮   C. Y 轴增幅旋钮   D. X 轴增幅旋钮

10. 直流双臂电桥要尽量采用容量较大的蓄电池，一般电压为（　　）V。

    A. 2~4   B. 6~9   C. 9~12   D. 12~24

11. 对于长期不用的示波器，至少（　　）个月通电一次。

A. 三　　　　　　　　B. 五　　　　　　　　C. 六　　　　　　　　D. 十

12. 判断检流计线圈的通断（　　）来测量。

A. 用万用表的 R×1 挡　　　　　　　　B. 用万用表的 R×1k 挡

C. 用电桥　　　　　　　　D. 不能用万用表或电桥直接

13. 变压器负载运行时，原边电源电压的相位超前于铁芯中主磁通的相位，且略大于（　　）。

A. 180°　　　　　　　B. 90°　　　　　　　C. 60°　　　　　　　D. 30°

14. 提高企业用电负荷的功率因数，变压器的电压调整率将（　　）。

A. 不变　　　　　　　B. 减少　　　　　　　C. 增大　　　　　　　D. 基本不变

15. 三相变压器并联运行时，要求并联运行的三相变压器变比（　　），否则不能并联运行。

A. 必须绝对相等　　　　　　　　B. 的误差不超过±0.5%

C. 的误差不超过±5%　　　　　　　　D. 的误差不超过±10%

16. 整流式直流电焊机磁饱和电抗器的铁芯由（　　）字形铁芯形成。

A. 一个"口"　　　B. 三个"口"　　　C. 一个"日"　　　D. 三个"日"

17. 整流式直流电焊机次级电压太低，其故障原因可能是（　　）。

A. 变压器初级线圈匝间短路　　　　　　　　B. 饱和电抗器控制绕组极性接反

C. 稳压器谐振线圈短路　　　　　　　　D. 稳压器补偿线圈匝数不恰当

18. 在中、小型电力变压器的定期检查维护中，若发现变压器箱顶油面温度与室温之差超过（　　），说明变压器过载或变压器内部已发生故障。

A. 35°　　　　　　　B. 55°　　　　　　　C. 105°　　　　　　　D. 120°

19. 进行变压器耐压试验时，若试验中无击穿现象，要把变压器试验电压均匀降低，大约在 5s 内降低到试验电压的（　　）%或更少，再切断电源。

A. 15　　　　　　　B. 25　　　　　　　C. 45　　　　　　　D. 55

20. 电力变压器大修后耐压试验的试验电压应按《交接和预防性试验电压标准》选择，标准中规定电压级次为 6kV 的油浸变压器的试验电压为（　　）kV。

A. 15　　　　　　　B. 18　　　　　　　C. 21　　　　　　　D. 25

21. 异步启动时，同步电动机的励磁绕组不能直接短路，否则（　　）。

A. 引起电流太大电动机发热

B. 将产生高电势影响人身安全

C. 将发生漏电影响人身安全

D. 转速无法上升到接近同步转速，不能正常启动

22. 对于没有换向极的小型直流电动机，带恒定负载向一个方向旋转，为了改善换向，可将其他电刷自几何中性面处沿电枢转向（　　）。

A. 向前适当移动 β 角　　　　　　　　B. 向后适当移动 β 角

C. 向前移动 90°　　　　　　　　D. 向后移到主磁极轴线上

23. 我国研制的（　　）系列的高灵敏度直流测发电机，其灵敏度比普通测速发电机高 1000 倍，特别适合作为低速伺服系统中的速度检测元件。

A. CY　　　　　　　B. ZCF　　　　　　　C. CK　　　　　　　D. CYD

24. 直流永磁式测速发电机（　　）。

A. 不需另加励磁电源　　　　　　　　B. 需加励磁电源

C. 需加交流励磁电压　　　　　　　　D. 需加直流励磁电压

25. 低惯量直流伺服电动机（　　）。

A. 输出功率大　　　　　　　　　　　B. 输出功率小

C. 对控制电压反应快　　　　　　　　D. 对控制电压反应慢

26. 他励式直流伺服电动机的正确接线方式是（　　）。

A. 定子绕组接信号电压，转子绕组接励磁电压

B. 定子绕组接励磁电压，转子绕组接信号电压

C. 定子绕组和转子绕组都接信号电压

D. 定子绕组和转子绕组都接励磁电压

27. 电磁调速异步电动机的基本结构形式分为（　　）两大类。

A. 组合式和分立式　　　　　　　　　B. 组合式和整体式

C. 整体式和独立式　　　　　　　　　D. 整体式和分立式

28. 在滑差电动机自动调速控制线路中，测速发电机主要作为（　　）元件使用。

A. 放大　　　　　B. 被控　　　　　C. 执行　　　　　D. 检测

29. 使用电磁调速异步电动机自动调速时，为改变控制角 α 只须改变（　　）即可。

A. 主电路的输入电压　　　　　　　　B. 触发电路的输入电压

C. 放大电路的放大倍数　　　　　　　D. 触发电路的输出电压

30. 交磁电机扩大机直轴电枢反应磁通的方向为（　　）。

A. 与控制磁通方向相同　　　　　　　B. 与控制磁通方向相反

C. 垂直于控制磁通　　　　　　　　　D. 不确定

31. 交流电动机做耐压试验时，对额定电压为 380V，功率在 $1\sim3\mathrm{kW}$ 以内的电动机，试验电压取（　　）V。

A. 500　　　　　B. 1000　　　　　C. 1500　　　　　D. 2000

32. 功率在 1kW 以上的直流电动机做耐压试验时，成品试验电压为（　　）V。

A. $2U_\mathrm{N}+1000$　　B. $2U_\mathrm{N}+500$　　C. 1000　　　　　D. 500

33. 采用单结晶体管延时电路的晶体管时间继电器，其延时电路由（　　）等部分组成。

A. 延时环节、鉴幅器、输出电路、电源和指示灯

B. 主电路、辅助电源、双稳态触发器及其附属电路

C. 振荡电路、计数电路、输出电路、电源

D. 电磁系统、触点系统

34. 下列有关高压断路器用途的说法正确的是（　　）。

A. 切断空载电流

B. 控制分断或接通正常负荷电流

C. 既能切换正常负荷又可切除故障，同时承担着控制和保护双重任务

D. 接通或断开电路空载电流，严禁带负荷拉闸

35. 高压 10kV 及以下隔离开关交流耐压试验的目的是（　　）。

A. 可以准确地测出隔离开关绝缘电阻值

B. 可以准确地考验隔离开关的绝缘强度

C. 使高压隔离开关操作部分更灵活

D. 可以更有效地控制电路分合状态

36. 对于过滤及新加油的高压断路器，必须等油中气泡全部逸出后才能进行交流耐压试验，一般需静止（　　）h左右，以免油中气泡引起放电。

A. 5　　　　　　　B. 4　　　　　　　C. 3　　　　　　　D. 10

37. FN4-10 型真空负荷开关是三相户内高压电气设备，在出厂做交流耐压试验时，应选用交流耐压试验标准电压（　　）kV。

A. 42　　　　　　B. 20　　　　　　C. 15　　　　　　D. 10

38. 额定电压 3kV 的互感器在进行大修后做交流耐压试验，应选交流耐压试验标准为（　　）kV。

A. 10　　　　　　B. 15　　　　　　C. 28　　　　　　D. 38

39. 磁吹式灭弧装置的磁吹灭弧能力与电弧电流的大小关系是（　　）。

A. 电弧电流越大磁吹灭弧能力越小　　　B. 无关

C. 电弧电流越大磁吹灭弧能力越强　　　D. 没有固定规律

40. RW3-10 型户外高压熔断器作为小容量变压器的前级保护安装在室外，要求熔丝管底端对地面距离以（　　）m 为宜。

A. 3　　　　　　　B. 3.5　　　　　　C. 4　　　　　　　D. 4.5

41. SN10-10 系列少油断路器中的油起灭弧作用，两导电部分和灭弧室的对地绝缘是通过（　　）来实现的。

A. 变压器油　　　B. 绝缘框架　　　C. 绝缘拉杆　　　D. 支持绝缘子

42. 三相笼式异步电动机直接启动电流过大，一般可达额定电流的（　　）倍。

A. 2~3　　　　　　B. 3~4　　　　　　C. 4~7　　　　　　D. 10

43. 三相异步电动机反接制动时，采用对称制电阻接法可以在限制制动转矩的同时，也限制（　　）。

A. 制动电流　　　B. 启动电流　　　C. 制动电压　　　D. 启动电压

44. 绕组式异步电动机的转子电路中串入一个调速电阻属于（　　）调速。

A. 变极　　　　　B. 变频　　　　　C. 变转差率　　　D. 变容

45. 直流电动机电枢回路串电阻调速，当电枢回路电阻增大时，其转速（　　）。

A. 升高　　　　　B. 降低　　　　　C. 不变　　　　　D. 不一定

46. 三相同步电动机采用能耗制动时，电源断开后保持转子励磁绕组的直流励磁，同步电动机就成为电枢被外电阻短接的（　　）。

A. 异步电动机　　B. 异步发电机　　C. 同步电动机　　D. 同步发电机

47. 三相异步电动机变极调速的方法一般只适用于（　　）。

A. 笼式异步电动机　　　　　　　　B. 绕线式异步电动机

C. 同步电动机　　　　　　　　　　D. 滑差电动机

48. 他励直流电动机改变旋转方向常采用（　　）来完成。

A. 电枢反接法　　　　　　　　　　B. 励磁绕组反接法

C. 电枢、励磁绕组同时反接　　　　D. 断开励磁绕组，电枢绕组反接

49. 直流发电机-直流电动机自动调速系统在基速以上调节直流电动机励磁电路电阻的

实质是（　　　）。

 A. 改变电枢电压　　B. 改变励磁磁通　　C. 改变电路电阻　　D. 限制启动电流

50. 直流发电机-直流电动机调速系统中，若改变发电机的励磁磁通，则属于（　　　）调速。

 A. 变励磁磁通　　　B. 变电枢电压　　　C. 变电源电压　　　D. 改变磁极

51. 阻容耦合多级放大电路的输入电阻等于（　　　）。

 A. 第一级输入电阻　　　　　　　B. 各级输入电阻之和

 C. 各级输入电阻之积　　　　　　D. 末级输入电阻

52. 差动放大电路的作用是（　　　）信号。

 A. 放大共模　　　　　　　　　　B. 放大差模

 C. 抑制共模　　　　　　　　　　D. 抑制共模，又放大差模

53. 一个硅二极管反向击穿电压为 150V，则其最高反向工作电压为（　　　）。

 A. 大于 150V　　　B. 略小于 150V　　C. 不得超过 40V　　D. 等于 75V

54. 在脉冲电路中，应选择（　　　）的三极管。

 A. 放大能力强　　　　　　　　　B. 开关速度快

 C. 集电极最大耗散功率高　　　　D. 价格便宜

55. 导通后二极管两端电压变化很小，锗管约为（　　　）。

 A. 0.5V　　　　　B. 0.7V　　　　　C. 0.3V　　　　　D. 0.1V

56. 普通晶闸管由中间 P 层引出的电极是（　　　）。

 A. 阳极　　　　　　B. 门极　　　　　C. 阴极　　　　　D. 无法确定

57. 三相全波可控整流电路的变压器次级中心抽头，将次级电压分为（　　　）两部分。

 A. 大小相等，相位相反　　　　　B. 大小相等，相位相同

 C. 大小不等，相位相反　　　　　D. 大小不等，相位相同

58. 千斤顶是一种手动的小型起重和顶压工具，常用的有（　　　）种。

 A. 2　　　　　　　B. 3　　　　　　　C. 4　　　　　　　D. 5

59. 检修后的电气设备，其绝缘电阻要合格，在经（　　　）检测合格后方能满足电路的要求。

 A. 检测直流电阻　　B. 加大截面积　　C. 通电试验　　　　D. 断电试验

60. 为了提高设备的功率因数，常在感性负载的两端（　　　）。

 A. 串联电容器　　　　　　　　　B. 并联适当的电容器

 C. 串联电感　　　　　　　　　　D. 并联适当的电感

二、判断题（正确的填"√"，错误的填"×"。每题 2 分，满分 40 分）

1. 采用正负消去法可以消除系统误差。（　　　）

2. 测量检流计内阻时，必须采用准确度较高的电桥去测量。（　　　）

3. 交流电焊机为了保证容易起弧，应具有 100V 的空载电压。（　　　）

4. 如果变压器绕组之间绝缘装置不适当，可通过耐压试验检查出来。（　　　）

5. 三相异步电动机定子绕组同相线圈之间的连接应顺着电流方向进行。（　　　）

6. 交流伺服电动机电磁转矩的大小取决于控制电压的大小。（　　　）

7. BG-5 型晶体管功率方向继电器为零序方向时，可用于接地保护。（　　　）

8. 接近开关功能用途除行程控制和限位保护外，还可检测金属的存在、高速计数、测

速、定位、变换运动方向、检测零件尺寸、液面控制及用作无触点按钮等。（　　）

9. 接触器为保证触点磨损后仍能保持可靠地接触，应保持一定数值的超程。（　　）

10. 反接制动由于制动时对电动机产生的冲击比较大，因此应串入限流电阻，而且仅用于小功率异步电动机。（　　）

11. M7475B 平面磨床的线路中，若零压继电器 KA₁ 不工作，就不能启动砂轮电动机。（　　）

12. 数字集成电路比由分立元件组成的数字电路具有可靠性高和微型化的优点。（　　）

13. 高电位用"1"表示，低电位用"0"表示，称为正逻辑。（　　）

14. 晶闸管加正向电压，触发电流越大，越容易导通。（　　）

15. 单结晶体管具有单向导电性。（　　）

16. 单向半波可控整流电路，无论输入电压极性如何改变，其输出电压极性都不会改变。（　　）

17. 焊丝使用前必须除去表面的油、锈等污物。（　　）

18. 采用电弧焊时，电流大小的调整取决于工件的厚度。（　　）

19. 生产过程的组织是车间生产管理的基本内容。（　　）

20. 常用电气设备的维修应包括日常维护保养和故障检修两个方面。（　　）

中级维修电工模拟试题（二）

一、选择题（每题 1 分，满分 60 分）

1. 正弦交流电压 $u = 100\sin(628t + 60°)\,\mathrm{V}$，它的频率为（　　）。

   A. 100Hz   B. 50Hz   C. 60Hz   D. 628Hz

2. 电阻器反映导体对（　　）起阻碍作用的大小，简称电阻。

   A. 电压   B. 电动势   C. 电流   D. 电阻率

3. 额定电压都为 220V 的 40W、60W 和 100W 三只灯泡串联在 220V 的电源中，它们的发热量由大到小排列为（　　）。

   A. 100W，60W，40W   B. 40W，60W，100W

   C. 100W，40W，60W   D. 60W，100W，40W

4. 三相对称负载接成三角形时，线电流的大小为相电流的（　　）倍。

   A. 3   B. $\sqrt{3}/3$ C. $\sqrt{3}$ D. $\sqrt{2}$

5. 低频信号发生器开机后（　　）即可使用。

   A. 很快   B. 加热 1min 后   C. 加热 20min 后   D. 加热 1h 后

6. 用通用示波器观察工频 220V 电压波形时，被测电压应接在（　　）之间。

   A. "Y 轴输入"和"X 轴输入"端钮   B. "Y 轴输入"和"接地"端钮

   C. "X 轴输入"和"接地"端钮   D. "整步输入"和"接地"端钮

7. 直流双臂电桥可以精确测量（　　）的电阻。

   A. 1Ω 以下   B. 10Ω 以上   C. 100Ω 以上   D. 100kΩ 以上

8. 变压器负载运行并且其负载的功率因数一定时，变压器的效率和（　　）的关系叫变压器负载运行的效率特性。

   A. 时间   B. 主磁通   C. 铁损耗   D. 负载系数

9. 三相笼式异步电动机直接启动电流过大，一般可达额定电流的（　　）倍。

　　A. 2～3　　　　　　B. 3～4　　　　　　C. 4～7　　　　　　D. 10

10. 为了满足电焊工艺的要求，交流电焊机应具有（　　）的外特性。

　　A. 平直　　　　　　B. 陡降　　　　　　C. 上升　　　　　　D. 稍有下降

11. 直流电焊机之所以不能被交流电焊机取代，是因为直流电焊机具有（　　）的优点。

　　A. 制造工艺简单，使用控制方便

　　B. 电弧稳定，可焊接碳铜、合金钢和有色金属

　　C. 使用直流电源，操作较安全

　　D. 故障率明显低于交流电焊机

12. 与直流弧焊发电机相比，整流式直流电焊机具有（　　）的特点。

　　A. 制造工艺简单，使用控制方便

　　B. 制造工艺复杂，使用控制不便

　　C. 使用直流电源，操作较安全

　　D. 使用调速性能优良的直流电动机拖动，使得焊接电流易于调整

13. 整流式直流电焊机次级电压太低，其故障原因可能是（　　）。

　　A. 变压器初级线圈匝间短路　　　　　B. 饱和电抗器控制绕组极性接反

　　C. 整流器谐振线圈短路　　　　　　　D. 稳压器补偿线圈匝数不恰当

14. 在三相交流异步电动机定子上布置结构完全相同，在空间位置上互差120°电角度的三相绕组，分别通入（　　），则在定子与转子的空气隙间将会产生旋转磁场。

　　A. 直流电　　　　　B. 交流电　　　　　C. 脉动直流电　　　　D. 三相对称交流电

15. 三相异步电动机定子各相绕组的电源引出线应彼此相隔（　　）电角度。

　　A. 60°　　　　　　B. 90°　　　　　　C. 120°　　　　　　D. 180°

16. 一台三相异步电动机，磁极数为4，定子槽数为24，定子绕组形式为单层链式，节距为5，并联支路数为1，在绘制绕组展开图时，同相各线圈的连接方法应是（　　）。

　　A. 正串联　　　　　B. 反串联　　　　　C. 正并联　　　　　D. 反并联

17. 汽轮发电机的转子一般做成隐极式，采用（　　）。

　　A. 良好导磁性的硅钢片叠加而成　　　　B. 良好导磁性能的高温度合金钢镀成

　　C. 1～1.5mm厚的钢片冲制后叠成　　　　D. 整块铸钢或锻钢制成

18. 按励磁方式分类，直流电动机可分为（　　）种。

　　A. 2　　　　　　　B. 3　　　　　　　C. 4　　　　　　　D. 5

19. 直流电动机的某一个电枢绕组在旋转一周的过程中，通过其中的电流是（　　）。

　　A. 直流电流　　　　B. 交流电流　　　　C. 脉冲电流　　　　D. 互相抵消正好为零

20. 直流电动机出现振动现象，其原因可能是（　　）。

　　A. 电枢平衡未校好　B. 负载短路　　　　C. 电动机绝缘老化　D. 长期过载

21. 若被测机械的转向改变，则交流测速发电机的输出电压的（　　）。

　　A. 频率改变　　　　B. 大小改变　　　　C. 相位改变90°　　　D. 相位改变180°

22. 电磁调速异步电动机又称为（　　）。

　　A. 交流异步电动机　B. 测速电动机　　　C. 步进电动机　　　　D. 滑差电动机

23. 在电磁转差离合器中，如果电枢和磁极之间没有相对转速差，（　　），也就没有转

矩去带动磁极旋转，因此取名为"转差离合器"。

    A. 磁极中不会有电流产生   B. 磁极就不存在

    C. 电枢中不会有趋肤效应产生   D. 电枢中就不会有涡流产生

24. 交磁电机扩大机的作用是将微弱的控制信号放大成较强的（　　）输出。

    A. 电流   B. 电压   C. 电功率   D. 电动势

25. 从工作原理上看，交磁电机扩大机相当于（　　）。

    A. 直流电动机   B. 两级直流电动机

    C. 直流发电机   D. 两级直流发电机

26. 交流电动机做耐压试验时，对额定电压为 380V、功率在 1～3kW 以内的电动机，试验电压应取（　　）V。

    A. 500   B. 1000   C. 1500   D. 2000

27. 交流电动机耐压试验中绝缘被击穿的原因可能是（　　）。

    A. 试验电压高于电动机额定电压两倍   B. 笼式转子断条

    C. 长期停用的电动机受潮   D. 转轴弯曲

28. 晶体管接近开关用量最多的是（　　）。

    A. 电磁感应型   B. 电容型   C. 光电型   D. 高频振荡型

29. 高压负荷开关交流耐压试验在标准试验电压下持续时间为（　　）min。

    A. 5   B. 2   C. 1   D. 3

30. 高压 10kV 互感器的交流电压试验是指（　　）对外壳的工频交流耐压试验。

    A. 初级线圈   B. 次级线圈   C. 瓷套管   D. 线圈连同套管一起

31. FN3-10T 型负荷开关安装之后，用 2500V 兆欧表测量开关动片和触点对地绝缘电阻，交接试验时应不少于（　　）MΩ。

    A. 300   B. 500   C. 1000   D. 800

32. 对 FN1-10 型户内高压负荷开关进行交流耐压试验时被击穿，其原因是（　　）。

    A. 支柱绝缘子破损，绝缘杆受潮   B. 周围环境湿度减小

    C. 开关动静触点接触良好   D. 灭弧室功能良好

33. 高压隔离开关在进行交流耐压试验时，试验合格后，应在 5s 内均匀地将电压下降到试验值的（　　）% 以下，电压至零后拉开刀闸，将被试品接地放电。

    A. 10   B. 40   C. 50   D. 25

34. 对电流互感器进行交流耐压试验后，若被试品合格，试验结束应在 5s 内均匀地降到电压试验值的（　　）%，电压至零后，拉开刀闸。

    A. 10   B. 40   C. 50   D. 25

35. 三相异步电动机采用 Y-△形降压启动时，启动转矩是 △ 接法全压启动时的（　　）倍。

    A. $\sqrt{3}$ B. $1/\sqrt{3}$ C. $\sqrt{3}/2$ D. $1/3$

36. 直流电动机采用电枢回路串电阻启动，应把启动电流限制在额定电流的（　　）倍。

    A. 4～5   B. 3～4   C. 1～2   D. 2～2.5

37. 为使直流电动机的旋转方向发生改变，应将电枢电流（　　）。

    A. 增大   B. 减小   C. 不变   D. 反向

38. 同步电动机不能自行启动，其原因是（　　）。

A. 本身无启动转矩　　　　　　　　B. 励磁绕组开路

C. 励磁绕组串电阻　　　　　　　　D. 励磁绕组短路

39. 直流电动机反接制动时，当电动机转速接近于零时，就应立即切断电源，防止（　　）。

A. 电流增大　　　B. 电动机过载　　　C. 发生短路　　　D. 电动机反向转动

40. 同步电动机停车时，如需进行电力制动，最方便的方法是（　　）。

A. 机械制动　　　B. 反接制动　　　C. 能耗制动　　　D. 电磁抱闸

41. M7120型磨床的液压泵电动机和砂轮升降电动机的正反转控制可采用（　　）来实现。

A. 点动　　　B. 点动互锁　　　C. 自锁　　　D. 互锁

42. T68型卧式镗床常用（　　）制动。

A. 反接　　　B. 能耗　　　C. 电磁离合器　　　D. 电磁抱闸

43. 交磁扩大机的电差接法与磁差接法相比，电差接法在节省控制绕组，减少电能损耗上（　　）。

A. 较优越　　　B. 不优越　　　C. 一样　　　D. 无法比较

44. 直流发电机-直流电动机自动调速系统采用改变励磁磁通调速时，其实际转速应（　　）额定转速。

A. 等于　　　B. 大于　　　C. 小于　　　D. 不大于

45. X62W型万能铣床的进给操作手柄的功能是（　　）。

A. 只操纵电器　　B. 只操纵机械　　C. 操纵机械和电器　D. 操纵冲动开关

46. Z37型摇臂钻床的摇臂升降开始前，一定先使（　　）松开。

A. 立柱　　　B. 联锁装置　　　C. 主轴箱　　　D. 液压装置

47. 放大电路设置静态工作点的目的是（　　）。

A. 提高放大能力　　　　　　　　B. 避免非线性失真

C. 获得合适的输入电阻和输出电阻　　D. 使放大器工作稳定

48. 阻容耦合器多级放大电路的输入电阻等于（　　）。

A. 第一级输入电阻　　　　　　　　B. 各级输入电阻之和

C. 各级输入电阻之积　　　　　　　D. 末级输入电阻

49. 对功率放大电路最基本的要求是（　　）。

A. 输出信号电压大　　　　　　　　B. 输出信号电流大

C. 输出信号电压和电流均大　　　　D. 输出信号电压大电流小

50. 直接耦合放大电路产生零点飘移的主要原因是（　　）变化。

A. 温度　　　B. 湿度　　　C. 电压　　　D. 电流

51. 半导体整流电源中使用的整流二极管应选用（　　）。

A. 变容二极管　　B. 稳压二极管　　C. 点接触型二极管　D. 面接触型二极管

52. 开关三极管一般的工作状态是（　　）。

A. 截止　　　B. 放大　　　C. 饱和　　　D. 截止或饱和

53. 三相变极双速异步电动机的连接方法常见的有（　　）。

A. Y/△　　　B. YY/△　　　C. Y/Y　　　D. △/△

54. KP20-10表示普通反向阻断型晶闸管的通态正向平均电流是（　　）。

A. 20A　　　　　B. 2000A　　　　　C. 10A　　　　　D. 1000A

55. 单向全波可控整流电路，若输入电压为 U_i，则输出平均电压为（　　）。

A. U_i　　　　　B. $0.45U_i$　　　　　C. $0.9U_i$　　　　　D. $1.2U_i$

56. 在三相半波可控整流电路中，控制角 α 的最大移相范围是（　　）。

A. 90°　　　　　B. 150°　　　　　C. 180°　　　　　D. 360°

57. 氩弧焊是利用惰性气体（　　）的一种电弧焊接方法。

A. 氧　　　　　B. 氢　　　　　C. 氩　　　　　D. 氖

58. 常见焊接缺陷按其在焊缝中的位置不同，可分为（　　）种。

A. 2　　　　　B. 3　　　　　C. 4　　　　　D. 5

59. 部件的装配图可作为拆卸零件后（　　）的依据。

A. 画零件图　　　　　B. 重新装配成部件　　C. 画总装图　　　　　D. 安装零件

60. 检修电气设备电气故障的同时，还应检查（　　）。

A. 是否存在机械、液压部分故障　　　　　B. 指示电路是否存在故障

C. 照明电路是否存在故障　　　　　D. 机械联锁装置和开关装置是否存在故障

二、判断题（正确的填"√"，错误的填"×"，每题2分，满分40分）

1. 戴维南定理最适用于求复杂电路中某一支路的电流。（　　）

2. 利用戴维南定理，可把一个含源二端网络等效成一个电源。（　　）

3. 在交流电路中功率因数 $\cos\varphi$＝有功功率／（有功功率＋无功功率）。（　　）

4. 三相对称负载作△连接，若每相负载的阻抗为10Ω，接在线电压为380V的三相交流电路中则电路的线电流为38A。（　　）

5. 中小型电力变压器无载调压分接开关的调节范围是其额定输出电压的±15%。（　　）

6. 直流弧焊发电机焊接电流的调节是靠调节铁芯的空气隙的大小来实现的。（　　）

7. 如果变压器绕组之间绝缘装置不适当，可通过耐压试验检查出来。（　　）

8. 同步电机主要分同步发电机和同步电动机两类。（　　）

9. 直流发电机在电枢绕组元件中产生的是交流电动势，只是由于加装了换向器和电刷装置，才能输出直流电动势。（　　）

10. 测速发电机分为交流和直流两大类。（　　）

11. 永磁式测速发电机的转子是用永久磁铁制成的。（　　）

12. 直流伺服电动机实质上就是一台自励式直流电动机。（　　）

13. 直流耐压试验比交流耐压试验更容易发现高压断路器的绝缘缺陷。（　　）

14. 接触器触点为了保持良好接触，允许涂以质地优良的润滑油。（　　）

15. 只要在绕线式电动机的转子电路中接入一个调速电阻，改变电阻的大小，就可平滑调速。（　　）

16. 要使三相绕线式异步电动机的启动转矩为最大转矩，可以用在转子回路中串入合适电阻的方法来实现。（　　）

17. 三相异步电动机变极调速属于无级调速。（　　）

18. 测绘较复杂机床电气设备的电气控制线路图时，应以单元电路的主要元件为中心。（　　）

19. T610型卧式镗床的钢球无级变速器达到极限位置，拖动变速器的电动机应当自动停

车。（　　　）

20. 机械驱动的起重机械中必须使用钢丝绳。（　　　）

中级维修电工模拟试题（三）

一、选择题（每题 1 分，满分 80 分）

1. 一电流源的内阻为 2Ω，当把它等效变换成 10V 的电压源时，电流源的电流是（　　　）。

A. 5A　　　　　B. 2A　　　　　C. 10A　　　　　D. 2.5A

2. 阻值为 6Ω 的电阻与容抗为 8Ω 的电容串联后接在交流电路中，功率因数为（　　　）。

A. 0.6　　　　　B. 0.8　　　　　C. 0.5　　　　　D. 0.3

3. 应用戴维南定理求含源二端网络的输入等效电阻是将网络内各电动势（　　　）。

A. 串联　　　　　B. 并联　　　　　C. 开路　　　　　D. 短接

4. 采用增加重复测量次数的方法可以消除（　　　）对测量结果的影响。

A. 系统误差　　　B. 偶然误差　　　C. 疏失误差　　　D. 基本误差

5. 电桥使用完毕后，要将检流计锁扣锁上以防（　　　）。

A. 电桥出现误差　　　　　　　　B. 破坏电桥平衡

C. 搬动时振坏检流计　　　　　　D. 电桥的灵敏度降低

6. 电桥电池电压不足时，将影响电桥的（　　　）。

A. 灵敏度　　　　B. 安全　　　　C. 准确度　　　　D. 读数时间

7. 直流双臂电桥要尽量采用容量较大的蓄电池，一般电压为（　　　）V。

A. 2～4　　　　　B. 6～9　　　　　C. 9～12　　　　　D. 12～24

8. 变压器负载运行时，原边电源电压的相位超前于铁芯中主磁通的相位略大于（　　　）。

A. 180°　　　　　B. 90°　　　　　C. 60°　　　　　D. 30°

9. 三相变压器并联运行时，要求并联运行的三相变压器短路电压（　　　），否则不能并联运行。

A. 必须绝对相等　　　　　　　　B. 的差值不超过其平均值的 20%

C. 的差值不超过其平均值的 15%　D. 的差值不超过其平均值的 10%

10. 为了适应电焊工艺的要求，交流电焊变压器的铁芯应（　　　）。

A. 有较大且可以调的空气隙　　　B. 有很小且不变的空气隙

C. 有很小且可调的空气隙　　　　D. 没有空气隙

11. 直流弧焊发电机在使用中发现火花大，全部换向片发热的原因可能是（　　　）。

A. 导线接触电阻过大　　　　　　B. 电刷盒的弹簧压力过小

C. 励磁绕组匝间短路　　　　　　D. 个别电刷刷绳线断

12. 与直流弧焊发电机相比，整流直流电焊机具有（　　　）的特点。

A. 制动工艺简单，使用控制不方便

B. 制造工艺复杂，使用控制不方便

C. 使用直流电源，操作较安全

D. 使用调速性能优良的直流电动机拖动，使得焊接电流易于调整

13. 整流式直流电焊机通过（　　　）获得电弧焊所需的外特性。

A. 整流装置　　　B. 逆变装置　　　C. 调节装置　　　D. 稳压装置

14. 整流式直流电焊机焊接电流调节范围小，其故障原因可能是（　　）。

A. 变压器初级线圈匝间短路 　　　　　B. 饱和电抗器控制绕组极性接反

C. 稳压器谐振线圈短路 　　　　　　　D. 稳压器补偿线圈匝数不恰当

15. 进行变压器耐压试验用的试验电压的频率应为（　　）Hz。

A. 50 　　　　　　B. 100 　　　　　　C. 1000 　　　　　　D. 10000

16. 三相变极双速异步电动机的连接方法常见的有（　　）。

A. Y/△ 　　　　　B. YY/△ 　　　　　C. Y/Y 　　　　　D. △/△

17. 水轮发电机的转子一般用（　　）做成。

A. 1～1.5mm 厚的钢片冲制后叠成，也可用整块铸钢或锻钢

B. 1～1.5mm 厚的硅钢片叠加

C. 整块高强度合金钢

D. 整块铸铁

18. 直流电机主磁极上两个励磁绕组，一个与电枢绕组串联，另一个与电枢绕组并联，称为（　　）电机。

A. 他励 　　　　　B. 串励 　　　　　C. 并励 　　　　　D. 复励

19. 直流发电机中换向器的作用是（　　）。

A. 把电枢绕组的直流电势变成电刷间的直流电势

B. 把电枢绕组的交流电势变成电刷间的直流电势

C. 把电刷间的直流电势变成电枢绕组的交流电势

D. 把电刷间的交流电势变成电枢绕组的交流电势

20. 对于没有换向极的小型直流电动机，带恒定负载向一个方向旋转，为了改善换向，可将其电刷自几何性面处沿电枢转向（　　）。

A. 向前适当移动 β 角 　　　　　B. 向后适当移动 β 角

C. 向前移动 90° 　　　　　　　　　D. 向后移到主磁极轴线上

21. 直流串励电动机的机械特性曲线是（　　）。

A. 一条直线 　　B. 双曲线 　　C. 抛物线 　　D. 圆弧线

22. 交流测速发电机可分为（　　）两种。

A. 空心杯转子和同步 　　　　　　　　B. 空心杯转子和永磁式

C. 空心杯转子和电磁式 　　　　　　　D. 永磁式和电磁式

23. 交流测速发电机的杯形转子是用（　　）材料做成的。

A. 高电阻 　　B. 低电阻 　　C. 高导磁 　　D. 低导磁

24. 若被测机械的转向改变，则交流测速发电机的输出电压（　　）。

A. 频率改变 　　B. 大小改变 　　C. 相位改变 90° 　　D. 相位改变 180°

25. 电磁调速异步电动机的基本结构形式分为（　　）两大类。

A. 组合式和分立式　B. 组合式和整体式　C. 整体式和独立式　D. 整体式和分立式

26. 交磁电机扩大机直轴电枢反应磁通的方向为（　　）。

A. 与控制磁通方向相同 　　　　　　　B. 与控制磁通方向相反

C. 垂直于控制磁通 　　　　　　　　　D. 不确定

27. 交流电机扩大机的去磁绕组工作时应通入（　　）。

A. 直流电流 　　B. 交流电流 　　C. 脉冲电流 　　D. 脉动电流

28. 线绕式电动机的定子做耐压试验时，转子绕组应（   ）。

A. 开路　　　　　B. 短路　　　　　C. 接地　　　　　D. 严禁接地

29. 交流电动机做耐压试验时，对额定电压为 380V，功率在 1～3kW 以内的电动机，试验电压取（   ）V。

A. 500　　　　　B. 1000　　　　　C. 1500　　　　　D. 2000

30. 功率在 1kW 以下的直流电机做耐压试验时，成品试验电压可取（   ）V。

A. 500　　　　B. 额定电压 U_N　　　　C. $2U_N$　　　　D. $2U_N+500$

31. 直流电机在耐压试验中绝缘被击穿的原因可能是（   ）。

A. 电机内部灰尘过大　　　　　　　B. 电枢绕组开路

C. 电枢绕组接反　　　　　　　　　D. 试验电压偏高

32. 晶体管时间继电器比气囊式时间继电器的延时范围（   ）。

A. 小　　　　　　　　　　　　　　B. 大

C. 相等　　　　　　　　　　　　　D. 因使用场合不同而不同

33. 功率继电器中属于晶体管功率继电器的型号是（   ）。

A. LG-11　　　　B. BG4、BG5　　　　C. GG-11　　　　D. LG-11 和 BG4

34. 检测不透过超声波的物质应选择工作原理为（   ）型的接近开关。

A. 超声波　　　　B. 高频振荡　　　　C. 光电　　　　D. 永磁

35. 晶体管无触点位置开关与普通开关相比在工作可靠性、寿命长短、适应工作环境性三方面性能（   ）。

A. 优　　　　　B. 差　　　　　C. 相同　　　　　D. 不规律

36. 高压负荷开关交流耐压试验在标准试验电压下持续时间为（   ）min。

A. 5　　　　　B. 2　　　　　C. 1　　　　　D. 3

37. 运行中 FN1-10 型高压负荷开关在检修时，使用 2500V 兆欧表，测得绝缘电阻应不小于（   ）MΩ。

A. 200　　　　　B. 300　　　　　C. 500　　　　　D. 800

38. 型号为 JDJJ-10 的单相三线圈油浸式户外用电压互感器，在进行大修后做交流耐压试验，其试验耐压标准为（   ）kV。

A. 24　　　　　B. 38　　　　　C. 10　　　　　D. 15

39. 对高压隔离开关进行交流耐压试验，在选择标准试验电压时应为 38kV，其加压方法在 1/3 试验电压前可以稍快，其后升压应按每秒（   ）％试验电压均匀升压。

A. 5　　　　　B. 10　　　　　C. 3　　　　　D. 8

40. 额定电压为 10kV 的 JDZ-10 型电压互感器，在进行交流耐压试验时，产品合格，但在试验后被击穿。其击穿原因是（   ）。

A. 绝缘受潮　　　　　　　　　　　B. 互感器表面脏污

C. 环氧树脂浇注质量不合格　　　　D. 试验结束，试验者忘记降压就拉闸断电

41. 我国生产的 CJ0-40 型交流接触器采用的灭弧装置是（   ）。

A. 电动力灭弧　　　　　　　　　　B. 半封闭式金属栅片陶土灭弧罩

C. 窄缝灭弧　　　　　　　　　　　D. 磁吹式灭弧装置

42. 熄灭直流电弧，常采取的途径是（   ）。

A. 使电弧拉长和强冷的方法　　　　B. 使电弧扩散

C. 复合　　　　　　　　　　　　　　　D. 窄缝灭弧

43. 交流接触器在检修时，发现短路环损坏，该接触器（　　）使用。

A. 能继续　　　B. 不能　　　C. 额定电流下可以　　D. 不影响

44. 检修后的电磁式继电器的衔铁与铁芯闭合位置要正，其歪斜度要求（　　），吸合后不应有杂音、抖动。

A. 不得超过 1mm　　B. 不得歪斜　　　C. 不得超过 2mm　　D. 不得超过 5mm

45. 对 RN 系列室内高压熔断器，检测其支持绝缘子的绝缘电阻，应选用额定电压为（　　）V 的兆欧表进行测量。

A. 1000　　　　B. 2500　　　　C. 500　　　　D. 250

46. 检测 SN10-10 高压断路器操作机构分合闸接触器线圈绝缘电阻，其值应不低于（　　）MΩ。

A. 1　　　　　B. 0.5　　　　C. 2　　　　D. 3

47. 电磁铁进行通电试验时，当加至线圈电压额定值的（　　）%时，衔铁应可靠吸合。

A. 80　　　　　B. 85　　　　C. 65　　　　D. 75

48. 三相异步电动机的正反转控制关键是改变（　　）。

A. 电源电压　　　B. 电源相序　　　C. 电源电流　　　D. 负载大小

49. 三相异步电动机反接制动时，采用对称制电阻接法，可以在限制制动转矩的同时，也限制（　　）。

A. 制动电流　　　B. 启动电流　　　C. 制动电压　　　D. 启动电压

50. 直流电动机启动时，启动电流很大，可达额定电流的（　　）倍。

A. 4～7　　　　B. 2～25　　　　C. 10～20　　　　D. 5～6

51. 直流电动机反转，应采取（　　）措施改变主磁场的方向。

A. 改变励磁绕组极性　　　　　　　B. 减少电流

C. 增大电流　　　　　　　　　　　D. 降压

52. 将直流电动机电枢的动能变成电能消耗在电阻上称为（　　）。

A. 反接制动　　　B. 回馈制动　　　C. 能耗制动　　　D. 机械制动

53. 三相异步电动机采用能耗制动时，电源断开后，同步电动机就成为了（　　）被外接电阻短接的同步发电机。

A. 电枢　　　　B. 励磁绕组　　　C. 定子绕组　　　D. 直流励磁绕组

54. 适用于电机容量较大且不允许频繁启动的降压启动方法是（　　）。

A. 星-三角　　　B. 自耦变压器　　　C. 定子串电阻　　　D. 延边三角形

55. 并励直流电动机限制启动电流的方法有（　　）种。

A. 2　　　　　B. 3　　　　　C. 4　　　　D. 5

56. 他励直流电动机改变旋转方向常采用（　　）来完成。

A. 电枢绕组反接法　　　　　　　　B. 励磁绕组反接法

C. 电枢、励磁绕组同时反接　　　　D. 断开励磁绕组，电枢绕组反接

57. 串励直流电动机的电力制动方法有（　　）种。

A. 2　　　　　B. 3　　　　　C. 4　　　　D. 5

58. 程序控制大体上分为（　　）大类。

A. 2　　　　　B. 3　　　　　C. 4　　　　D. 5

59. X62W 电气线路中采用了完备的电气联锁措施，主轴与工作台工作的先后顺序是（　　）。

A. 工作台启动后，主轴才能启动　　　　B. 主轴启动后，工作台才启动

C. 工作台与主轴同时启动　　　　　　　D. 工作台快速移动后，主轴启动

60. T68 型卧式镗床常用（　　）制动。

A. 反接　　　　　B. 能耗　　　　　C. 电磁离合器　　　　D. 电磁抱闸

61. 直流发电机-直流电动机自动调速系统在基速以上调节直流电动机励磁电路电阻的实质是（　　）。

A. 改变电枢电压　　B. 改变励磁磁通　　C. 改变电路电阻　　D. 限制启动电流

62. 交磁扩大机的电差接法与磁差接法相比，电差接法在节省控制绕组、减少电能损耗上较（　　）。

A. 优越　　　　　B. 不优越　　　　　C. 相等　　　　　D. 无法比较

63. 直流发电机-直流电动机调速系统中，若改变发电机的励磁磁通，则属于（　　）调速。

A. 改变励磁磁通　　B. 改变电枢电压　　C. 改变电源电压　　D. 改变磁极

64. 带有电流截止负反馈环节的调速系统，为使电流截止负反馈参与调节后机械特性曲线下垂段更陡一些，应把反馈取样电阻阻值选得（　　）。

A. 大一些　　　　B. 小一些　　　　C. 接近无穷大　　　D. 接近零

65. 根据实物测绘机床电气设备电气控制线路的布线图时，应按（　　）绘制。

A. 实际尺寸　　　B. 比实际尺寸大　　C. 比实际尺寸小　　D. 一定比例

66. X62W 型万能铣床左右进给手柄扳向右，工作台向右进给时，上下、前后进给手柄必须处于（　　）。

A. 上　　　　　　B. 后　　　　　　C. 零位　　　　　D. 任意位置

67. 放大电路采用负反馈后，下列说法不正确的是（　　）。

A. 放大能力提高了　B. 放大能力降低了　C. 通频带展宽了　　D. 非线性失真减小了

68. 阻容耦合多级放大电路的输入电阻等于（　　）。

A. 第一级输入电阻　　　　　　　　　B. 各级输入电阻之和

C. 各级输入电阻之积　　　　　　　　D. 末级输入电阻

69. 推挽功率放大电路在正常工作过程中，晶体管工作在（　　）状态。

A. 放大　　　　　B. 饱和　　　　　C. 截止　　　　　D. 放大或截止

70. 一个硅二极管反向击穿电压为 150V，则其最高反向工作电压为（　　）。

A. 大于 150V　　B. 略小于 150V　　C. 不得超过 40V　　D. 等于 75V

71. 开关三极管一般的工作状态是（　　）。

A. 截止　　　　　B. 放大　　　　　C. 饱和　　　　　D. 截止和饱和

72. TTL "与非" 门电路的输入输出逻辑关系是（　　）。

A. 与　　　　　　B. 非　　　　　　C. 与非　　　　　D. 或非

73. 晶闸管具有（　　）性。

A. 单向导电　　　B. 可控单向导电性　C. 电流放大　　　D. 负阻效应

74. 晶闸管硬开通是在（　　）情况下发生的。

A. 阳极反向电压小于反向击穿电压　　　　B. 阳极正向电压小于正向转折电压

C. 阳极正向电压大于正向转折电压　　　D. 阴极加正压，门极加反压

75. 单结晶体管触发电路输出触发脉冲中的幅值取决于（　　）。

A. 发射极电压 U_e　B. 电容 C　　　　C. 电阻 r_b　　　　D. 分压比 η

76. 单向半波可控整流电路，若负载平均电流为 10mA，则实际通过整流二极管的平均电流为（　　）。

A. 5A　　　　　　B. 0　　　　　　C. 10mA　　　　　D. 20mA

77. 气焊低碳钢应采用（　　）火焰。

A. 氧化焰　　　　　　　　　　　B. 轻微氧化焰

C. 中性焰或轻微碳化焰　　　　　D. 中性焰或轻微氧化焰

78. 滑轮用来起重或迁移各种较重设备或部件，起重高度在（　　）m 以下。

A. 2　　　　　　B. 3　　　　　　C. 4　　　　　　D. 5

79. 物流管理属于生产车间管理的（　　）。

A. 生产计划管理　B. 生产现场管理　C. 作业管理　　D. 现场设备管理

80. 降低电力线路的（　　），可节约用电。

A. 电流　　　　　B. 电压　　　　　C. 供电损耗　　　D. 电导

二、判断题（正确的填"√"，错误的填"×"，每题 1 分，满分 20 分）

1. 戴维南定理是求解复杂电路中某条支路电流的唯一方法。（　　）

2. 三相电动机接在同一电源中，作 △ 形连接时的总功率是作 Y 连接时的 3 倍。（　　）

3. 使用检流计时，一定要保证被测电流从"＋"端流入"－"端流出。（　　）

4. 在中、小型电力变压器的定期检查中，若发现呼吸干燥器中的变色硅胶全部变为蓝色，则说明变色硅胶已失效，需更换或处理。（　　）

5. 若仅需将中、小型电力变压器的器身吊起一部分进行检修，只要用起重设备将器身吊出到所需高度，便可立即开始检查。（　　）

6. 绘制显极式三相单速四极异步电动机定子绕组的概念图时，一共应画十二个极相组。（　　）

7. 同步补偿机实际上就是一台满载运行的同步电动机。（　　）

8. 当在同步电动机的定子三相绕组中通入三相对称交流电流时，将会产生电枢旋转磁场，该磁场的旋转方向取决于三相交流电流的初相角大小。（　　）

9. 直流并励发电机建立电势的两个必要条件是：①主磁极必须有剩磁，②励磁电流产生的磁通方向必须与剩磁方向相反。（　　）

10. 直流伺服电动机实质上就是一台自励式直流电动机。（　　）

11. 晶体管时间继电器按构成原理可分为电磁式、整流式、阻容式和数字式四大类。（　　）

12. 交流耐压试验是高压电器最后一次对绝缘性能的检验。（　　）

13. 额定电压为 10kV 的隔离开关，大修后进行交流耐压试验，其试验电压标准为 10kV。（　　）

14. 高压负荷开关的交流耐压试验属于检验开关绝缘强度最有效、最严格、最直接的试验方法。（　　）

15. 对于重载启动的同步电动机，启动时应将励磁绕组电压调到额定值。（　　）

16. Z3050 型钻床，摇臂升降电动机的正反转控制继电器，不允许同时得电动作，以防

止电源短路事故发生，再上升和下降控制线路中只采用了接触器的辅助触点互锁。（　　）

17. 转速负反馈调速系统能够有效地抑制一切被包围在负反馈环内的扰动作用。（　　）

18. T610 型卧式镗床钢球无级变速器达到极限位置时，拖动变速器的电动机应当自动停车。（　　）

19. 单向半波可控整流电路，无论输入电压极性如何改变，其输出电压极性不会改变。（　　）

20. 工厂企业中的车间变电所常采用低压静电电容器补偿装置，以提高功率因数。（　　）

中级维修电工模拟试题（四）

一、选择题（每题 1 分，满分 80 分）

1. 一含源二端网络测得其开路电压为 10V，短路电流为 5A。若把它用一个电源来代替。电源内阻为（　　）。

A. 1Ω　　　　　　B. 10Ω　　　　　　C. 5Ω　　　　　　D. 2Ω

2. 阻值为 5Ω 的电阻与容抗为 8Ω 的电容串联后接在交流电路中，功率因数为（　　）

A. 0.6　　　　　B. 0.8　　　　　C. 0.5　　　　　D. 0.3

3. 在星形连接的三相对称电路中，相电流与线电流的相位关系是（　　）。

A. 相电流超前线电流 30°　　　　　　B. 相电流滞后线电流 30°

C. 相电流与线电流同相　　　　　　　D. 相电流滞后线电流 60°

4. 三相四线制供电的相电压为 200V，与线电压最接近的值为（　　）V。

A. 280　　　　　B. 346　　　　　C. 250　　　　　D. 360

5. 用电桥测电阻时，电桥与被测电阻的连接应用（　　）的导线。

A. 较细较短　　　B. 较粗较长　　　C. 较细较长　　　D. 较粗较短

6. 发现示波管的光点太亮时，应调节（　　）。

A. 聚焦旋钮　　　B. 辉度旋钮　　　C. Y 轴增幅旋钮　　　D. X 轴增幅旋钮

7. 搬动检流计或使用完毕后，应该（　　）。

A. 用导线将两接线端子短路　　　　　B. 将两接线端子开路

C. 将两接线端子与电阻串联　　　　　D. 将两接线端子与电阻并联

8. 电桥电池电压不足时，将影响电桥的（　　）。

A. 灵敏度　　　　B. 安全　　　　C. 准确度　　　　D. 读数时间

9. 使用检流计时，要按（　　）位置放置。

A. 水平　　　　　B. 竖直　　　　C. 正常工作　　　　D. 原来

10. 三相对称负载接成三角形时，若某相的线电流为 1A，则三相线电流的矢量和为（　　）A。

A. 3　　　　　　B. $\sqrt{3}$　　　　　C. $\sqrt{2}$　　　　　D. 0

11. 变压器带感性负载运行时，副边电流的相位滞后于原边电流的相位，且小于（　　）。

A. 180°　　　　　B. 90°　　　　　C. 60°　　　　　D. 30°

12. 一台三相变压器的连接组别为 YN，d11，其中的"11"表示变压器的低压边（　　）电角度。

A. 线电势相位超前高压边线电势相位 330°

B. 线电势相位滞后高压边线电势相位 330°

C. 相电势相位超前高压边相电势相位 30°

D. 相电势相位滞后高压边相电势相位 30°

13. 直流电焊机之所以不能被交流电焊机取代，是因为直流电焊机具有（　　）的优点。

A. 造工艺简单，使用控制方便

B. 电弧稳定，可焊接碳钢，合金钢和有色金属

C. 使用直流电源，操作较为安全

D. 故障率明显低于交流电焊机

14. 整流式电焊机是由（　　）构成的。

A. 原动机和去磁式直流发电机　　　　B. 原动机和去磁式交流发电机

C. 四个二极管　　　　　　　　　　　D. 整流装置和调节装置

15. 整流式直流弧焊机具有（　　）的外特性。

A. 平直　　　　　B. 陡降　　　　　C. 上升　　　　　D. 稍有下降

16. 整流式直流电焊机次级电压太低，其故障原因可能是（　　）。

A. 变压器初级线圈匝间短路　　　　　B. 饱和电抗器控制绕组极性接反

C. 稳压器谐振线圈短路　　　　　　　D. 稳压器补偿线圈匝数不恰当

17. 若变压器绝缘受潮，则在进行耐压试验时会（　　）。

A. 使绝缘击穿

B. 因试验时绕组发热而使绝缘得以干燥，恢复正常

C. 无任何影响

D. 危及操作人员的人身安全

18. 一台三相异步电动机，磁极对数为 2，定子槽数为 36，则极距是（　　）槽。

A. 18　　　　　　B. 9　　　　　　　C. 6　　　　　　D. 3

19. 现代发电厂的主体设备是（　　）。

A. 直流发电机　　B. 同步电动机　　C. 异步发电机　　D. 同步发电机

20. 直流电机励磁绕组不与电枢连接，励磁电流由独立的电源供给，称为（　　）电机。

A. 他励　　　　　B. 串励　　　　　C. 并励　　　　　D. 复励

21. 大、中型直流电机的主极绕组一般用（　　）制造。

A. 漆包钢线　　　B. 绝缘铝线　　　C. 扁钢线　　　　D. 扁铝线

22. 对于没有换向极的小型直流电动机，带恒定负载向一个方向旋转，为了改善换向，可将其电刷自几何中性面处沿电枢转向（　　）。

A. 向前适当移动 β 角　　　　　　B. 向后适当移动 β 角

C. 向前移动 90℃　　　　　　　　　D. 向后移到主磁极轴线上

23. 测速发电机是一种能将旋转机械的转速变换成（　　）输出的小型发电机。

A. 电流信号　　　B. 电压信号　　　C. 功率信号　　　D. 频率信号

24. 低惯量直流伺服电动机（　　）。

A. 输出功率大　　　　　　　　　　　B. 输出功率小

C. 对控制电压反应快　　　　　　　　D. 对控制电压反应慢

25. 交流伺服电动机的定子圆周上装有（　　）绕组。

A. 一个 B. 两个互差 90°电角度的

C. 两个互差 180°电角度的 D. 两个串联的

26. 在工程上，信号电压一般多加在直流伺服电动机的（　　）两端。

A. 定子绕组 B. 电枢绕组 C. 励磁绕组 D. 启动绕组

27. 在使用电磁调速异步电动机调速时，三相交流测速发电机的作用是（　　）。

A. 将转速转变成直流电压 B. 将转速转变成单相交流电压

C. 将转速转变成三相交流电压 D. 将三相交流电压转换成转速

28. 交磁电机扩大机的功率放大倍数可达（　　）。

A. 20～50 B. 50～200 C. 200～50000 D. 5000～100000

29. 交磁电机扩大机的定子铁芯由（　　）。

A. 硅铜片冲叠而成，铁芯上有大小两种槽形

B. 硅铜片冲叠而成，铁芯上有大、中、小三种槽形

C. 铜片冲叠而成，铁芯上有大、中、小三种槽形

D. 铜片冲叠而成，铁芯上有大、小两种槽形

30. 交流电动机耐压试验的目的是考核各相绕组之间及各相绕组对机壳之间的（　　）。

A. 绝缘性能的好坏 B. 绝缘电阻的大小 C. 所耐电压的高低 D. 绝缘的介电强度

31. 交流电动机做耐压试验时，试验时间应为（　　）。

A. 30s B. 60s C. 3min D. 10min

32. 做耐压试验时，直流电机应处于（　　）状态。

A. 静止 B. 启动 C. 正转运行 D. 反转运行

33. 直流电机耐压试验的试验电压为（　　）。

A. 50Hz 正弦波交流电压 B. 100Hz 正弦波交流电压

C. 脉冲电流 D. 直流

34. 功率继电器中属于晶体管功率继电器的型号的是（　　）。

A. IG-11 B. BG4 和 BG5 C. GG-11 D. LG-11 和 BG4

35. 晶体管接近开关原理方框图是由（　　）个方框组成的。

A. 2 B. 3 C. 4 D. 5

36. 高压 10kV 断路器经大修后做交流耐压试验，应通过工频试验变压器加（　　）kV 的试验电压。

A. 15 B. 38 C. 42 D. 20

37. 高压负荷开关的用途是（　　）。

A. 主要用来切断和闭合线路的额定电流

B. 用来切断短路故障电流

C. 用来切断空载电流

D. 既能切断负载电流又能切断故障电流

38. 额定电压为 10kV 的互感器做交流耐压试验的目的是（　　）。

A. 提高互感器的准确度 B. 提高互感器容量

C. 提高互感器绝缘强度 D. 准确考验互感器绝缘强度

39. FN4-10 型真空负荷开关是三相户内高压电气设备，在出厂做交流耐压试验时，应选用交流耐压试验标准电压（　　）kV。

A. 42　　　　　　　B. 20　　　　　　　C. 15　　　　　　　D. 10

40. LFC-10 型高压互感器额定电压比为 10000/100。在次级绕组用 1000V 或 2500V 兆欧表摇测绝缘电阻，其阻值应不低于（　　　）MΩ。

A. 1　　　　　　　B. 2　　　　　　　C. 3　　　　　　　D. 0.5

41. DN3-10 型户内多油断路器在合闸状态下进行耐压试验时合格，在分闸进行交流耐压时，当电压升至试验电压一半时，却出现跳闸击穿，且有油的"噼啪"声，其绝缘击穿的原因是（　　　）。

A. 油箱中的变压器油含有水分　　　　B. 绝缘拉杆受潮
C. 支柱绝缘子有破损　　　　　　　　D. 断路器动静触点距离过大

42. 对 FN1-10R 型高压户内负荷开关进行交流耐压试验时，当升至超过 11.5kV 后就发现绝缘拉杆处有闪烁放电，造成击穿，其击穿原因是（　　　）。

A. 绝缘拉杆受潮　　　　　　　　　　B. 支柱绝缘子良好
C. 动静触点有脏污　　　　　　　　　D. 周围环境湿度增加

43. 对额定电流为 200A 的 10kV GN1-10/200 型户内隔离开关，在进行交流耐压试验时，在升压过程中支柱绝缘有闪烁出现，造成跳闸击穿，其击穿原因是（　　　）。

A. 绝缘拉杆受潮　　　　　　　　　　B. 支持绝缘子破损
C. 动静触点脏污　　　　　　　　　　D. 周围环境湿度增加

44. 对电流互感器进行交流耐压试验后，若被试品合格，试验结束应在 5s 内均匀地降到电压试验值的（　　　）%。电压至零后，拉开刀闸。

A. 10　　　　　　　B. 40　　　　　　　C. 50　　　　　　　D. 25

45. 我国生产的 CJ0-40 型交流接触器采用的灭弧装置是（　　　）。

A. 电动力灭弧
B. 半封闭式金属栅片陶土灭弧罩
C. 窄缝灭弧
D. 磁吹式灭弧装置

46. 低压电器产生直流电弧从燃烧到熄灭是一个暂态过程，往往会出现（　　　）现象。

A. 过电流　　　　B. 欠电流　　　　C. 过电压　　　　D. 欠电压

47. 交流接触器在检修时，发现短路环损坏，该接触器（　　　）使用。

A. 能继续
B. 不能
C. 在额定电流下可以
D. 不影响

48. 电磁铁进行通电试验时，当加至线圈电压额定值的（　　　）%时，衔铁应可靠吸合。

A. 80　　　　　　　B. 85　　　　　　　C. 65　　　　　　　D. 75

49. 异步电动机不希望空载或轻载的主要原因是（　　　）。

A. 功率因数低　　B. 定子电流较大　　C. 转速太高有危险　　D. 转子电流较大

50. 改变直流电动机励磁电流方向的实质是改变（　　　）。

A. 电压的大小　　B. 磁通的方向　　C. 转速的大小　　D. 电枢电流的大小

51. 串励直流电动机不能直接实现（　　　）。

A. 回馈制动　　　B. 反接制动　　　C. 能耗制动　　　D. 机械制动

52. 直流电动机改变电源电压调速时，调节的转速（　　　）铭牌转速。

A. 大于　　　　　　B. 小于　　　　　　C. 等于　　　　　　D. 大于和等于

53. 三相异步电动机采用能耗制动时，电源断开后，同步电动机就成为了（ ）被外接电阻短接的同步发电机。

A. 电枢　　　　　B. 励磁绕组　　　　　C. 定子绕组　　　　　D. 直流励磁绕组

54. 三机异步电动机制动的方法一般有（ ）大类。

A. 2　　　　　　　B. 3　　　　　　　C. 4　　　　　　　D. 5

55. 改变直流电动机旋转方向，对并励电动机常用（ ）

A. 励磁绕组反接法　　　　　　　　B. 电枢绕组反接法

C. 励磁绕组和电枢绕组都反接　　　D. 断开励磁绕组，电枢绕组反接

56. 直流电动机反接制动时，当电动机转速接近于零时，就应立即切断电源，防止（ ）。

A. 电流增大　　　B. 电动机过载　　　C. 发生短路　　　D. 电动机反向转动

57. 对于 M7475B 型磨床，工作台的移动采用（ ）控制。

A. 点动　　　　　B. 点动互锁　　　　C. 自锁　　　　　D. 互锁

58. C5225 车床的工作台电动机制动原理为（ ）。

A. 反接制动　　　B. 能耗制动　　　　C. 电磁离合器　　　D. 电磁抱闸

59. 直流发电机-直流电动机自动调速系统在额定转速基速以下调速时，调节直流发电机励磁电路电阻的实质是（ ）。

A. 改变电枢电压　　B. 改变励磁磁通　　C. 改变电路电阻　　D. 限制启动电流

60. 电压负反馈自动调速线路中的被调量是（ ）。

A. 转速　　　　　B. 电动机端电压　　C. 电枢电压　　　D. 电枢电流

61. 在晶闸管调速系统中，当电流截止负反馈参与系统调节作用时，说明调速系统主电路电流（ ）。

A. 过大　　　　　B. 正常　　　　　　C. 过小　　　　　D. 为零

62. T610 镗床主轴电机点动时，定子绕组接成（ ）。

A. Y 形　　　　　B. △形　　　　　　C. 双星形　　　　D. 无要求

63. X62W 型万能铣床的进给操作手柄的功能是（ ）。

A. 只操纵电器　　B. 只操纵机械　　　C. 操纵机械和电器　　D. 操纵冲动开关

64. 将一个具有反馈的放大器的输出端短路，即三极管输出电压为 0，反馈信号消失，则该放大器采用的反馈是（ ）。

A. 正反馈　　　　B. 负反馈　　　　　C. 电压反馈　　　D. 电流反馈

65. 多级放大电路总放大倍数是各级放大倍数的（ ）。

A. 和　　　　　　B. 差　　　　　　　C. 积　　　　　　D. 商

66. 直接耦合放大电路可放大（ ）。

A. 直流信号　　　　　　　　　　　B. 交流信号

C. 直流信号和缓慢变化的交流信号　D. 反馈信号

67. 用于整流的二极管型号是（ ）。

A. 2AP9　　　　　B. 2CW1AC　　　　C. 2CZ52B　　　　D. 2CK84A

68. 交流伺服电动机的励磁绕组与（ ）相连。

A. 信号电压　　　B. 信号电流　　　　C. 直流电源　　　D. 交流电源

69. 如图所示真值表中所表达的逻辑关系是（ ）。

A. 与　　　　　　B. 或　　　　　　C. 与非　　　　　　D. 或非

A	B	P
0	0	1
0	1	1
1	0	1
1	1	0

70. 晶闸管具有（　　）性。

A. 单向导电　　　B. 可控单向导电性　C. 电流放大　　　D. 负阻效应

71. KP20-10 表示普通反向阻断型晶闸管的静态正向平均电流是（　　）。

A. 20A　　　　　B. 2000A　　　　C. 10A　　　　　D. 10000A

72. 直流电机中的换向极由（　　）组成。

A. 换向极铁芯　　　　　　　　　　B. 换向极绕组

C. 换向器　　　　　　　　　　　　D. 换向极铁芯和换向极绕组

73. 若将半波可控整流电路中的晶闸管反接，则该电路将（　　）。

A. 短路　　　　　　　　　　　　　B. 和原电路一样正常工作

C. 开路　　　　　　　　　　　　　D. 仍然整流，但输出电压极性相反

74. 单相全波可控整流电路，若控制角 α 变大，则输出平均电压（　　）。

A. 不变　　　　　B. 变小　　　　C. 变大　　　　D. 为零

75. 焊条保温筒分为（　　）种。

A. 2　　　　　　B. 3　　　　　　C. 4　　　　　　D. 5

76. 部件的装配图是（　　）的依据。

A. 画零件图　　　B. 画装配图　　　C. 总装图　　　D. 设备安装图

77. 对从事产品生产制造和提供生产服务场所的管理，是（　　）。

A. 生产现场管理　　　　　　　　　B. 生产现场质量管理

C. 生产现场设备管理　　　　　　　D. 生产计划管理

78. 每次排除常用电气设备的电气故障后，应及时总结经验，并（　　）。

A. 做好维修记录　　B. 清理现场　　　C. 通电试验　　　D. 移交操作者使用

79. 电气设备用高压电动机，其定子绕组绝缘电阻为（　　）时，方可使用。

A. 0.5MΩ　　　　B. 0.38MΩ　　　C. 1MΩ/kV　　　D. 1MΩ

80. 为了提高设备的功率因数，可采用措施降低供用电设备消耗的（　　）。

A. 有功功率　　　B. 无功功率　　　C. 电压　　　　　D. 电流

二、判断题（正确的填"√"，错误的填"×"，每题1分，满分20分）

1. 戴维南定理最适用于求复杂电路中某一条支路的电流。（　　）

2. 正弦交流电的有效值、频率、初相位都可以运用符号法从代数式中求出来。（　　）

3. 对用电器来说提高功率因数，就是提高用电器的效率。（　　）

4. 直流双臂电桥在使用过程中，动作要迅速，以免烧坏检流计。（　　）

5. 同步发电机运行时，必须在励磁绕组中通入直流电来励磁。（　　）

6. 电磁转差离合器的主要优点是它的机械特性曲线较软。（　　）

7. 晶体管时间继电器也称半导体时间继电器或称电子式时间继电器．是自动控制系统的重要元件。（　　）

8. 交流电弧的特点是电流通过零点时熄灭，在下一个半波内经重燃而继续出现。（　　）

9. 高压断路器是供电系统中最重要的控制和保护电器。（　　）

10. 能耗制动的制动力矩与通入定子绕组中的直流电流成正比，因此电流越大越好。（　　）

11. 只要在绕线式电动机的转子电路中接入一个调速电阻，改变电阻的大小，就可平滑调速。（　　）

12. 直流电动机启动时，必须限制启动电流。（　　）

13. 最常用的数码管显示器是七段式显示器件。（　　）

14. 直流发电机-直流电动机自动调速系统必须用启动变阻器来限制启动电流。（　　）

15. 三相异步电动机正反转控制线路，采用接触器联锁最可靠。（　　）

16. 实际工作中，放大三极管与开关三极管不能相互替换。（　　）

17. 晶闸管都是用硅材料制作的。（　　）

18. 同步电压为锯齿波的触发电路，其产生的锯齿波线性度最好。（　　）

19. 采用电弧焊时，焊条直径主要取决于焊接工件的厚度。（　　）

20. 焊接产生的内部缺陷，必须通过无损探伤等方法才能发现。（　　）

中级维修电工模拟试题（五）

一、选择题（每题 1 分，满分 80 分）

1. 电压源与电流源等效变换的依据是（　　）。
   A. 欧姆定律　　　　　　　　　　　B. 全电路欧姆定律
   C. 叠加定理　　　　　　　　　　　D. 戴维南定理

2. 正弦交流电压 $u = 100\sin(628t + 60°)$ V，它的频率为（　　）。
   A. 100Hz　　　B. 50Hz　　　C. 60Hz　　　D. 628Hz

3. 电气设备用高压电动机，其定子绕组绝缘电阻为（　　）时，方可使用。
   A. 0.5MΩ　　　B. 0.38MΩ　　　C. 1MΩ/kV　　　D. 1MΩ

4. 正弦交流电路中的总电压，总电流的最大值分别为 U_m 和 I_m，则视在功率为（　　）。
   A. $U_m I_m$　　　B. $U_m I/2$　　　C. $1/\sqrt{2}U_m I_m$　　　D. $\sqrt{2}U_m I_m$

5. 阻值为 6Ω 的电阻与容抗为 8Ω 的电容串联后接在交流电路中，功率因数为（　　）。
   A. 0.6　　　B. 0.8　　　C. 0.5　　　D. 0.3

6. 三相电源绕组星形连接时，线电压与相电压的关系是（　　）。
   A. $U_m = \sqrt{2}U_m$　　　　　　　B. 线电压滞后与之对应相电压 30°
   C. $U_线 = U_相$　　　　　　　　　D. 线电压超前与之对应的相电压 30°

7. 低频信号发生器是用来产生（　　）信号的信号源。
   A. 标准方波　　　B. 标准直流　　　C. 标准高频正弦　　　D. 标准低频正弦

8. 采用增加重复测量次数的方法可以消除（　　）对测量结果的影响。
   A. 系统误差　　　B. 偶然误差　　　C. 疏失误差　　　D. 基本误差

9. 用单臂直流电桥测量电阻时，若发现检流计指针向"＋"方向偏转，则需（　　）。

A. 增加比率臂电阻   B. 增加比较臂电阻

C. 减小比率臂电阻   D. 减小比较臂电阻

10. 双臂直流电桥主要用来测量（　　　）。

A. 大电阻   B. 中电阻   C. 小电阻   D. 小电流

11. 用通用示波器观察工频 220V 电压波形时，被测电压应接在（　　　）间。

A. "Y 轴输入"和"X 轴输入"端钮   B. "Y 轴输入"和"接地"端钮

C. "X 轴输入"和"接地"端钮   D. "整步输入"和"接地"端钮

12. 使用检流计时，要按（　　　）位置放置。

A. 水平   B. 竖直   C. 正常工作   D. 原来

13. 为了提高中、小型电力变压器铁芯的导磁性能，减少铁损耗，其铁芯多采用（　　　）制成。

A. 0.35mm 厚、彼此绝缘的硅钢片叠装

B. 整块钢材

C. 2mm 厚、彼此绝缘的硅钢片叠装

D. 0.5mm 厚、彼此不需要绝缘的硅钢片叠装

14. 提高企业用电负荷的功率因数可以使变压器的电压调整率（　　　）。

A. 不变   B. 减小   C. 增大   D. 基本不变

15. 三相变压器并联运行时，要求并联运行的三相变压器短路电压（　　　），否则不能并联运行。

A. 必须绝对相等   B. 的差值不超过其平均值的 20%

C. 的差值不超过其平均值的 15%   D. 的差值不超过其平均值的 10%

16. 若要调大带电抗器的交流电焊机的焊接电流，可将电抗器的（　　　）。

A. 铁芯空气隙调大   B. 铁芯空气隙调小

C. 线圈向内调   D. 线圈向外调

17. 直流弧焊发电机由（　　　）构成。

A. 原动机和去磁式直流发电机   B. 原动机和去磁式交流发电机

C. 直流电动机和交流发电机   D. 整流装置和调节装置

18. 整流式直流电焊机是通过（　　　）来调节焊接电流的大小的。

A. 改变他励绕组的匝数   B. 原动机和去磁式交流发电机

C. 整流装置   D. 调节装置

19. 为了监视中、小型电力变压器的温度。可用（　　　）的方法看其温度是否过高。

A. 手背触摸变压器外壳

B. 在变压器的外壳上滴几滴冷水看是否立即沸腾蒸发

C. 安装温度计于变压器合适位置

D. 测变压器室的室温

20. 中、小型电力变压器投入运行后，每年应小修一次，而大修一般为（　　　）年进行一次。

A. 2   B. 3   C. 5～10   D. 15～20

21. 进行变压器耐压试验时，若试验中无击穿现象，要把变压器试验电压均匀降低，大约在 5s 低到试验电压的（　　　）%或更小，再切断电源。

A. 15   B. 25   C. 45   D. 55

22. 电力变压器大修后耐压试验的试验电压应按"交接和预防性试验电压标准"选择，标准中规定电压级次为 3kV 的油浸变压器试验电压为（ ）kV。

A. 5   B. 20   C. 15   D. 21

23. 一台三相异步电动机，磁极对数为 2，定子槽数为 36，则极距是（ ）槽。

A. 18   B. 9   C. 6   D. 3

24. 一台三相异步电动机，磁极数为 6，定子圆周对应的电角度为（ ）。

A. 180°   B. 360°   C. 1080   D. 2160

25. 现代发电厂的主体设备是（ ）。

A. 直流发电机   B. 同步电动机   C. 异步发电机   D. 同步发电机

26. 直流电机主磁极上的两个励磁绕组，一个与电枢绕组串联，一个与电枢绕组并联，称为（ ）电机。

A. 他励   B. 串励   C. 并励   D. 复励

27. 直流电机中的换向极由（ ）组成。

A. 换向极铁芯   B. 换向极绕组

C. 换向器   D. 换向极铁芯和换向极绕组

28. 在直流复励发电机中，并励绕组起（ ）作用。

A. 产生主磁场   B. 使发电机建立电压

C. 补偿负载时电枢回路的电阻压降   D. 电枢反应的去磁

29. 低惯量直流伺服电动机（ ）。

A. 输出功率大   B. 输出功率小

C. 对控制电压反应快   D. 对控制电压反应慢

30. 交流伺服电动机的励磁绕组与（ ）相连。

A. 信号电压   B. 信号电流   C. 直流电源   D. 交流电源

31. 电磁调速异步电动机又称为（ ）。

A. 交流异步电动机   B. 测速电动机

C. 步进电动机   D. 滑差电动机

32. 改变电磁转差离合器（ ），就可调节离合器的输出转矩和转速。

A. 励磁绕组中的励磁电流   B. 电枢中的励磁电流

C. 异步电动机的转速   D. 旋转磁场的转速

33. 在滑差电动机自动调速控制线路中，测速发电机主要作为（ ）元件使用。

A. 放大   B. 被控   C. 执行   D. 检测

34. 从工作原理上看，交磁电机扩大机相当于（ ）。

A. 直流电动机   B. 两级直流电动机   C. 直流发电机   D. 两级直流发电机

35. 交磁电机扩大机的换向绕组与（ ）。

A. 电枢绕组串联   B. 电枢绕组并联   C. 控制绕组串联   D. 控制绕组并联

36. 交流电动机耐压试验的试验电压种类应为（ ）。

A. 直流   B. 工频交流   C. 高频交流   D. 脉冲电流

37. 交流电动机在耐压试验中绝缘被击穿的原因可能是（ ）。

A. 试验电压偏低   B. 试验电压偏高

C. 试验电压为交流　　　　　　　　　　D. 电动机没经过烘干处理

38. 直流电动机耐压试验的目的是考核（　　　）。

A. 导电部分的对地绝缘强度　　　　　　B. 导电部分之间的绝缘强度

C. 导电部分对地绝缘电阻的大小　　　　D. 导电部分所耐电压的高低

39. 采用单结晶体管延时电路的晶体管时间继电器，其延时电路由（　　　）等部分组成。

A. 延时环节、监幅器、输出电路、电源和指示灯

B. 主电路、辅助电源、双稳态触发器及其附属电路

C. 振荡电路、记数电路、输出电路、电源

D. 电磁系统、触点系统

40. 晶体管时间继电器比气囊式时间继电器的精度（　　　）。

A. 相等　　　　　　B. 低　　　　　　C. 高　　　　　　D. 因使用场所不同而异

41. 接近开关比普通位置开关更适用于操作频率（　　　）的场合。

A. 极低　　　　　　B. 低　　　　　　C. 中等　　　　　　D. 高

42. 高压 10kV、型号为 FN4-10 的户内负荷开关的最高工作电压为（　　　）kV。

A. 15　　　　　　B. 20　　　　　　C. 10　　　　　　D. 11.5

43. JDZ-10 型电压互感器做预防性交流耐试验时，标准试验电压应选（　　　）kV。

A. 10　　　　　　B. 15　　　　　　C. 38　　　　　　D. 20

44. 对户外多油断路器 DW7-10 检修后做交流耐压试验时合闸状态试验合格，分闸状态在升压过程中却出现"噼啪"声，电路跳闸击穿，其原因是（　　　）。

A. 支柱绝缘子破损　B. 油质含有水分　C. 拉杆绝缘受潮　D. 油箱有脏污

45. 对额定电流 200A 的 10kV GN1-10/200 型户内隔离开关，在进行交流耐压试验时在升压过程中支柱绝缘子有闪烁出现，造成跳闸击穿，其击穿原因是（　　　）。

A. 绝缘拉杆受潮　　　　　　　　　　　B. 支持绝缘子破损

C. 动静触点脏污　　　　　　　　　　　D. 周围环境湿度增加

46. CJ0-20 型交流接触器，采用的灭弧装置是（　　　）。

A. 半封闭绝缘栅片陶土灭弧罩　　　　　B. 半封闭式金属栅片陶土灭弧罩

C. 磁吹式灭弧装置　　　　　　　　　　D. 窄缝灭弧装置

47. 熄灭直流电弧，常采取的途径是（　　　）。

A. 使电弧拉长和强冷的方法　　　　　　B. 使电弧扩散

C. 复合　　　　　　　　　　　　　　　D. 窄缝灭弧

48. 当检修继电器发现触点部分磨损到银或银基合金触点厚度的（　　　）时，应更换新触点。

A. 1/3　　　　　　B. 2/3　　　　　　C. 1/4　　　　　　D. 3/4

49. 对 RN 系列室内高压熔断器，检测其支持绝缘子的绝缘电阻，应选用额定电压为（　　　）V 的兆欧表进行测量。

A. 1000　　　　　　B. 2500　　　　　　C. 500　　　　　　D. 250

50. 异步电动机不希望空载或轻载的主要原因是（　　　）。

A. 功率因数低　　B. 定子电流较大　C. 转速太高有危险　D. 转子电流较大

51. 三相异步电动机采用能耗制动，切断电源后，应将电动机（　　　）。

A. 转子回路串电阻 B. 定子绕组两相绕组反接

C. 转子绕组进行反接 D. 定子绕组送入直流电

52. 三相异步电动机按转速高低划分，有（　　）种。

A. 2 B. 3 C. 4 D. 5

53. 直流电动机采用电枢回路串电阻启动，把启动电流限制在额定电流的（　　）倍。

A. 4～5 B. 3～4 C. 1～2 D. 2～2.5

54. 三相同步电动机的转子在（　　）时才能产生同步电磁转矩。

A. 直接启动 B. 同步转速 C. 降压启动 D. 异步启动

55. 转子绕组串电阻启动适用于（　　）。

A. 笼式异步电动机 B. 绕线式异步电动机

C. 串励直流电动机 D. 并励直流电动机

56. 对存在机械摩擦和阻尼的生产机械和需要多台电动机同时制动的场合，应采用（　　）制动。

A. 反接 B. 能耗 C. 电容 D. 再生发电

57. 直流电动机常用的电力制动方法有（　　）种。

A. 2 B. 3 C. 4 D. 5

58. 同步电动机停车时，如需进行电力制动，最方便的方法是（　　）。

A. 机械制动 B. 反接制动 C. 能耗制动 D. 电磁抱闸

59. 程序控制器大体上可分为（　　）大类。

A. 2 B. 3 C. 4 D. 5

60. X62W 电气线路中采用了完备的电气联锁措施，主轴与工作台工作的先后顺序是（　　）。

A. 工作台启动，主轴才能启动 B. 主轴启动，工作台才启动

C. 工作台与主轴同时启动 D. 工作台快速移动后，主轴启动

61. 铣床高速切削后，停车很费时间，故采用（　　）制动。

A. 电容 B. 再生 C. 电磁抱闸 D. 电磁离合器

62. 电流截止负反馈在交磁电机扩大机自动调速系统中起（　　）作用。

A. 限流 B. 减少电阻 C. 增大电压 D. 电磁离合器

63. 直流发电机-直流电动机自动调速电路中，发电机的剩磁电压是额定电压的（　　）%。

A. 2%～5 B. 5 C. 10 D. 15

64. 电流正反馈自动调速电路中，电流正反馈反映的是（　　）的大小。

A. 电压 B. 转速 C. 负载 D. 能量

65. 按实物测绘机床电气设备控制线路的接线图时，同一电器的各元件要画在（　　）处。

A. 1 B. 2 C. 3 D. 多

66. 桥式起重机采用（　　）实现过载保护。

A. 热继电器 B. 过流继电器 C. 熔断器 D. 空气开关的脱扣器

67. 放大电路设置静态工作点的目的是（　　）。

A. 提高放大能力 B. 避免非线性失真

C. 获得合适的输入电阻和输出电阻 D. 使放大器工作稳定

68. 欲使放大器净输入信号削弱，应采取的反馈类型是（　　）。

A. 串联反馈　　　　　B. 并联反馈　　　　　C. 正反馈　　　　　D. 负反馈

69. 阻容耦合多级放大器可放大（　　　）。

A. 直流信号　　　B. 交流信号　　　C. 交、直流信号　　　D. 反馈信号

70. 变压器耦合式振荡器属于（　　　）。

A. LC 振荡电路　　B. RC 振荡电路　　C. RL 振荡电路　　D. 石英晶体振荡电路

71. 直接耦合放大电路产生零点飘移的主要原因是（　　　）变化。

A. 温度　　　　　B. 湿度　　　　　C. 电压　　　　　D. 电流

72. 在脉冲电路中，应选择（　　　）的二极管。

A. 放大能力强　　　　　　　　　B. 开关速度快

C. 集电极最大耗散功率高　　　　　D. 价格便宜

73. 交流接触器在检修时，发现短路环损坏，该接触器（　　　）使用。

A. 能继续　　　　B. 不能　　　　C. 额定电流下可以　　　D. 不影响

74. 在 MOS 门电路中，欲使 PMOS 管导通可靠，栅极所加电压应（　　　）开启电压（$U_{TP} < 0$）。

A. 大于　　　　　B. 小于　　　　　C. 等于　　　　　D. 任意

75. 普通晶体管管心具有（　　　）PN 结。

A. 1 个　　　　　B. 2 个　　　　　C. 3 个　　　　　D. 4 个

76. 单结晶体管振荡电路是利用单结晶体管（　　　）的工作特性设计的。

A. 截止区　　　　B. 负阻区　　　　C. 饱和区　　　　D. 任意区域

77. 同步电压为锯齿波的晶体管触发电路，以锯齿波电压为基准，再串入（　　　）控制晶体管状态。

A. 交流控制电压　　B. 直流控制电压　　C. 脉冲信号　　　D. 任意波形电压

78. 单相全波可控整流电路，若控制角 α 变大，则输出平均电压（　　　）。

A. 不变　　　　　B. 变小　　　　　C. 变大　　　　　D. 为零

79. 生产第一线的质量管理叫（　　　）。

A. 生产现场管理　　　　　　　　B. 生产现场质量管理

C. 生产现场设备管理　　　　　　D. 生产计划管理

80. 在检查电气设备故障时，（　　　）只适用于压降极小的导线及触点之类的电气故障。

A. 短接法　　　　B. 电阻测量法　　　C. 电压测量法　　　D. 外表检查法

二、判断题（正确的填"√"，错误的填"×"，每题 1 分，满分 20 分）

1. 三相变压器连接时，Y、d 连接方式的三相变压器可接成组号为"0"的连接组别。（　　　）

2. 动圈式电焊变压器由固定的铁芯、副绕组和可动的原绕组组成。（　　　）

3. 直流弧焊发电机电刷磨损后，可同时换掉全部电刷。（　　　）

4. 同步发电机运行时，必须在励磁绕组中通入直流电来励磁。（　　　）

5. 测速发电机分为交流和直流两大类。（　　　）

6. 直流测速发电机由于存在电刷和换向器的接触结构，所以寿命较短，对无线电有干扰。（　　　）

7. 直流电机灰尘大及受潮是其在耐压试验中做击穿的主要原因之一。（　　　）

8. 直流耐压试验比交流耐压试验更容易发现高压断路器的绝缘缺陷。（　　　）

9. 开关电路触点间在断开后产生电弧，此时触点虽已分开，但由于触点间存在电弧，电路仍处于通路状态。（　　）

10. 接触器为保证触点磨损后仍能保持可靠地接触，应保持一定数值的超程。（　　）

11. 高压断路器是供电系统中最重要的控制和保护电器。（　　）

12. 只要牵引电磁铁额定电磁吸力一样，额定行程相同，而通电持续率不同，两者在应用场合的适应性上就是相同的。（　　）

13. 三相异步电动机正反转控制线路，采用接触器联锁最可靠。（　　）

14. 直流发电机-直流电动机自动调速系统必须用启动变阻器来限制启动电流。（　　）

15. 晶闸管的通态平均电压越大越好。（　　）

16. 焊条必须在干燥通风良好的室内仓库中存放。（　　）

17. 采用电弧时，焊条直径主要取决于焊接工件的厚度。（　　）

18. 焊接产生的内缺陷，必须通过无损探伤等方法才能发现。（　　）

19. 机械驱动的起重机械中必须使用钢丝绳。（　　）

20. 机床电气装置的所有触点均应完整、光洁、接触良好。（　　）

模拟试题参考答案

中级维修电工模拟试题（一）：

一、1. A 2. C 3. A 4. C 5. B 6. D 7. C 8. A 9. B 10. A 11. A 12. D
13. B 14. B 15. B 16. D 17. A 18. B 19. B 20. C 21. D 22. B 23. D 24. A
25. C 26. B 27. B 28. D 29. B 30. B 31. C 32. A 33. A 34. C 35. A 36. C
37. A 38. C 39. C 40. D 41. D 42. C 43. A 44. C 45. B 46. C 47. A 48. A
49. B 50. A 51. A 52. D 53. D 54. B 55. B 56. B 57. A 58. A 59. C 60. B

二、1. √ 2. × 3. × 4. √ 5. √ 6. × 7. √ 8. √ 9. √ 10. √ 11. √
12. √ 13. √ 14. √ 15. × 16. √ 17. √ 18. × 19. √ 20. √

中级维修电工模拟试题（二）：

一、1. A 2. B 3. B 4. A 5. C 6. B 7. A 8. D 9. B 10. B 11. B 12. A
13. A 14. D 15. C 16. B 17. A 18. C 19. B 20. A 21. D 22. D 23. D 24. C
25. D 26. C 27. C 28. D 29. C 30. D 31. C 32. A 33. D 34. D 35. D 36. D
37. D 38. A 39. D 40. C 41. A 42. A 43. A 44. B 45. C 46. A 47. B 48. A
49. C 50. A 51. D 52. D 53. B 54. A 55. B 56. B 57. C 58. A 59. B 60. A

二、1. √ 2. √ 3. × 4. √ 5. √ 6. × 7. √ 8. × 9. √ 10. √ 11. ×
12. × 13. × 14. × 15. √ 16. √ 17. × 18. √ 19. √ 20. √

中级维修电工模拟试题（三）：

一、1. A 2. A 3. D 4. B 5. C 6. A 7. A 8. B 9. D 10. A 11. D 12. A
13. C 14. A 15. A 16. B 17. C 18. D 19. B 20. D 21. A 22. A 23. A 24. D
25. B 26. B 27. B 28. C 29. C 30. D 31. A 32. D 33. B 34. C 35. A 36. C
37. B 38. C 39. C 40. D 41. B 42. A 43. B 44. A 45. B 46. A 47. D 48. B
49. A 50. C 51. A 52. C 53. A 54. B 55. A 56. B 57. B 58. C 59. B 60. A
61. B 62. A 63. B 64. A 65. D 66. C 67. A 68. A 69. D 70. D 71. D 72. C
73. B 74. C 75. D 76. C 77. D 78. B 79. B 80. C

二、1. × 2. √ 3. √ 4. × 5. × 6. √ 7. × 8. × 9. √ 10. × 11. ×
12. × 13. × 14. √ 15. × 16. × 17. × 18. √ 19. √ 20. √

中级维修电工模拟试题（四）：

一、1. D 2. A 3. C 4. B 5. D 6. B 7. A 8. A 9. C 10. B 11. A 12. B
13. B 14. D 15. B 16. A 17. A 18. B 19. D 20. A 21. C 22. B 23. B 24. C
25. B 26. B 27. C 28. C 29. B 30. A 31. B 32. A 33. A 34. A 35. B 36. B
37. A 38. D 39. A 40. A 41. A 42. A 43. B 44. D 45. B 46. C 47. B 48. B
49. A 50. B 51. A 52. B 53. A 54. A 55. B 56. B 57. B 58. B 59. A 60. B
61. A 62. A 63. C 64. C 65. C 66. C 67. C 68. B 69. C 70. B 71. A 72. D
73. D 74. B 75. B 76. B 77. A 78. A 79. C 80. B

二、1. √ 2. × 3. × 4. × 5. √ 6. × 7. √ 8. √ 9. √ 10. × 11. √
12. √ 13. √ 14. × 15. × 16. √ 17. √ 18. × 19. √ 20. √

中级维修电工模拟试题（五）：

一、1. D　2. A　3. C　4. B　5. A　6. D　7. D　8. B　9. B　10. C　11. B　12. C　13. A　14. B　15. D　16. A　17. A　18. D　19. C　20. C　21. B　22. C　23. B　24. C　25. D　26. D　27. D　28. B　29. C　30. D　31. D　32. A　33. D　34. D　35. A　36. B　37. D　38. A　39. A　40. C　41. D　42. D　43. C　44. B　45. B　46. A　47. A　48. D　49. B　50. A　51. D　52. B　53. D　54. B　55. B　56. D　57. B　58. C　59. C　60. B　61. D　62. A　63. A　64. C　65. A　66. B　67. B　68. D　69. B　70. A　71. A　72. B　73. B　74. A　75. C　76. B　77. B　78. B　79. B　80. A

二、1. ×　2. ×　3. ×　4. √　5. √　6. √　7. √　8. ×　9. √　10. √　11. √　12. ×　13. ×　14. ×　15. ×　16. √　17. √　18. √　19. √　20. √

参 考 文 献

[1] 刘涛. 维修电工实训. 北京：人民邮电出版社，2009.

[2] 侯守军. 电工技能训练项目教程. 北京：国防工业出版社，2011.

[3] 吴关兴. 维修电工中级实训. 北京：人民邮电出版社，2009.

[4] 杨清德. 全程图解电工操作技能. 北京：化学工业出版社，2011.

[5] 董武. 维修电工技能与实训. 北京：电子工业出版社，2011.

[6] 罗伟. 电工技能与实训. 北京：电子工业出版社，2012.

[7] 王兰君. 图解电工技术速学速用. 北京：人民邮电出版社，2011.

[8] 刘伦富. 电工技能训练. 北京：国防工业出版社，2009.

[9] 王兆晶. 维修电工. 北京：机械工业出版社，2008.

书号	书 名	开本	装订	定价/元
19148	电气工程师手册(供配电)	16	平装	198
21527	实用电工速查速算手册	大32	精装	178
21727	节约用电实用技术手册	大32	精装	148
20260	实用电子及晶闸管电路速查速算手册	大32	精装	98
22597	装修电工实用技术手册	大32	平装	88
18334	实用继电保护及二次回路速查速算手册	大32	精装	98
25618	实用变频器、软启动器及PLC实用技术手册(简装版)	大32	平装	39
19705	高压电工上岗应试读本	大32	平装	49
22417	低压电工上岗应试读本	大32	平装	49
20493	电工手册——基础卷	大32	平装	58
21160	电工手册——工矿用电卷	大32	平装	68
20720	电工手册——变压器卷	大32	平装	58
20984	电工手册——电动机卷	大32	平装	88
21416	电工手册——高低压电器卷	大32	平装	88
23123	电气二次回路识图(第二版)	B5	平装	48
22018	电子制作基础与实践	16	平装	46
22213	家电维修快捷入门	16	平装	49
20377	小家电维修快捷入门	16	平装	48
19710	电机修理计算与应用	大32	平装	68
20628	电气设备故障诊断与维修手册	16	精装	88
21760	电气工程制图与识图	16	平装	49
21875	西门子S7-300PLC编程入门及工程实践	16	平装	58
18786	让单片机更好玩:零基础学用51单片机	16	平装	88
21529	水电工问答	大32	平装	38
21544	农村电工问答	大32	平装	38
22241	装饰装修电工问答	大32	平装	36
21387	建筑电工问答	大32	平装	36
21928	电动机修理问答	大32	平装	39
21921	低压电工问答	大32	平装	38
21700	维修电工问答	大32	平装	48
22240	高压电工问答	大32	平装	48
12313	电厂实用技术读本系列——汽轮机运行及事故处理	16	平装	58
13552	电厂实用技术读本系列——电气运行及事故处理	16	平装	58
13781	电厂实用技术读本系列——化学运行及事故处理	16	平装	58
14428	电厂实用技术读本系列——热工仪表及自动控制系统	16	平装	48
17357	电厂实用技术读本系列——锅炉运行及事故处理	16	平装	59
14807	农村电工速查速算手册	大32	平装	49

书号	书 名	开本	装订	定价/元
14725	电气设备倒闸操作与事故处理 700 问	大 32	平装	48
15374	柴油发电机组实用技术技能	16	平装	78
15431	中小型变压器使用与维护手册	B5	精装	88
16590	常用电气控制电路 300 例(第二版)	16	平装	48
15985	电力拖动自动控制系统	16	平装	39
15777	高低压电器维修技术手册	大 32	精装	98
15836	实用输配电速查速算手册	大 32	精装	58
16031	实用电动机速查速算手册	大 32	精装	78
16346	实用高低压电器速查速算手册	大 32	精装	68
16450	实用变压器速查速算手册	大 32	精装	58
16883	实用电工材料速查手册	大 32	精装	78
17228	实用水泵、风机和起重机速查速算手册	大 32	精装	58
18545	图表轻松学电工丛书——电工基本技能	16	平装	49
18200	图表轻松学电工丛书——变压器使用与维修	16	平装	48
18052	图表轻松学电工丛书——电动机使用与维修	16	平装	48
18198	图表轻松学电工丛书——低压电器使用与维护	16	平装	48
18943	电气安全技术及事故案例分析	大 32	平装	58
18450	电动机控制电路识图一看就懂	16	平装	59
16151	实用电工技术问答详解(上册)	大 32	平装	58
16802	实用电工技术问答详解(下册)	大 32	平装	48
17469	学会电工技术就这么容易	大 32	平装	29
17468	学会电工识图就这么容易	大 32	平装	29
15314	维修电工操作技能手册	大 32	平装	49
17706	维修电工技师手册	大 32	平装	58
16804	低压电器与电气控制技术问答	大 32	平装	39
20806	电机与变压器维修技术问答	大 32	平装	39
19801	图解家装电工技能 100 例	16	平装	39
19532	图解维修电工技能 100 例	16	平装	48
20463	图解电工安装技能 100 例	16	平装	48
20970	图解水电工技能 100 例	16	平装	48
20024	电机绕组布线接线彩色图册(第二版)	大 32	平装	68
20239	电气设备选择与计算实例	16	平装	48
21702	变压器维修技术	16	平装	49
21824	太阳能光伏发电系统及其应用(第二版)	16	平装	58
23556	怎样看懂电气图	16	平装	39
23328	电工必备数据大全	16	平装	78
23469	电工控制电路图集(精华本)	16	平装	88

书 号	书 名	开本	装订	定价/元
24169	电子电路图集（精华本）	16	平装	88
24306	电工工长手册	16	平装	68
23324	内燃发电机组技术手册	16	平装	188

以上图书由**化学工业出版社 机械电气出版中心**出版。如要以上图书的内容简介和详细目录，或者更多的专业图书信息，请登录 WWW. cip. com. cn。

地址：北京市东城区青年湖南街 13 号 （100011）

购书咨询：010-64518888

如要出版新著，请与编辑联系。

编辑电话：010-64519265

投稿邮箱：gmr9825@163.com